中国科学院科学与社会系列报告

2006科学发展报告

2006 Science Development Report

● 中国科学院

科学出版社

北京

内 容 简 介

本书是中国科学院发布的年度系列报告《科学发展报告》的第九本，旨在综述2005年度世界科学进展与发展趋势，评述科学前沿与重大科学问题，报道我国科学家所取得的突破性成果，介绍科学在我国实施“科教兴国”与“可持续发展”两大战略中所起的作用，并向国家提出有关中国科学发展战略和政策的建议，特别是向全国人大和全国政协会议提供科学发展的背景材料，为高层科学决策提供参考。

本书可供各级管理人员、科技人员、高校师生阅读和参考。

图书在版编目（CIP）数据

2006 科学发展报告 / 中国科学院编．—北京：科学出版社，2006
（中国科学院科学与社会系列报告）
ISBN 7-03-016921-2

Ⅰ．2… Ⅱ．中… Ⅲ．科学技术－发展战略－研究报告－中国－2006 Ⅳ．① N12 ② G322

中国版本图书馆 CIP 数据核字（2006）第 012189 号

责任编辑：侯俊琳 / 责任校对：包志虹
责任印制：钱玉芬 / 封面设计：张　放

科学出版社 出版
北京东黄城根北街 16 号
邮政编码：100717
http://www.sciencep.com

中国科学院印刷厂 印刷
科学出版社发行 各地新华书店经销
*
2006 年 3 月第　一　版　　开本：787 × 1092 1/16
2006 年 3 月第一次印刷　　印张：21
印数：1 — 11 000　　字数：420 000

定价：75.00 元

（如有印装质量问题，我社负责调换〈科印〉）

百年物理学的启示
（代　序）

路甬祥

一百年前，爱因斯坦（A. Einstein, 1879～1955）在伯尔尼狭小而简陋的公寓里写下了多篇科学文章，其中的五篇论文，即讨论了光量子及光电效应的《关于光的产生和转化的一个启发性观点》，推导出计算分子扩散速度数学公式的《分子大小的新测定》，提供了原子确实存在证明的《关于热的分子运动论所要求的静止液体中悬浮小粒子的运动》，提出时空关系新理论的《论动体的电动力学》，以及根据狭义相对论提出质量与能量可互换思想的《物体的惯性是否决定其内能》，成为科学史上著名的论文。特别是作为相对论奠基之作的《论动体的电动力学》，拉开了现代物理学革命的序幕。

这场以量子论和相对论为基础的现代物理学革命，将科学引入一个新的时代，由此，人类认知的触角伸向广袤的宇宙，伸向遥远的宇宙起源之初，伸向人类在此之前所未知的微观物质层面。现代物理学革命在以后的岁月里还引发了生命科学和地球科学的革命。这一切改变了人类的物质观、时空观、生命观和宇宙观。而且，现代物理学革命催生出核能、半导体、激光、新材料和超导等技术物理，促进了一批新技术的飞速发展，并由此改变了人类的生产和生活方式，引领人类走向知识经济时代。

爱因斯坦等现代物理学革命的缔造者，无疑是科学史上乃至人类历史上的划时代伟人。我们纪念他们，回顾一百年来物理学的发展历程，并不仅仅是为了感念和追思，更重要的是要从他们的成就与发现历程中汲取可贵的启示与经验，以对我们把握科学的未来与发展有所裨益。

一、实验与理论之间的矛盾催生新的科学概念

19世纪末，当时人们正在陶醉于经典物理学的解释，甚至有人认为，物理学已经无大事可做。但是就是在这种情况下，一些物理现象的发现，开始预示着经典物理学解释的局限性。

冶金工业迅速发展所要求的高温测量技术推动了对热辐射的研究，19世纪中叶的德国成为这一研究的发源地。所谓热辐射就是物体被加热时发出的电磁波，它很强地依赖于物体自身的温度。麦克斯韦的电磁场理论把光作为电磁现象囊括在其中，但它只能解释光的传播，而对于热辐射的发射和吸收则无能为力。基尔霍夫(R. G. Kirchhoff, 1824～1887）提出用黑体作为理想模型来研究热辐射（1859），维恩（W. Wien，1864～1928）确认可以将一个带小孔空腔的热辐射性能看做一个黑体(1896)。一系列的实验表明，这样的黑体所发射的辐射能量密度只与其温度有关，而与其形状及其组成的物质无关。怎样从理论上解释黑体能谱曲线，成了当时热辐射研究的根本问题。维恩根据热力学的普遍原理和一些特殊的假设，提出了一个黑体辐射能量按频率分布的公式(1896)，普朗克正是在这时候加入了热辐射研究。

为了解释黑体辐射光谱的能量分布曲线，普朗克在1900年给出了一个与实验结果非常吻合的公式。然而，这个公式要求黑体辐射所发射或吸收的能量是确定大小的能量子，这就意味着能量也像物质一样具有粒子性——能量的分离性或不连续性。1905年，爱因斯坦把能量子的概念推广到光的传播过程中，提出了光量子理论，并成功地解释了光电效应。1913年，丹麦物理学家玻尔（N. Bohr，1885～1962）又把能量子的概念推广到原子，以原子的能量状态不连续假设为基础，建立了量子论的原子结构模型。德国物理学家海森伯（Werner Karl Heisenberg，1901～1976）不满意玻尔原子理论的不自洽，他直接从光谱的频率和强度的经验资料出发，于1925年提出矩阵量子力学。翌年，奥地利物理学家薛定谔(E. Schrödinger, 1892～1961)改进了德布罗意(L. V. de Broglie, 1892～1994）基于波粒二象性的物质波理论，提出了波动量子力学。而后的研究进展不仅证明

矩阵和波动两种量子力学的数学等价性，而且美国物理学家费曼(R. P. Feynman, 1918～1988) 又发展出第三个等价物——路径积分量子力学。由此，量子理论趋于完善。

正是热辐射这一疑难成了量子论诞生的逻辑起点。作为能量的“量子”概念诞生在1900年，它的提出和推广导致描述微观粒子运动的量子力学在1920年代形成，并进而与狭义相对论结合，发展出描述微观粒子产生和湮灭的量子场论。量子场论的发展经历了经典量子场论（对称的）、规范量子场论（非对称的）和超对称量子场论三个阶段，不仅揭开了肉眼看不见的微观世界的秘密，并且加深了人类对宇宙演化的理解，革新了人们认识世界的方式，而且还带来了一系列重大的技术突破。

从对黑体辐射的实验研究到量子理论的提出，我们可以认识到，科学归根结底是实证知识体系，一旦理论与严密的实验结果不一致，无论这种理论的权威性如何，无论这种理论得到多少人、多少年的信奉，作为科学家，都有理由去怀疑理论本身。同时，我们还认识到，科学探索的最终结果是对发现的自然现象做出理论解释，而做出理论解释，不仅需要有严谨的科学态度和理性的质疑精神，更需要有深邃的思考能力和缜密的分析能力，以及理论思维能力。

二、重大科学突破始于凝练科学问题

爱因斯坦提出的相对论，是一种崭新的时空观。相对论的关键科学问题在于同时的相对性。相对论合理地解释了时间与空间相联系、空间与物质分布相联系、物质和能量相联系，改造了牛顿以来的经典物理学知识体系，不仅与量子力学一起构成了20世纪物理学发展的基础，而且把人类对自然的认识提升到一个全新的水准，深刻地影响了人们的思维方式和世界观。

相对论的创立源于作为电磁波假想载体的“以太”的危机。美国物理学家迈克尔逊(A. A. Michelson, 1852～1931) 于1887年公布的实验报告《关于地球和光以太的相对运动》表明，在牛顿力学领域里普遍成立的相对性原理在麦克斯韦电磁场理论中不成立。荷兰物理学家洛伦兹(H. A. Lorentz, 1853～1928)和法国物理学家彭加勒(J. H. Poincaré, 1854～1912)等都想在保留以太假说的基础上解决这一矛盾，洛伦兹通过引入“长度收缩”(1892)、“局部时间”(1895) 和新的变换关系 (1904)，证明了在一级近似下，地球系统与“以太”服从相同的规律；而彭加勒提出的相对性原理 (1904) 和洛伦兹提出的变换群 (1905) 则强调相对性原理的普遍有效性。虽然他们两人的工作已经不自觉地偏离了经典物理学的框架，并且实质上是在叩打相对论的大门，但创立相对论的重任还是留给了爱因斯坦。

爱因斯坦的成功不仅在于他把电磁场看做独立的物理存在，并认为“以太”假说是多余的，最重要的是，他提出了“同时的相对性”这一关键的科学问题。爱因斯坦在《论动体的电动力学》(1905) 中，通过严密分析后指出，同一地点发生的两个事件的同时性是不依赖于观察者的，而异地发生的两个事件的同时性则是依赖于观察者的，只有指明相对哪个观察者而言才有意义。同时的这种相对性，我们在日常生活中几乎观察不到，观察者的运动速度只有接近光速才能发现。爱因斯坦借助于同时的相对性概念，通过光速恒定和相对性两条原理，推导出狭义相对论的主要结论。它的进一步发展是广义相对论（1915）和统一场论，爱因斯坦以其相对论研究的三部曲向物理学的同行展示了他非凡的科学思维创造力。

三、科学想像力需要严谨的实验证据支持

在广义相对论发表的翌年，爱因斯坦发表了《根据广义相对论对宇宙学所作的考察》(1917)，这篇论文标志着现代宇宙学的诞生。尽管爱因斯坦的宇宙模型沿袭了牛顿的静态宇宙观，但其所给出的场方程却允许宇宙动态解的存在。1917年荷兰著名天文学家德西特（W. de Sitter，1878～1933)、1922年俄国数学家弗里德曼（A. A.Фридман，1888～1925)，以及1927年比利时物理学家勒梅特（G. Lemaitre，1894～1966）先后提出了宇宙膨胀论。美国天文学家哈勃（1889～1953）所观测到的红移现象，有力地支持了宇宙膨胀论。在宇宙膨胀论的基础上，1946年俄裔美国物理学家伽莫夫（G. Gamov，1904～1968）通过引入核物理学知识，提出了大爆炸宇宙论，认为宇宙源于一个温度和密度接近无穷大的原始火球的爆炸。他的学生阿尔法（R. A. Alpher，1921～）等于1948年进一步推算出宇宙大爆炸发生在150～200亿年前，并预言大爆炸的余烬在今日应表现为约3K的宇宙背景辐射。1964年，美国的两位电信工程师彭齐亚（A. A. Penzias，1933～）和威尔逊（R. W. Wilson，1936～)，在研究卫星电波通信时发现，来自宇宙各个方向的强度不变的背景微波辐射，这种微波辐射正好相当于3.5K的黑体辐射。后经高精度测量，相应温度为2.736K。这一发现被认为是证实了大爆炸宇宙学背景辐射的预言，随后大爆炸宇宙学开始兴起，并且发展成为宇宙学的“标准模型”。

早在20世纪初，爱因斯坦就把地球磁场的起源列为物理学五大难题之一，但直到地震波方法确认了地球圈层结构以后的1960年，人们才提出“自激发电机”假说，而它的科学认证却要等到1995年由核－幔差异运动的证据获得。对固体地球内部结构了解的进展主要借助地震波方法，通过对穿透地球内部之地震波速度变化的分析，逐渐形成了关于地球的圈层结构概念。克罗地亚地球物理学家莫霍洛维奇（A. Mohorovičié，1857～1936)发现地壳与地幔的分界面(1909)，德裔美国地震学家古登堡(B. Gutenberg,1889～1960）发现地幔与地核的分界面（1914)，雷曼（I. Lehmann）发现液体外地核和固体内地核之间的分界面（1936)，布伦（K. E. Bullen）提出地球的分层模型（1940)。核－幔旋转差异运动是为解释地磁场的起源而提出的一种假说，后来又被用来解释地磁极性倒

转的一种机制，但一直没找到直接的科学证据。在美国哥伦比亚大学工作的宋晓东和理查兹（P. G. Richards），通过对1967～1995年靠近南极的南美桑威奇群岛附近发生的38次地震记录的分析，测量了通过地球内核传到靠近北极的阿拉斯加的克里奇地震台的地震波速度，发现30年间南极发生的地震波到达北极快了0.3秒。由此直接证实了地球内核比地壳和地幔转得稍快，大约三四百年内要多转一周。这一发现得到另一中国旅美学者苏维加和美国地震学家杰旺斯基（Dziewonski）的肯定，他们通过对全球约2000个地震台之地震数据的分析得出了类似的结论，按照他们的计算，内核自转速率还要快些，在1969～1973年间就转过20～30度。

我们从爱因斯坦的相对论、宇宙大爆炸理论和地球磁场理论的提出与完善过程中可以看到，在科学的发展中，解决问题固然是重要的，而提出重要的科学问题似乎更重要。提出问题是科学研究的前提，提出重要的科学问题更能昭示科学所蕴含的创造性。有时，一个重要科学问题的提出甚至能够开辟一个新的研究领域和方向。提出问题，需要对已有知识的透彻理解，需要热爱真理胜过尊重权威的科学态度，需要极强的观察和洞察能力，以及创造性的思维能力，同时，还需要敢于创新的勇气和信心。

四、自然科学需要数学语言

近代物理学的书写语言是数学。德国天文学家开普勒（J. Kepler，1571～1630）用代数方程总结出行星运动的三定律（1609～1619），被誉为世界第一位数学物理学家；意大利物理学家伽利略·伽利莱（Galileo Galilei，1564～1642）以几何学方法论证落体运动定律（1638）；牛顿（I. Newton，1642～1727）的著作《自然哲学的数学原理》（1678），把数学化树立为近代科学成功的标志。18世纪天体力学的主要进展多是靠数学方法取得的，19世纪实验开始上升为物理学的重要方法，实验物理学的数学化成为19世纪的特征。革命导师马克思甚至认为，只有当一门学科成功地运用了数学才可以认为是成熟了的学科。

在20世纪，物理学与数学的紧密关系远非其前的3个世纪所能比，并且越来越显示出数学与物理学的内在一致。例如，非欧几里得几何学与广义相对论，希尔伯特空间与量子力学，微分几何学与规范场论，这一切都预示着似乎数学早就提前为物理学准备了它所需要的工具。另一方面，物理学不仅使数学家们面临大量新的数学问题，而且能够引领着他们朝着意想不到的方向前进。物理学家狄拉克（P. A. M. Dirac，1902～1984）和费曼提出的路径积分与泛函的内在联系，使得费曼积分的严格数学成为21世纪重要的数学问题之一；统计物理学与概率数学的内在联系，逐渐使得相变数学理论成为统计物理严格数学基础的核心问题之一。今天，我们对生命科学的数学化要有充分的思想准备，数学与生命科学的关系必将随着理论生物学的成长而越来越密切。不仅生命科学要去利用那些为描述生命现象提前准备了的数学工具，数学也要沿着生命科学提出的那些意想不到的方向前进。

数学与物理学结合的一大杰作是电子数字计算机，计算机使得物理学实现了数学提供的计算原理。英国数学家图灵（A. M. Turing，1912～1954）提出机械计算模型（1936），美国数学家香农（C. E. Shannon，1916～2001）提出用布尔代数分析复杂的开关电路（1938），美国数学家维纳（N. Wiener，1894～1964）提出，自动计算机应采用电子管的高速开关组成逻辑电路，以进行二进制加法和乘法的数字运算（1940），匈牙利裔美国数学家冯·诺依曼（J. L. von Neumann，1903～1957）提出计算机的内存程序理论（1945）。在这些思想的指导下，人们研制出电子数字计算机。电子计算机经过电子管、晶体管、集成电路等阶段，发展成能为广大公众普遍应用的个人电脑。电子数字计算机是一种延扩人脑的机器，它是数学与物理学结合的产物，而它的产生又对数学和物理学产生巨大的影响，产生出物理学的数学仿真。我们有理由期待数学与生命科学结合的生物计算机，并通过它理解人的大脑运作等诸多生命活动的复杂规律。

五、新仪器的发明为科学打开新的窗口

人类最早用眼睛观察，后来出现了光学望远镜和显微镜。它们在20世纪分别发展为射电望远镜和电子显微镜。但20世纪发明的最重要仪器是粒子加速器和电子计算机。加速器是人类认识微观世界的工具，电子数字计算机则成为人类智力的重要辅助工具。已知的射电、红外和紫外、X射线、γ射线，都是电磁辐射，但对于缺乏电磁辐射的暗天体我们还无法观察。我们通过射电望远镜看到了中子星，通过对脉冲双星的轨道10年（1974～1984）变化的观察，间接证明了引力波的存在。

科学家们依靠放射性物质和来自宇宙空间的高能粒子，对一些原子核内部的物质特性进行了探索，发现了μ介子（1936）、π介子（1947）和K介子（1947）等重要的粒子。加速器的发明使人类深入到缤纷的粒子世界。随着倍压加速器（1932）、静电加速器（1933）、回旋加速器（1932）、同步回旋加速器（1946）、等时性回旋加速器（1956）和对撞机（1956）的相继发明，安装在长岛（1952，3GeV）、伯明翰（1953，1GeV）、伯克利（1954，6GeV）、杜伯纳（1957，10GeV）和萨克雷（1958，6GeV）的加速器先后运转，自加速器产生π介子（1948）以后，许多新粒子接踵发现。1960年代又发现了一批被称之为“共振态”的粒子。正是在对这些粒子分类研究的基础上，建立了夸克模型，并且不断验证和完善着基本粒子的标准模型。在加速器原理的基础上发展起来的同步辐射装置和自由电子激光装置，作为可调光源在基础科学多学科研究和工业领域都有广泛的应用。

电子数字计算机对于物理学研究来说有两方面的意义，一方面对没有解析解的物理方程可以用计算机实现数值解，另一方面实际上不能实现的某些设想的实验可以由计算

机来模拟。在原有的实验方法和理论方法之外，物理学又获得了一种新方法——数学仿真。数学仿真是一种介于经典演绎法和经典实验方法之间的新的科学认识方法，其实质在于它不是对客观现象进行实验，而是对它们的数学模型进行实验。数学仿真包括四个基本方面：建立对象的数学模型，拟订分析模型的数值方法，编制实现分析方法的程序，在电子计算机上执行程序。数学仿真使物理学形成实验物理、理论物理和计算物理三足鼎立的新格局。计算物理学的主要特征不在于“计算”，而在于对自然过程进行数字模拟。这种模拟的目的在于获得某些新发现，并通过理论物理方法的论证和实验物理法检验进一步确证。计算物理学的兴起以费米 - 巴斯塔 - 乌勒姆（E. Fermi-J. Pasta-S. Ulam）的《非线性问题研究》报告（1955）为起点，以洛伦兹（E. N. Lorenz）等发现混沌（1963）、克鲁斯卡耳（M. D. Kruskal）与扎布斯基（N. J. Zabusky）发现孤子（1964）、阿耳德（B. J. Alder）等发现长时尾（1967）这三大数学仿真发现为标志。计算物理学又发展出计算生物学和计算神经科学。在这种意义上，我赞成把计算物理学的兴起看作科学方法的一场重大革命。

在科学已经越来越依赖于研究手段的今天，实验手段的进步为科学打开新的窗口，不仅有助于理论的突破，甚至可以改变科学家的思路，开辟新的研究领域。任何轻视实验手段和方法论的思想，都可能使科学研究处于停滞或陷入困境。

六、物理学与生命科学的相互作用

物理学与其他自然科学学科的交叉和相互作用，曾经产生并形成了化学物理学、生物物理学和心理物理学，以及天体物理、地球物理、大气物理、海洋物理和空间物理等诸多交叉学科。但这种交叉和相互作用最突出的表现还在于，20世纪的生命科学在物理学的基础上发生了革命性的变化，即DNA双螺旋结构的发现及其广泛和深远的影响。

1953年，美国生物学家沃森（J. D. Watson，1928～）和英国物理学家克里克（F. Crick，1916～2004）发现DNA的双螺旋结构；1954年，俄裔美国物理学家伽莫夫提出核苷酸三联体遗传密码；1958年，克里克提出遗传信息传递从DNA到RNA再到蛋白质的中心法则；1961年，法国生物学家雅各布（F. Jacob，1920～）和莫诺（J. Monod，1910～1976）提出基因的功能分类和调节基因的概念。由此，分子生物学的理论框架基本形成。随着双螺旋结构模型的提出、“中心法则”的确立和基因重组技术的兴起，几乎所有对生命现象的研究都深入到分子水平去寻找生命本质的规律，这使分子生物学成为生命现象研究的核心理论和发展生物技术原理的源泉。20世纪70年代，基因重组开辟了基因技术的工程应用的可能性，从而使人类看到了运用生物技术造福人类的前景。

生命科学的这种革命性的变革是物理学、化学和生物学等学科相互交叉、相互作用的产物，在这一过程中，物理学的概念和方法起到了重要作用，物理学家深入到生命科学领域进行探索，做出了重要的贡献。我们没有理由忽视量子波动力学创立者薛定谔的思想影响，他的《生命是什么》(1944)一书曾深深影响了一批物理学家和生物学家的思想，促成分子生物学诞生出三个学派：比德尔（G. W. Beadle，1903～1989）代表的化学学派、德尔布吕克（M. Delbrück，1906～1981）代表的信息学派和肯德鲁（J. C. Kendrew，1917～）代表的结构学派。这三个学派的思想都深受物理学思想和方法的影响。物理学的X射线晶体衍射法为结构学派认识生物大分子的晶体结构提供了有力的手段，物理学家伽莫夫率先提出的三联体密码方案有力地推动了信息学派的成长。我们也要重视生命科学对物理学的影响，量子论主要创立者之一玻尔号召物理学家关心生命现象研究，其目的之一是在生命现象中寻找量子物理的适用界限。

七、社会需求的拉动及科学与技术的互动

早在1959年，美国物理学家费曼就幻想，用大机器制造小机器，用小机器制造更小的机器，以致能把大英百科全书记录在针尖大小的地方，甚至能够搬动和排列原子。在科学认识的推进和社会需求的拉动下，人们已经可以把加工尺度从微米（10^{-6}米）级推进到纳米（10^{-9}米）级。自1897年物理学家提出晶体的生长取决于结晶核数目、结晶速度和热导率三个独立变量以来，对微观结构和宏观性质认识得最深入并对它的加工制备技术掌握得最成熟的材料是半导体。

自英国物理学家法拉第（M. Faraday，1791～1867）发现氧化银的电阻率随温度的升高而增加（1833）之后，接着又发现光电导（1873）、光生伏打（1877）和整流（1906）三种半导体物理效应。这些半导体物理效应在20世纪20年代开始商业应用，它推动了半导体物理研究并导致英国物理学家威尔逊（H. A. Wilson，1874～1964）提出半导体导电模型（1931），而半导体物理研究的发展又导致美国贝尔实验室的肖克利（W. Schokley，1910～1989）、巴丁（J. Bardeen，1908～）和布拉顿（W. H. Brattain，1902～1987）研制出晶体管（1947）。体积小寿命长的晶体管不仅很快就开始取代真空电子管（1950），而且在英国人达默（G. W. A. Dummer）提出集成电路的设想（1952）之后，美国人基尔比（C. Kilby）和诺伊斯（R. Noyce）各自独立地制成最早的集成电路（1958）。

随着第一只晶体管的诞生和第一块集成电路的问世，以及单晶生长工艺、离子注入工艺、扩散工艺、外延生长工艺和光刻工艺的发展和完善，微米级的材料加工技术就开始了它日新月异的进展。半导体集成电路沿着小规模（$<10^2$）、中规模（10^2～10^3）、大规模集成（10^3～10^5）、超大规模集成（10^5～10^7）、特大规模集成（10^7～10^9）前进到20世纪末的极大规模集成（$>10^9$），相应的加工尺寸已经达到0.1微米。除电子计算机芯片外，还有两项引人瞩目的微米级加工技术，它们是微电子机械和基因芯片技术。人们利用微电子材料和工艺制作了微型的梁、槽、齿轮和薄膜乃至马达，它们也可以像晶体

管那样被成批地制造。基因芯片是固化了大量生命信息的DNA芯片，其空间分辨率正在从微米向纳米发展，现在已应用于生物医学、分子生物学的基础研究、人类基因组研究和医学临床实验。基因芯片将对基础生命科学、临床医学、诊断学和脑与神经科学等产生革命性的影响。

集成电路制作使用的半导体材料经历了锗→硅→砷化镓等Ⅲ/Ⅴ属半导体的变化，生产工艺则从平面工艺到分层工艺再到图形，包括光刻、刻蚀、淀积、外延、扩散、溅射、测试、封装等微米级加工工序。集成电路材料与工艺的不断进步，以及物理学的发展，导致了纳米技术的诞生。微米级技术本身延伸出的X光刻机、电子束曝光机、离子束光刻机，以及对材料进行原子级修饰的技术，首先成为发展纳米技术的工具，但最精微的工具还是新发展出来的用于原子尺度加工的扫描隧道显微镜（STM）和原子力显微镜（AFM）等扫描探针显微镜。电子曝光机和离子曝光机是目前实用的纳米级加工工具，而扫描探针显微镜迄今为止仍是可用作在原子尺寸上加工的唯一工具。以纳米技术为基础的新工具将导致小于100纳米的超微分子器件的诞生，例如分子计算机和分子机器人等。这些分子器件可能具有更为主动和复杂的性能，能够帮助人类完成更为复杂的操作。基于分子装配的纳米技术，将能够对物质的结构进行完全的控制，使人类能够按照自然规律制备出超微的智能器件。

半导体、集成电路和纳米科技的发展表明，导致科技进步的动力不仅来自于科学家和工程师的创造欲，而且来自于社会需求的拉动。自第二次世界大战以来，社会需求对科学发现和技术发明的拉动作用越来越大。这就要求我们科技人员和科技管理人员，摈弃封闭的经院式思考方式和管理方式，密切与社会的联系，准确把握社会的需求，有效而有针对性地推动科技进步和创新。特别是对于我们这样一个急需利用有限的科技资源推动现代化建设的发展中国家的科技人员来说，更要如此。

八、物理学的魅力及其未来

相对论、量子论及其结合的产物量子场论和统一场论等现代物理学革命的主要成果，导致了人类的物质与精神生活发生巨大变化。相对论对时空关系和时空与物质关系的认识、量子力学对物质内部结构和运动规律的认识，不仅深深影响了人们的观念，而且广泛地改变了并继续改变着人们的生产活动和日常生活。想一想晶体管和激光，以及电视机、多媒体电脑和光纤连接的互联网，或许会更深地领会“物理学革命”的含义。

物理学的魅力不仅体现在其物化成果可以极大地改变人类的文明，尤其需要指出的是，物理学，特别是现代物理学，彰显出科学给人类带来的认知能力上的升华。物理学从纷杂的事物中抽象出物质的统一特性，更正了我们日常的肤浅认识，透过表象为我们揭示出物质本质上的奇妙特征，并且借助数学和逻辑，做出了最为理性、简洁的物理表述。物理学在为我们解释周边物质世界的同时，也为我们营造出内容丰富、思维缜密、不断创新、妙趣无穷的理论、方法与实验体系。

20世纪的现代物理学革命与19、20世纪之交的物理学形势相关，那时物理学上空的“两朵乌云”竟令一些物理学家惊呼“物理学危机”。现代物理学革命不仅解决了两朵乌云导致的这场危机，而且把整个自然科学都置于以量子论和相对论两大理论为支柱的现代物理学的基础上。虽然今天的物理学仍面临着一些重要的理论与实验问题亟待解决，如类星体的能源问题，暗物质、暗能量和反物质问题，爱因斯坦场方程的宇宙项问题，中微子振荡问题，质子衰变问题等，但是毕竟还没有人像19、20世纪之交那样惊呼物理学的危机。

相对论和量子论在科学各个领域的扩展和应用，虽然已经取得很大的成功，但是还远未到达止境。看来一直作为精密科学典范的物理学还是魅力未减，作为其他经验科学基础的地位短时期内不会改变。物理学的巨大魅力还在于它从理论认识中衍生出众多技术原理，20世纪的物理学为我们这个社会提供了四个主要新技术原理，即核能技术、半导体技术、激光技术和超导技术。虽然在20世纪现代物理学革命以后，在约为四分之三个世纪的时间内，物理学并没有发生新的、基础性的重大变革，物理学的进展主要表现为相对论和量子论的推广应用，但是这并不意味着物理学的发展已经走到了尽头。

当代科学发展的态势和社会对科学的迫切需求，将在很大程度上影响科学未来发展的方向及其特征。一些传统学科仍将保持相当的独特性，物理科学作为整个自然科学发展的基础地位一时还不会动摇，但是科学的学科结构重心将转移到生命领域；数学科学作为数与形的科学，其简洁、精确和优美的表述方法将在自然科学、应用技术与人文社会科学中得到更为广泛的利用；信息技术作为研究与知识信息交流、传播的技术手段，会随着自身的发展及其与其他领域的结合不断进步，并通过广泛的渗透而促进其他领域的发展；各自然系统的研究及自然科学与人文社会科学之间的结合将成为跨学科研究的生长点，它们的发展和广泛运用，都将有力地推动学科间的整合和交叉科学的诞生与繁荣。

前　言

科学技术的迅猛发展及其对社会与经济发展的巨大推动作用，已成为当今社会的主要时代特征之一。科学作为技术的源泉和先导，作为现代文明的基石，它的发展已成为全社会关注的焦点之一。中国科学院（简称中科院）作为我国科学技术方面的最高学术机构和自然科学与高技术的综合研究机构，有责任也有义务向社会和决策层报告世界和中国科学的发展情况，这将有助于我们把握科学技术的整体发展脉络，对未来进行前瞻性的思考，提高决策过程的科学水平。同时，也有助于提高全民族的科学素质。

1997年9月，中国科学院决定发表名为《科学发展报告》的年度系列报告，不断综述世界科学进展与发展趋势，评述科学前沿与重大科学问题，报道我国科学家所取得的突破性成果，介绍科学在我国实施“科教兴国”与“可持续发展”两大战略中所起的作用，并向国家提出有关中国科学发展战略和政策的建议，特别是向全国人大和全国政协会议提供科学发展的背景材料，供高层科学决策参考。我们采取的是每年《报告》的框架大体固定，但内容与重点有所不同的方式，每一年所表达的科学内容，并不一定能体现科学发展的全部，而是从当年最热门的科学前沿领域中，从当年中外科学家所取得的重大成果中，择要进行介绍与评述，进而逐步反映世界科学发展的整体趋势，以及我国科学发展水平在其中的位置。

《2006科学发展报告》框架与以往不同之处是，对第一章的主题进行了调整，改为“推动科技自主创新”；为纪念世界物理年，增加了一章“物理学发展前瞻”，发表了我国一些科学家对物理学若干重要领域发展前景的看法。

《2006科学发展报告》是该系列报告的第九本，主要包括以下九部分内容：

一、推动科技自主创新

二、科学前沿介绍

三、2005年诺贝尔科学奖述评

四、2005年中国科学家具有代表性的部分工作

五、物理学发展前瞻

六、公众关注的科学热点

七、科技战略与政策

八、中国科学发展概况

九、科学家建议

为本年度报告撰稿或参加审稿工作的有路甬祥院长，白春礼常务副院长，周光召、陈佳洱、匡廷云、解思深、戴立信、薛其坤、陈创天、徐至展、侯建国、朱清时、许志琴、饶子和、郭爱克、郭光灿、夏建白、魏复盛、马大猷、徐光宪、师昌绪、孙鸿烈、杨福愉、杨国桢等院士，胡亚东、李喜先、王恩哥、邹冰松、张智红、赵元弟、曾绍群、骆清铭、陈永明、张立新、卢从明、杜冠华、王惠杰、张湘茹、孙昌璞、罗治斌、丁奎岭、高福、冯友军、沈志强、贾金锋、刘丽娟、张正泉、赵爱迪、杨金龙、陈心启、孙飞、徐建兴、丁昇、吴晓辉、许田、吴岳良、黄庆国、马永亮、钟鸣、马建平、陈平形、李树深、张广宇、闻海虎、蔡建旺、成昭华、詹文山、曹则贤、王鹏业、翟晓梅、周旭、卢漫天、田莉、许小峰、张景安、方新、周文能、张军、赵保京、王谋勇、杨惠民、孙晓兴、沈电洪、刘国诠、张树庸、程光胜、郭兴华等专家学者。

本报告的撰写与出版是在中国科学院路甬祥院长的关心和指导下完成的。曹效业、潘教峰同志对本报告进行了总体策划。汪前进、陶宗宝、丁颖同志对本报告的工作给予了大力支持。中国科学院文献情报中心、中国科学院规划战略局、中国科学院院士工作局及中国科学院自然科学史研究所承担了本报告的组织、研究与撰写工作。课题组组长为叶小梁，副组长为张利华、汪凌勇，课题组成员为胡智慧、李宏、黄群、黄矛、刘峰松、刘勇卫、李洁、程奇、彭颢舒等。

中国科学院“科学发展报告”课题组

目　录

CONTENTS

第一章

推动科技自主创新

Promoting Independent S&T Innovation

1.1 基础研究和战略高技术研究在自主创新中的作用

路甬祥
（中国科学院）

胡锦涛总书记在全国科学技术大会上的重要讲话中号召全党全社会，要坚持走中国特色自主创新道路，为建设创新型国家而努力奋斗。胡锦涛总书记的重要讲话，进一步指明了我国经济社会和科学技术发展的方向，赋予了我国广大科技工作者新的使命。

改革开放26年来，在党的正确领导下，经过全国人民的共同努力，我国实现了由计划经济体制的社会向市场经济体制为主导的社会转型，从一个相对封闭的社会发展成为一个日益开放的社会，从一个物质短缺的国家变成了物质比较丰富的国家。过去的26年，国内生产总值年均增幅超过了9%，这样的增长速度在人类发展史上是不多见的。但是，我们应该清醒地认识到，过去的高增长率基本上建立在投资拉动和资源耗费的基础上，如果单纯依靠投资或资源耗费的粗放型经济增长方式，未来20年，我国无法继续维系经济的持续高增长。自主创新能力不强，经济结构不合理，粗放型经济增长方式没有根本转变，城乡区域发展不平衡，经济社会发展不协调等已成为制约我国经济社会持续健康发展的瓶颈和隐患。

要克服资源、环境及人口等方面的制约，走出一条科技含量高、经济效益好、资源消耗低、环境污染少、人力资源优势得到充分发挥的新型工业化路子，我们就必须坚持改革开放，大幅度提升我国的自主创新能力，提高全民族的科技和文化素质，转变经济增长方式，实现由资源和资本驱动型经济向创新驱动型经济的转变，建设创新型国家。

具有时代特征的科技自主创新包括：基础研究的原始科学创新和关键技术的自主原始创新，建立在高新技术基础上的系统集成创新，以及建立在引进、消化和吸收基础上的再创新。提高我国的自主创新能力，就必须大力提高基础研究的水平，为我国的技术创新提供知识储备和源头；大力发展关键核心高技术，实现重点突破，抢占技术和产业发展的制高点；大力推进系统集成，通过相关技术的集成创新创造新产品、新装备、新工艺、新市场、新优势；加快对引进技术的消化、吸收和再创新，充分利用国际科技资源，发挥后发优势，提高自主创新的起点。

改革开放以来，我国的科学技术有了长足的进步，取得过辉煌的成就，有力地促进了我国经济社会的发展。但是，我国的科技水平，尤其是自主创新能力，与国家的需求相比，与世界发达国家相比，确实还存在着明显的差距。

今天，全世界86%的研发投入，90%以上的发明专利，以及几乎所有重要的科技创新成果，都掌握在发达国家手里。我国国际科技论文数量虽然已跃居世界第5位，但是还缺乏引领学科发展的重大原始性创新成果，近10年世界高被引用率论文中，我国论文的比重只占1.66%；我国的高技术产业发展迅速，但是具有自主知识产权的产品不多，2004年，高新技术产品在中国出口的工业制成品中的比例仅为27.9%，其中大部分还都是由三资企业完成的；我国正在成为世界制造业大国，但是对国外技术的依赖并没有减少，由于缺乏具有自主知识产权的核心技术和品牌，在制造业的很多领域还停留在国际价值链分工的低端，在信息产业、航空产业、机器制造，以及高档的数控设备等方面，大部分关键技术主要是从国外引进，先进的纺织机械70%以上靠进口，光纤设备几乎是百分之百靠进口，集成电路的制造设备也有80%左右依靠进口。

20世纪70年代后期以来，引进国外技术一直是我国提高技术与产业水平的重要途径，并且收到了明显的成效。但是，随着国际产业和产品的竞争越来越成为技术的竞争，以及我国产业升级与发展对先进技术需求的快速增长，如果不加强自主创新，继续依靠大量引进国外技术来提高产业水平，不仅将要付出更加巨大的成本，而且还将会丧失竞争的先机。同时，随着一些技术领先国家出于种种原因加大对我国进口先进技术的限制，先进技术，特别是先进的战略高技术，很难引进，更重要的是，引进了技术不等于引进了创新能力。从我国的工业化进程看，从国际竞争加剧的形势看，提高我国的自主创新能力已经刻不容缓。

在这个竞争与合作并存的全球化时代，提高我国的自主创新能力，必须坚持改革开放，在充分利用全球资源的基础上，发挥中华民族的创造活力，通过自主创新，提升我国的产业水平，增强竞争优势和可持续发展的能力，把握发展的主动权。

提升自主创新能力，必须坚持以人为本，实行教育优先和人才强国战略，大力提高国民素质和科学文化水平，进一步加强我国人力资源开发，将沉重的人口负担转变为创新人力资源，培养、吸引和凝聚数以千万计德才兼备的创新创业人才，并为他们的脱颖而出创造良好的环境和舞台；必须完善公平竞争的市场环境和政策环境，完善现代企业制度，使外在的创新压力和内在的创新动力充分发挥出来，推动企业成为技术创新的主体；必须加快建设中国特色国家创新体系，充分发挥政府的主导作用，发挥市场在科技资源配置中的基础性作用，发挥企业在技术创新中的主体作用，发挥国家科研机构的骨干和引领作用及大学的基础和生力军作用，加强产学研的紧密联系与合作，提升国家创新体系的整体创新能力与效率；必须解放思想，实事求是，与时俱进，开拓创新。要在全社会营造尊重知识、尊重人才、尊重劳动、尊重创造、尊重和支持自主创新的良好社会文化与舆论氛围；尊重创新规律，建设与完善适应不同类型自主创新规律的创新文化与评价标准和激励方法。

基础研究和战略高技术研究在提升国家自主创新能力中发挥着基础与关键的作用，我国国家科研机构和研究型大学的广大科技人员，特别是国家科研机构的科技人员，主要从事的是定向基础研究、战略高技术研究和重大社会公益创新，他们的研发水平对于提高我国科技自主创新能力关系重大。

基础研究的使命是探索自然规律、做出新的发现、创造新的科学知识，为认识世界和合理改造世界提供新的理论和方法。20世纪以来，基础研究已成为人类文明进步的重要动力，成为科技进步的基础与核心，成为经济和社会发展的知识源泉与基础。基础研究是新技术、新发明的先导，现在大家所熟知的信息技术、生物技术、激光技术、半导体技术，航空航天技术等，无一不是由于基础研究的重大突破所产生出来的；基础研究的重大突破，往往带来高技术的重大突破，从而带动新兴产业群的崛起，引发经济社会的重大变革，以电气化为标志的第二次工业革命，以信息化为标志的知识经济，都是源于基础研究的重大突破；基础研究是培养和造就科技人才的摇篮，从工业经济到知识经济，人类的每一次重大进步，都要依赖于人才创新能力的提升和知识结构的更新，而基础研究过程所注重的严谨性和原创性，注重理论思维与实证研究的结合，恰恰是造就高素质人才的最佳途径。

在科学技术不仅是现代社会发展的有力支撑，而且是引领社会未来发展主导力量的今天，基础研究决定着一个国家的创新实力和后劲，进而决定着一个国家的未来，一个在基础研究方面没有坚实基础和重大建树的国家，难免在当今世界处于从属地位，一个在基础研究方面缺乏原始创新能力的民族，难以走在世界各民族的前列，很难在全球经济分工中取得优势和主动的地位。

战略高技术是指对增强综合国力最具战略影响的高技术领域。战略高技术不是一般意义上的高技术，它建立在综合性科学研究基础之上，处于世界科技发展前沿，具有前沿性和关键性的特征，以及知识密集、人才密集、资金密集、技术密集等特点。战略高技术已成为提升国家竞争力、促进国民经济持续发展和维护国家安全的关键所在，也是各国竞争的核心。当今世界，信息技术、生物技术、新材料技术、先进制造与自动化技术、资源环境技术、航空航天技术、能源技术、先进防御技术等已成为对增强综合国力最具战略意义的高技术领域。其中信息技术、生物技术和新材料技术的作用尤为突出，影响尤为普遍。

战略高技术的突破，能够引领产业与技术发生跨越式发展和重大变革。比如，集成电路的集成度、速率和智能化水平的提高，不仅使计算机的功能更具竞争力，使大型计算机的功能运算速度实现新的提升，使网络传输服务内容更加多样，而且还带动数字化教学、远程医疗、网络服务、新闻、艺术和国防等领域的发展；纳米技术的突破及新型纳米材料的发展，将使海量信息处理、高速计算、通信、空间防御能力极大提高，使机械、电子装备进一步走向微型化和智能化，进而带动与国民经济和国家安全相关的领域发生新的技术飞跃；生物技术的进展，将使医学领域发生重大变革，研制出治本的基因药物及新型的医疗诊断方法，并带动农业的发展，按照人类意愿，培育出新的物种，同时，还能生产出环境友好的产品，创造出修复生态环境的新方法，带动绿色生产和消费，推动循环经济发展。战略高技术是新军事变革的重要技术基础，信息技术和航空航天技术推动着军事变革从机械化时代转向数字化、信息化时代，其基础是先进的战略高技术，核心是制信息权和制空天权。精准打击、光电、隐形、超限和新概念武器技术等，正在成为军事科技竞争的焦点。掌握战略高技术事关国家安全和主权维护。

战略高技术是一个国家科技创新能力和综合国力的集中体现，也是当今世界科技、经济和军事竞争的战略制高点。因此，战略高技术更依赖于一个国家和地区的自主创新，战略高技术的水平也更反映出一个国家和地区的自主创新能力与水平，没有强大的自主创新能力，一个国家和地区就不可能掌握世界领先的战略高技术，就有可能在全球竞争与合作中处于劣势，丧失主动权、话语权和自主权，在国家安全的保障方面处于被动地位。

我们必须认清我国国情及未来发展对基础研究和战略高技术研究的需求，认清世界基础研究和战略高技术研究的发展趋势，抓住机遇，真抓实干，迎接挑战，在“十一五”期间，努力实现我国基础研究和战略高技术研究的跨越式发展，支撑我国的现代化建设和国家安全，并为我国更长远的发展奠定坚实的基础。

推动基础研究和战略高技术的发展，必须遵循科学技术的发展规律。当今世界，基础研究的动力不仅源于人们对于自然现象的好奇心和探索精神，源于人们对于自然规律的认知欲望，而且源于人类经济社会发展对科技创新的新需求，源于高新技术发展提供的新工具、新方法和新手段；推进基础研究的根本机制在于确定优先领域，鼓励学科交叉，选择优秀人才和团队，提高自主、科学的思维能力和做出原始科学创新的自信心，营造良好的创新文化氛围和环境，给予稳定和必要的支持，同时还要引入适度竞争和适时调整机制；评价基础研究的根本标准，在于其科学价值，在于其在科学史中的地位，在于其对人类经济社会进步的影响力与推动力。战略高技术创新源于经济社会发展与国家安全需求的拉动，源于关键技术的原始创新与突破，源于新的科学发现与知识创新，源于人类的创造欲和对宇宙进化、生命进化的学习与模仿；在经济全球化和科技飞速发展的今天，战略高技术创新必须面对全球的竞争与技术前沿，着力加强关键技术与重大系统集成创新，并及时实现工程化、社会化和规模产业化，否则，将失去创新价值与竞争机会；评价战略高技术创新的根本标准，在于其对我国经济社会发展和国家安全的战略性、基础性作用，在于其对提升我国产业竞争力和国家竞争力的价值与意义，在于其对我国未来科技发展的带动作用。

推动基础研究和战略高技术研究，必须加大对基础研究和战略高技术前沿研究的投入，改善科技基础设施，深化改革，扩大开放，创新体制，进一步营造有利于自主创新的社会环境和市场环境，进一步明确政府、企业、国立研究机构、大学和中介机构在国家创新体系中的定位与职责，加快建设现代院所制度，加强以企业为主体、产学研紧密联系与合作的技术创新体系建设，提升国家创新体系的整体创新能力与效率。

推动基础研究和战略高技术研究，必须坚持有所为有所不为，突出重点，加强引导，集中资源，协同集成，走开放创新之路。对于基础研究重在制定学科政策，优选重点领域，鼓励学科交叉，尊重学术自由，营造良好的国际交流合作环境，稳定支持优秀人才与团队；支持开发重要产业的战略高技术，积极发展对经济社会发展具有重大带动作用的战略高技术产业，积极参与制定和主导重大高技术产业的国际技术标准，构建自主创新技术基础；目光远大，超前部署战略性前沿高技术研发与产业规划；必须坚持体制创新与技术创新并举，原始创新、关键技术创新与集成、引进、消化、吸收、再创新并重。

推动基础研究和战略高技术研究，必须坚持以人为本。实施教育优先和人才强国战略，为我国高技术产业发展提供强大的人力资源和人才支撑。按照全面发展素质教育的要求，适应经济社会发展和高技术产业发展对知识和人才的需要，深化教育体制改革，加快教育结构调整，在普及义务教育，全面提高我国人口素质的基础上，要加强发展和完善各级、各类职业教育，扩大职业教育招生规模；优化高等教育结构，提高教育质量，提高毕业生和研究生的创新创业自信心及适应能力。加强继续教育，发展终身教育，建立学习型社会。要牢固树立人才资源是第一资源的观念。国家、地方、企业和家庭都要增加对人力资源开发的投入，促进为高技术创新与产业化培养高素质创新人才、高技术产业经营管理人才，以及为高技术产业发展服务的各类中介人才。注重在高技术创新和产业化实践中培育和发现人才。创造条件，积极吸引海外人才回国服务和创业。规范人才市场管理，促进市场合理有效配置人才资源，营造高科技研发人才和高技术产业经营管理人才辈出、人尽其才、才尽其用的社会氛围，为我国高科技产业发展提供源源不竭的人力和人才资源，使我国战略高技术产业的创新活力、竞争力和持续发展能力置于宏大而充满活力，不断发展和提高的人力和人才资源基础之上。

The Role of Fundamental Study and Strategic Hi-Tech Research in Independent Innovation

Lu Yongxiang

The basic and key role played by fundamental study and strategic Hi-Tech research in enhancing the nation's independent innovation capacity is in depth elaborated. It is pointed out that fundamental study is the precursor of new technology and new invention; an important breakthrough in fundamental study often brings great breakthroughs in Hi-Tech, driving a group of rising industries and inducing magnificent changes in economy and society; fundamental study is the cradle of S&T talent training. Breakthroughs in strategic Hi-Tech may lead to leapfrog development and important transform in industry and technology, they are embodiment of the nation's S&T innovation capacity and integrative power, and they are also the strategic commanding elevations in current world technologic, economic and military competitions. It puts forward that to promote the development of fundamental study and strategic High-Tech, we must follow the rule of S&T development, increase the investment in fundamental study and strategic Hi-Tech frontiers, adhere to being committed only to specified critical areas, and adhere to the human-centered concept etc.

1.2 自主创新 重点超越

周光召

（中国科学技术协会）

胡锦涛主席于2005年10月中央经济工作会议上的讲话中指出：“加快科技改革和发展，加大对自主创新的投入，研究制定国家中长期科学和技术发展规划，突出强调自主创新，重点跨越，支撑发展，引领未来，把建设创新型国家作为面向未来的重大战略。”温家宝总理在同一个会议的讲话中也指出：“当前，人类社会正在经历一场全球性的科学技术革命。这给各国带来了难得的发展机遇，也带来了严峻的挑战。最重要的，是要提高自主创新能力。自主创新是提升科技水平和经济竞争力的关键，也是调整产业结构、转变增长方式的中心环节。要把增强自主创新能力作为国家战略。”

一、创新和创造性

经济合作与发展组织曾经将创新定义为“由知识提取新的经济和社会收益的过程(The process through which new economic and social benefits are extracted from knowledge)”。这个定义强调了创新要运用知识来促进经济和社会的发展，但未将知识的获得和传播考虑在内。一个更完整的定义可以表述为：“探究事物运动客观规律以获取知识，传播和运用知识以提取新的经济、社会收益和提高人类认识世界水平的过程”。

创新要由富于创造性和掌握知识的人来实现。因此，培育国家、地方、部门和企业的自主创新能力最根本的措施是要以人为本。只有造就一批掌握知识又富于创造性的人才，形成创新团队，培育创新文化和环境，在强有力的领导下，团结奋斗，才能通过自主创新实现超越。

创新要依靠人的创造性思维和创造性的发挥。创造性思维是人在认识世界和改造世界的过程中，在适应环境变迁的生存竞争中，从观察、实践、反省、推理、总结和交流信息的过程中，由感性认识上升为新的理性认识，形成指导实践方针的一种智力活动。

在科技活动中，创造性思维产生新的设想和假说，经过严格的科学实验和逻辑论证合格后，产生新理论和新技术。进一步发挥创造性可以根据新理论和新技术去发现新现象，做出新发明，形成新的高技术产业。

人人都有天赋的创造性，并可能在教育和实践的过程中得到加强。但是，相当多的人会产生创造性障碍。一个对现状适应得最好的组织和个人，在环境大变迁下产生的创造性障碍通常最多，他们满足和习惯于现状，对可能改变现状的任何革新想法都有疑虑，常常不赞成，更不适应，从而最终为环境变迁所淘汰，生存机会最小。一些成功的人士和企业也会因为过于看重自己以前成功的经验，而不再研究如何去获取新的知识，故步自封，产生创造性障碍，在变化的环境下不再适应而失败。

相反，面对挑战或处于逆境常常激发人们的斗志，使人们的创造性得到超常的发挥。成功的科学家、革命家和企业家的创造性，都在战胜挑战和克服危机的过程中大幅增长，都具有不惧困难、不怕失败、坚持不懈，不达目的决不休止的紧迫感、危机感和使命感。他们不墨守成规，从实际出发灵活地、创造性地面对挑战，以非常规的思维和战略、以科学态度和科学方法应对困难，最后夺取胜利。

20世纪初的物理学危机造就了爱因斯坦等一大批杰出的科学家，深重的民族危机产生了伟大的革命家毛泽东和他的战友，从贫困的农村诞生了中国第一批成功的民营企业家。他们的共同特点都是以创新的战略、求实的精神、艰苦的努力，不惧困难和挫折，坚持奋斗，最后才取得成功。

只有采用科学态度和科学方法才能产生符合实际、符合客观规律的创造性思维，形成反映客观规律的真知，成功地指导实践活动。

并非新想法就是对的和好的。许多人不遵循科学态度和科学方法，违背客观规律，异想天开，甚至走向邪路，形成违背人性，危害人类，反对科学的活动。大的如法轮功，小的如弄虚作假，都以各种所谓新奇的手段坑骗群众，危害社会。科学研究成果的应用也必须建立在伦理道德和法律的基础上，注意防范被坏人利用。

反映经济中各种创新要素的指标是全要素生产率。全要素生产率是经济增长率减去劳动要素和资本要素投入的增加后对增长的贡献率。它可以作为知识更新、体制机制创新和技术创新活动对经济增长贡献的指标。目前，中国的全要素生产率的贡献率为25%，低于韩国的38.4%、日本的55.2%和美国的47.8%。这说明，中国的经济增长目前还处于主要靠资金投入和劳动力投入的粗放型阶段。

全要素生产力中，人力资本的知识水准和素质起重要作用。除了通过学校教育提高全民族的文化素质外，还要加强劳动者的技能训练、工程技术人员的知识更新和研发能力的提升，更要着重发掘和造就了解科技和市场发展趋势的现代企业家。在现代经济活动中，企业家是进行要素集成和创新活动的组织者和领导者，罗斯托的经济增长理论把培育企业家视为实现经济起飞的两个“先行资本”之一。我国许多经营者是经验型的，缺乏现代科技、工商管理、国际市场法规和营销的知识，很难适应科技快速发展和国际市场激烈竞争的要求。显然，要形成有国际竞争力的规模企业，我国目前缺乏一大批掌握现代经济增长规律、善于在激烈竞争中运筹帷幄和创新管理的现代企业家。

适应快速变化和激烈竞争的市场，必须要加快企业结构调整步伐，通过市场机制促进资源由低效益企业和部门向高效益企业和部门集中。为此，要强化优胜劣汰的市场竞争机制，保持企业和部门的紧迫感和危机感，同时要促使企业和部门充分调动职工主动性和创造性，优化内部资源的使用。企业要加强和上下游相关企业的协同，着力在企业战略、技术研发、激励机制、知识和生产管理、市场销售到顾客服务等各个环节不断创新，实现我国全要素生产率质的提高。

二、国　　情

我国特有的国情迫切地呼唤着创新。在我国发展的下一个关键时期，在人口、环境、生态、资源等方面有一系列不能回避的矛盾和发展的瓶颈。

1. 人口基数大、素质低，开始老龄化和就业难三大问题同时存在是今后我国面临的严峻挑战

人口总量继续增长，城乡结构、文化结构和性别结构均有待改善。男女出生率比例失衡，有的地区高达130.3:100。

2003年，中国60岁以上老年人口已达1.34亿，超过总人口的10%，开始进入老龄社会。

劳动力就业压力加大，为解决“三农”问题，实现农村集约化生产，提高农民收入，10年内估计第一产业需要每年转出1500万～2000万剩余劳动力，进入城镇。这样大规模高速度的城镇化在世界上是史无前例的，是一项极为艰巨的任务。

2. 人均战略资源（耕地、水、能源及主要矿产资源）短缺

2003年，全国耕地净减少量为3806.1万亩（1亩=666.7平方米），人均耕地由1.47亩降为1.43亩。2004年我国人均水资源2040立方米，比上年下降4.0%，仅为世界平均的1/6。我国2004年全年平均降水量620毫米，比上年下降2.8%。我国的原油人均占有量为世界平均水平的13%，煤为99.3%，铁为34%，铜为24%，铅为35.3%，锌为58.4%，镍为29%，钴为2.5%，铝为13.9%，锰为18.3%，金为19%等。除煤以外，均不足世界平均水平的50%。2004年，原煤消费达到18.7亿吨，钢材消耗3.1亿吨，在煤、钢上已成为世界第一消费国，今后每年煤用量至少要增加1亿吨以上。

3. 环境污染触目惊心

全国七大江河水系的741个监测断面中，只有29%为Ⅲ类以上水质，而30%为Ⅳ、Ⅴ类水，41%为劣Ⅴ类水。全国近一半城镇饮用水源地水质不符合卫生标准。据343个城市调查，仅1/3达二级空气质量标准。根据联合国开发计划署（UNDP）统计，全球20个空气严重污染城市，我国占16个。垃圾围城普遍，有毒有害废弃物影响开始显现。每年环境污染造成的损失约为GDP的3%～8%。

中国经济和社会的可持续发展离不开中国的国情。节约资源，保护环境，提高国民素质，培育和集聚人才已是刻不容缓。为此，必须加大体制、机制、管理和科技创新的力度，加大教育和人才培养的力度，加快企业结构调整步伐，加快发展循环经济和清洁生产，加快全民向资源节约、环境友好的生产方式，健康文明、适度消费的生活方式和道德高尚、友好诚信的和谐社会转变，经过几代人的艰苦奋斗才能实现和谐社会和可持续发展。

三、科技高速发展和经济全球化既带来严峻挑战，又提供难得的新机遇

20世纪的相对论、量子论和DNA的双螺旋结构这三大发现，开辟了人类认识自然的新纪元，奠定了化学、分子生物学、核物理和凝聚态物理学、天体物理学、电子学和光子学的理论基础。人类基因组测序的完成为从分子角度了解生命现象从诞生、发育到衰老的全过程提供了坚实的基础。

20世纪，在技术上的伟大成就，如卫星、微电子芯片、计算机、激光器、扫描隧道显微镜、互联网、转基因、克隆动物、干细胞和基因调控等为本世纪的发展开辟了广阔的前景。

21世纪，对以上关键技术的进一步集成、创新和发展，将使人类器官可以再生，可以操纵基因和单个原子，从而创造具有全新结构、功能和生命形态的物质，可以组装单个细胞大小的智能纳米机械，医治疾病和延长寿命。在新的世纪，网络将把个人、组织、地域、国家和世界连成一体，超越地区和国界，改变人类的生产、生活和思维方式。信息生产和信息消费的增长将成为经济发展的主要动力。机械的智能化、生物化、人性化、移动化和微型化将使人体和机械实现融合，扩大人类感知的时空范围，提高人类认知、创新和决策的能力。地球的持续发展要求人与自然、人与人的关系由物竞天择向天人合一、协同进化转化。

跨国公司利用新技术在全世界扩张，形成统一的相互依赖的世界市场和新的国际分工。人才、物资、技术和资本在全球快速流动和优化配置，金融市场已经国际联网，24小时运转，国际直接投资大幅增长。在全球化中占据优势地位的国家经济发展加速，对外贸易获得快速发展。同时，由于知识、人才和资金差距，快速发展的科技也会带来更大的发展不平衡，加大地区差距和贫富差距，带来社会的动荡和不稳定。广泛即时的信息传播还会使局部突发事件迅速转变为影响全局的重大危机。

正在形成中的新技术体系将推动新的产业革命和社会变革，一个新的文明形态正初露端倪。

我们正处在科学技术成为第一生产力，科学精神和人文精神结合成为主要的精神文明，以及高技术产业在世界范围兴起的科业时代。

历史上，新技术的出现往往能为国家和地区提供由落后赶上先进的机遇。19世纪，德国依靠新兴的有机化学和电磁学，发展化学工业和电机，在染料、制药、机械等方向上一举超过英国，从落后的国家变为强大的国家。第二次世界大战后，日本及时抓住半导体晶体管和集成电路的新技术，发展存储芯片和家电产业，在20世纪70年代石油危

机后，又抓住节能技术，发展小型轿车，成为世界第二经济大国。他们的经验都说明，只有准备好的国家和民族，具备足够的专业人才、基础工业、良好的创新氛围和环境，才能不失时机地抓住新技术带来的机遇。因此，能否保持社会和谐稳定，持续地投资教育、科学研究和基础设施，集聚创新型人才，制定激励政策和培育创新环境是今后能否抓住机遇的关键。

中国社会目前面临严峻的挑战和实现腾飞的历史机遇，给中国政府、企业界、教育界和科技界提出了光荣而艰巨的历史重任。国家兴亡，政府有责，企业有责，科教有责。我们在人才、基础工业上已经具备一定基础，要进一步做好充分的准备，利用世界科技迅猛发展的时机，抓住机遇，强化自主创新，占领知识产权高地，进军世界市场，实现第三步战略目标。

四、各国的对策

面对科技迅猛发展和经济全球化的趋势，各国都在增加研发经费投入，争夺优秀人才，建设基础设施，制定重大科研计划，加快创新的步伐。

美国制定了“美国创新的基础”、“人类基因组计划”、“生命基因组计划”、“国家纳米技术计划”、“氢能源计划”等重大研究发展计划。在“美国创新的基础”中，从人才、投资和基础设施三方面制定了对策：一要构造国家创新教育战略，培育有创造性、受过技术训练和多层次的劳动力队伍；二要加强尖端和多学科研究，强化企业家经济；三要形成创新增长战略的全国共识，建立21世纪知识产权制度和加强美国的制造能力。

日本确立了“科学技术创新立国战略”、“新产业创造战略”、“e-Japan2002”等计划。2004年6月，欧盟发表“科学与技术——欧洲未来发展的关键”的战略性文件。2004年，韩国科技部提出，要通过对五大要素的改革和创新，逐步由对发达国家“模仿、追赶型”的研发模式转变为“创新型”研发模式，在今后10年进入世界科技8强和经济10强。

五、发展高技术和高技术产业

国家目标，特别是国防的需求，是高技术及其产业的催生婆，在发展的初期有不可替代的作用。核武器和导弹的设计需要大量计算，促使第一台真空管电脑诞生，并带动了IBM及后来的微电子技术和电脑技术的发展。但民用市场高技术及其产业的发展壮大却是一个复杂适应系统在激烈竞争和相互协同的过程中通过自组织、自学习、自适应而不断演化壮大的过程。

高技术产业是一种复杂适应系统，和自然生态系统一样，必须在开放条件下，通过繁殖（技术扩散）、基因变异（技术创新）、竞争和共生（兼并和联合）、适应和选择（市场），最后形成分工协同的产业集群生态系统，实现不断进化。高技术及其产业的发展速度越来越快，正是由于这些条件越来越成熟。

高技术的创新决定于技术人员活跃的思想和高超的技术水平，由一个新思想带来的技术革新就可能创造一个新的高技术企业。技术的复制、变异或创新不断地进行，新公司和新产品每天都在出现，市场竞争激烈而反应迅速。性能、质量、速度和价格成为市场选择的关键。这些都促使高技术及其产业加快演化。

微电子芯片的进步提高电脑的功能和速度，扩大电脑的市场和应用面。反过来，电脑的发展增加芯片的需求量。采用计算机辅助设计又加快芯片研究和开发工作的进度。高技术之间的协同和正反馈作用带动高技术产业高速扩张。

一种高技术的替代方案很快就能产生，高技术企业不可能靠垄断技术而获得持续发展，依靠垄断技术，最后都遭到失败。

高技术企业依靠杰出的人才。争夺、凝聚和激励人才是企业管理的中心环节。但是，在开放的环境下，必然形成人员的流动和随着人员流动带来的技术转移。当某个环节的技术革新思想萌芽，就像在生态系统中出现新的生态位一样，会有技术人员脱离去创办相关的产业，占领这个新的生态位，与原有企业形成新的，常常是效率更高的分工，在整个高技术生态系统中协同发展。

人员流动有个人的原因，但更多是企业的管理模式存在问题，或不支持创新，或决策错误导致市场前景不好，或待遇过低和市场价值偏离。过分频繁的人才流动不利于一个高技术企业的发展，人才竞争迫使企业更加注重企业文化的塑造、知识产权的保护和对有创造力职工的激励。从整个社会来看，适度规范的人员流动能加快技术的转移，加快淘汰落后的技术和企业，创造更健康的竞争环境和新的就业途径，提高市场运行的效率。

作为生产力的高技术快速发展要求生产关系迅速调整。高技术企业的技术构成、产业结构、管理模式、运行机制和市场战略都要随技术的变迁而不断革新。不停顿的创新和结构调整是高技术企业发展的常规，凡是跟不上的企业不是被兼并就是经历大的起伏和波折，能获得持续发展的高技术企业只是其中的少数。

在相同的外界条件下，企业发展的速度和动力由系统的开放程度和内因起决定作用。内因中人才群体的整体素质、招募和使用人才的政策起主要作用，而领导层的素质，反映在对发展目标和市场战略的选择，对内部资源的发掘和集中使用，对人才的识别、培训、激励和量才使用，对研发和质量的重视，对融资的能力和市场开拓的策划，对提高供应链和为顾客服务的效率，对工作协调和组织的能力等方面，又在其中起关键的作用。

高科技企业要利用最新科技，做到以弱胜强。世界成功的高科技产业通常都是由一批掌握最新科技的科研人员，在风险投资家和企业家的支持合作下，从小到大，从弱到强发展起来的。掌握有市场前景的最新技术只是提供了发展高科技企业的可能性，要将技术转化为占领市场的产品还有很长的路要走。

科技是第一生产力，创新科技无疑是发展经济的强大动力。但是科技领先的优势不一定能形成规模的有巨大效益的现实生产力，单独科技创新不一定能形成有市场价值的产品，善于管理和市场营销、有创新精神的企业家在新技术成果转化和产业规模化的过程中常常起到决定性的作用。

六、我国科研成果转化为现实生产力还存在许多困难

当前，我国研究课题的选择很多以跟踪和发表论文为目标，并不满足市场的需要。同时，多数企业也满足于引进，不重视自有知识产权技术的开发。

长期的部门分割，国防偏重个人的激励机制，使我国科技界缺乏团队精神和横向联系，产、学、研从源头上分离，又缺少中介机构和企业的科研力量，企业很少在研究课题选择开始时就能介入。传统的论资排辈和人才培养方法使得学术争论和学科交叉开展不力，这些都不利于形成协同的创新文化。为此，产、学、研都要有紧迫感和危机感，要加快从观念、体制和机制出发进行调整和创新，加快建立以企业为主体，产、学、研密切结合的研发网络和工程中心，要制定政策和激励措施，形成百家争鸣、生动活泼的创新的环境和文化氛围。

科研工作和成果转化是两类性质不同的工作，具有不同的价值观和工作方法，需要不同的评价体系和激励机制。而且，不是所有的科研成果都适宜转化，都能创造市场价值，需要识别和选择。有时，主要的研究任务没有实用价值，而附带的技术成果则产生巨大的实用价值。

我们要创造有利于科研成果转化的环境。科研创新是艰巨的劳动，需要长期的积累，需要稳定的支持和社会的理解，在基本规律尚未认识之前，急于取得应用成果，甚至盲目加以大规模推广，会造成巨大的损失。从社会的角度看，缺少企业内部的科研队伍，缺少优秀的科技企业家和风险投资家，缺少信息、金融服务和知识产权保护，缺少风险投资、社会保险和对创业者激励机制的法制化等，也是科技成果不能很快转化、形成规模化产业的原因。

科研人员是科研成果的载体，通过人的转移实现科研成果的转化是最有效的办法。在我国，目前有多种原因使得人的转移变得困难。转移到企业工作，除了有因住房、子女上学等生活上问题而产生的困难，更多的是观念和工作方式上的不适应。

进行成果转化的科研人员要转变观念，遵循市场经济规律。习惯科研价值观的科研

人员，在观念没有改变，没有经过对市场经济规律进行适当培训之前，不适宜领导高技术公司。他们多数没有经济观点，不讲成本核算，没有批量生产和质量控制的知识，不会分析市场需求，不懂组织管理，不会建设团队，没有开拓市场和销售的能力，过分高估实验室技术和技术专家在发展高技术企业中的作用等。

我们要培育一批以经营和管理为主的科技企业家。国外的经验表明，在现代高技术企业的初期，主管虽为创立企业的主要科技专家，但到有一定规模后，都改为懂得技术和市场的以经营和管理为职业的企业家。半导体晶体管的发明人、诺贝尔奖获得者肖克来所创办并主管的肖克来晶体管公司不到两年就失败了，充分说明单有技术并不能办好高技术公司。

七、几点结论

市场需求和国家目标是推动科技创新的重要动力。政府和企业要以人为本，集聚优秀人才，大幅度增加科研和开发经费的投入，培育创新环境，组成创新团队，建立良好的基础设施，在全社会弘扬创新文化。发掘创造力超群的科技帅才和懂得科技的优秀企业家是实现自主创新的重要条件。在企业中，要形成企业家领导的多学科研究队伍，以加快科研和成果转化的进度。有潜在应用价值的基础研究，应当在研究过程中确立应用的目标。

政府应制定发展战略，确定国家需求，提出研究任务，投资进行研发，规范市场竞争。但国家支持的研究成果不应当被少数企业垄断。国家要鼓励技术创新、成果转化，要组织有巨大市场前景的新技术向国内相关企业扩散，形成一批企业进入的条件。要支持大规模生产工艺的开发，帮助制定生产标准。

企业数量达到临界，形成企业集群生态以后，要制定法规，规范市场竞争，反对垄断，使企业相互形成协同进化的工业生态系统。政府的作用主要不在于亲自领导科研项目或投资几个企业，关键是要支持企业开发新技术，帮助培育市场，拓开技术应用面，为民族企业的成长创造有利的条件。

企业要成为应用和开发研究的主力军。企业要重视自主创新和掌握知识产权，为此，要增加研究经费，建立自身的研发队伍，善于利用社会的研发力量，按市场需求确定研发项目。科技成果转化应当主要依靠企业，组成产、学、研协作网络，按市场规律进行。

我们必须以弱胜强，后来居上。我国是人口众多的发展中国家，在经济实力上不仅现在不及发达国家，在未来相当长时期内也不可能赶上。因此，不能期望科研经费和支撑条件短期内能和发达国家比照。在创造了必要的物质条件以后，能不能有重大创新就完全取决于主观能动性的发挥。我们必须从20世纪科技和经济的发展历史中那些从落后赶上先进的成功范例中吸取经验，建立信心，充分调动中国人的智慧，组织优势力量和发扬协作精神，完成历史赋予的使命。

Independent Innovation and Leapfrog Development in Key Areas

Zhou Guangzhao

Points of views on independent innovation and leapfrog development in key areas are set forth in terms of innovation and creativity, innovation called for by the national situation, severe challenges and new opportunities brought by the rapid development of science and technology as well as economic globalization, strategies of countries around the world, development of high technology and high technology industry, difficulties in the realization of science and technology conversion in China, and some conclusions.

1.3 基础研究是自主创新的源头

陈佳洱

（北京大学，北京市科学技术协会）

一、基础研究的内涵、战略地位及发展态势

（一）基础科学问题的内涵

基础科学是人类对客观世界基本规律认识的知识体系。基础科学问题有两大来源，一是人类对认识自然界基本规律的不懈探求；二是社会、经济发展的需求。基础研究是从事基础科学问题研究活动的统称，它以探索未知、揭示客观规律和培养高素质创造性人才为使命。

基础研究的成果具有超前性，其深刻的内在价值往往当时并不被认识，但基础研究的每一个重大突破，都将对提高人们认识世界和改造世界的能力，对日后高新技术产业的形成、经济发展与社会进步乃至人们的生活方式产生深刻的影响。

基础研究的又一显著特征是厚积薄发，其进展往往难以预测，需要在宽松环境下，长

期积累才能取得重大成果。爱因斯坦提出相对论，思考了10多年，怀尔斯证明费马大定理用了7年多的时间，丁肇中通过新的实验，推翻前人具有权威性的结论，确定电子半径小到不能测量，前后共花了近20年时间。

（二）基础研究的重要战略地位

第一，它是高新技术发展的重要源头。人类今天在科技领域取得的种种伟大成就，包括信息技术、计算机科学技术、核科学技术、激光技术、生物科学技术等无不植根于基础科学，尤其是量子论、相对论和生物基因的发现和研究进展，它的发展不断开拓新的技术领域，创造新的社会需求；第二，它是创新人才培育的重要摇篮。基础研究培育求真唯实的创新精神、科学的思维方式、研究和尊重客观规律的作风，尽管从事基础研究人员的数量并不多，但有基础研究素养的人才源源不断地进入社会政治、经济、文化、国防等各行各业，大大提升现代社会的整体创新能力；第三，它是实现可持续发展的重要保障。可持续发展的一系列重大问题的解决，都要求基础科学研究提供科学的依据和途径；第四，它是先进文化的重要组成部分。人类在探寻规律和追求真理的过程中凝结成的科学与人文精神，以及基础研究所汇集的智慧结晶，促进了人类思想的一次又一次解放。

（三）基础科学的发展态势

人类对客观世界的探索与认识，从基本粒子的微观世界、纳米尺度的介观世界，直到星系的宇观世界；从飞秒瞬间到宇宙时标；从生命起源到人类的自我认识，始终日新月异地向新的深度和广度不停地向前拓展，不断揭示出新的深层次的矛盾，孕育着新的科学革命。

例如，社会信息处理量爆炸性增长的需求，正强力推动着微电子技术快速向纳米、分子尺度以至更微观的物质层次推进。未来信息器件与载体在尺度、形态及运行功能等方面都将发生质的飞跃，将使我们从微电子的时代进入纳电子学和分子电子学的时代；由生物、化学、物理、信息、认知和复杂系统等学科所形成的生命科学已成为当前最活跃、最具生命力、酝酿着新突破的又一个急剧发展的中心，特别是人类基因组计划的完成，标志着人类已进入揭示生命奥秘的新阶段。为达到这一目标，人们还要突破传统的还原论的框架，从整体和定量的系统论的角度研究生命，把生命作为一个开放的、复杂的、非线性的、动态的系统进行更深入研究；物质科学方面，通过最先进的微波背景的宇宙观测发现，占宇宙约96%的成分竟是人类还不了解的“暗物质”和“暗能量”，形成了物质科学上空“一团”不解的乌云。历史上对于被称为20世纪物质科学大厦上空“两朵乌云”，即黑体辐射谱的“紫外灾难”和光速不随运动参考系而变的认识，催生了量子论和相对论，形成人类崭新的时空观、运动观和物质观。今后，对于这“一团乌云”的最终认识必将对整个自然科学和哲学发生难以估量的影响。

总之，科学王国中多种深层次矛盾的不断呈现，预示着新一轮的科学革命正在孕育与来临之中。虽然以现有的知识还难以准确判断新世纪科学革命在哪个领域、哪个时间，以及在哪个地方首先发生，但人们已深切地感受到孕育新一轮科学革命的涌动。我们必须把握好这个机遇，繁荣和发展基础科学研究，加强知识积累和人才储备，从源头上占有未来社会发展的先机，才能后来居上，实现跨越发展。为迎接科学革命的挑战，世界各国纷纷提出应对之策：①加大基础研究投入力度；②重视发挥研究群体和基地的作用；③广泛开展国际合作；④高度关注科学伦理，警惕与严密防范科学发展对人类社会可能造成的负面作用，已经成为全人类的一项重要的基本共识。

二、我国基础科学发展的现状

改革开放20多年来，党和政府对基础研究的战略地位高度重视，采取了一系列发展基础研究的重大举措，为基础研究的发展开辟了广阔的空间。我国基础研究发展取得显著成绩，步入最好的发展历史时期，初步奠定了在迎接新的科学革命的战略机遇中有所作为的基础。

——政府加大了对基础研究的投入，从1991年的7.43亿元增加到2003年的87.7亿元，13年间增长10.8倍。这种持续的增长为我国基础研究总体状态的改善提供了基本的保证。

——建立了一支具有相当规模的研究队伍。从事基础研究的人员折合全时约7.9万人，约占R&D人员的8.2%，这一比例与发达国家基本持平。建立并保持了以高等学校和国家研究机构为主体的、较为完整和相互衔接的研究体系，涌现了一批能与国际科学界对话的研究群体。

——整体水平明显提升，居于发展中国家的前列，正处在从跟踪向原始性创新、由量的扩展向质的跨越的转变之中。取得了一批在国际上具有重要影响的突出成果。例如，中国黄土与古全球变化研究、数学机械化证明，以及最近在量子通信方面创造的在13公里内自由通信的记录等。与此相应，在国际上发表的论文数量快速增长，引用率大幅提升。

——积极推进科技体制改革，进一步调整基础研究结构和布局。如实施了科学基金制，建设了一批国家重点实验室，先后启动了国家攀登计划项目、国家重点基础研究发展规划项目（973项目）、知识创新工程、211工程等计划。其中科学基金制的实施，对于推动基础研究的自由探索、建立“科学民主、平等竞争、鼓励创新”的机制发挥了积极作用。

但我国与先进国家相比还存在着差距，主要表现在以下方面：

——整体创新能力和水平落后于国际平均水平，许多高新技术的核心知识依赖于引进，源头知识创新严重滞后于经济社会可持续快速发展的需求。这是我国基础研究存在的主要差距和面临的最大挑战。

——科学论文在国际期刊上发表的数量上升速度较快，但研究论文的质量还不够高，具有重要原始创新性的论文太少，在主流方向上还缺乏有重大影响的工作。1995～2004年10年间，我国论文被引用数排在世界第14位，但每篇论文平均被引用次数低于世界平均水平。一些基础学科，如物理，以投到美国PR系列期刊文章的录取率为例，我们是20%～30%左右，而国际平均为60%。目前，中国基础研究的总体水平离国际水平还有较大差距。

——根据瑞士洛桑国际管理开发研究院发布的《国际竞争力年度报告2003》，中国科技竞争力在被评价的51个国家和地区中，位列第32名。

——缺乏具有自主知识产权的成果，核心技术受制于人。例如，90%以上的发明专利都是掌握在发达国家手里。世界高科技贸易增长很快，但是中国所占份额仅为3%，缺乏具有自主知识产权的核心技术是造成这种局面的一个重要原因。

那么我国制约基础研究发展有哪些主要问题呢？

——投入问题。一是投入总量明显低于世界其他主要国家。基础研究投入占R&D经费的比例与国际比较差距甚大。发达国家如美国、德国、日本的基础研究经费都在其R&D总经费的15%～20%之间；我国基础研究投入占R&D经费的比例长期徘徊在5%左右。二是投入结构严重失衡。若以基础研究为1，我国2002年基础研究、应用研究、试验与开发经费支出的比例为1∶3∶13；美国2000年为1∶1∶3，法国1999年为1∶1∶2，日本1999年为1∶2∶5。基础研究投入越少，试验开发中吸收消化、再创新的能力就越低，越难走出“引进－落后－再引进”的怪圈。三是投入增长率起伏过大，缺乏稳定性。四是人均经费过低。2000年，美国基础研究人均经费是R&D人均经费的2.3倍；我国基础研究人均经费仅是R&D人均经费的60%。我国研究型大学等单位的研究人员，缺乏必要的事业费，全靠通过竞争取得的项目来养，而项目的人均经费又严重不足，导致研究人员不得不耗费大量时间和精力申请各类项目、应付各种检查和评估。这一情况不仅严重制约了基础研究人员的集中精力潜心研究，还影响了基础研究队伍的稳定。

——人才队伍问题。在科技人才队伍建设方面，我国在每万人口中的研究开发全时人员折合数较低，仅为日本、俄罗斯的1/10，韩国的1/4，数量偏少。我国基础研究队伍整体水平偏低，尤其缺乏能引领当代科学潮流的一流科学家。我国本土的科学家获国际性权威科学奖的寥寥无几，在国际性权威科学院中出任外籍院士的数量不仅低于发达国家，而且落后于印度。在国际学术组织和学术刊物编委会中任职的数量少、地位低。另一方面，随着人才竞争国际化的日益加剧，我国优秀人才的流失现象并未得到根本的解决。人才队伍结构不尽合理。值得重视的是，如果缺乏科学的流动制度，随着现有群体的老化，可能会出现新的人才结构的危机。其次是层次结构严重失衡。合理的高、中、初级研究人员及科研辅助人员的层次结构应为正三角形或正梯形，即由高级到初级人数逐渐增多；而现实却是头重脚轻，甚至呈倒梯形或倒三角形。再者，科研辅助人员严重短缺，尤以高技能人员为甚。此外，由于受西部地区的地理位置、经济条件和科研环境等因素的影响，基础研究的人才队伍区域分布也不尽合理。

——体制和管理问题。改革开放以来，我国基础研究的管理体制改革成效显著，但仍存在诸多亟待解决的深层次的矛盾。例如，在宏观管理上，缺乏强有力的国家宏观调控机制，政出多门，条块分割；教育与研究脱节、军民两大研究体系分离；在微观管理上，管理层次多，项目、人才、基地、设施分割，行政干预过多，往往把管理市场经济和工程项目的办法用于基础研究的管理；成果评价“重物轻人”，急功近利，特别是把科研究人员相对短时间的学术成果与其物质待遇、社会地位过紧挂钩，缺乏一个鼓励研究人员长期积累、潜心研究的宽松环境。尽快建立和完善既符合基础研究规律，又适应社会主义市场经济体制，并与国际接轨的管理机制，为基础研究人员创造好一个宽松良好的研究环境，是亟待解决的一个重要问题。

——文化传统问题。历史上我国以认识自然界基本规律为目标的现代科学体系建立较晚，起步时间大体上落后于西方200年。基础科学的底蕴不足，基础研究的传统未真正建立。西方文艺复兴后发展起来的现代科学体系，追求以对客观世界的认识、求知为原动力的理性探索和普遍规律概括，强调实证的、定量的研究，为现代科学的发展开辟了广阔的空间。而我国的传统文化中有过于实用化的价值观问题，往往强调“学以致用”而忽视“学以致知”，忽视由探求客观规律驱动的探索和研究。直至今天，社会上仍过于强调科学研究的短期表现而忽视了它在知识积累和人才培育上的长远作用。没有在观念上真正把基础研究作为国家重要战略资源而重视起来，从而缺乏持续、稳定支持的机制。与此相应，评价体系上那些追求论文SCI的数量、刊物的档次而对科研工作内在价值缺乏有远见的深刻分析等问题，使科研人员产生浮躁、急于求成的风气，造成许多研究往往是发表论文驱动而不是重大科学目标驱动的研究。文化观念上的欠缺，同样严重制约了基础研究上原创能力的提高。

三、关于基础研究发展战略的思考与建议

根据基础研究发展的态势和我国的国情，我们对今后的发展有以下考虑和建议：

1. 关于今后15年基础科学发展的战略目标

建议以人为本，加快智力资本（人才＋知识＋技术）的积累，大幅度提升自主创新能力，在新世纪科学革命的孕育中实现战略性的突破，到2020年跻身科学大国前列。

具体有四个方面：拥有一批具有国际影响力的科学家和研究团队，以及一批高水平基地；在世界科学前沿的主流方向上取得一批具有重大影响的创新成果；在若干国家重大战略需求领域解决一批“瓶颈性”的关键科学问题；能为经济和社会的持续、快速发展提供充足的知识和人才储备。

2. 指导思想与发展战略

建议以“求真探源、厚积薄发、人才优先、投入超前、全面布局、协调发展、营造环境、重点突破”为指导思想。求真探源，是基础研究的本质和目的，是贯穿全篇的；为了求真探源，必须潜心研究，长期积累，才能适应基础研究厚积薄发的特点；正因为基础研究和人才培育的周期长，所以需要根据长远需要超前做好人才和投入的部署；另一方面基础学科相互交融性强，所以必须全面安排传统学科、新兴交叉学科和与人文交叉的学科的发展，必须全面处理好学科发展推动的自由探索与国家需求牵引的基础研究之间的关系，以及重点发展和面上推动之间等关系，以达到“各得其所”和谐、协调发展；还要为科学家营造宽松、良好的环境，才能在有限的资源下重点突破并带动整个基础研究的全面繁荣和发展。据此，建议实施以下战略：

(1)“双力驱动”战略。实现以认识客观世界基本规律为驱动的自由探索与以国家发展和安全需求驱动的导向性基础研究双力驱动，做到“学科发展推动与任务需求牵引”相结合；基础研究与应用研究相结合；基础科学与技术工程科学、人文社会科学协调发展。

(2) 超前发展战略。以2020年的发展为目标，先行一步部署近期的人才与投入，做到人才培养优先部署；基础研究经费超前投入。

(3) 开放合作战略。调动社会各方面重视和发展基础研究的积极性，推进研究与教育结合、军民结合，发展基础研究与应用研究、试验开发的衔接与互动；广泛开展国际合作与交流。

3. 关于基础研究总体部署

(1) 学科发展：在科学知识长期、系统积累基础上建立的学科，是人类知识的宝库。一个全面的动态发展学科布局是完成重大科学前沿问题研究的基础，也是基础研究培养经济社会发展所需要的人才队伍的保障。根据基础研究厚积薄发、探索性强、其进展往往难于预测的特点，对基础学科进行全面布局，通过长期、深厚的学术研究积累，促进原始性创新能力的提升，促进多学科协调发展。一是人类在探索自然中长期积累而成的传统基础学科，包括数学、物理、化学、天文学、地球科学、生物学等，这些是基础科学的基础，需要给予高度重视；二是传统基础学科向应用延伸及基础学科之间的交融形成的交叉学科领域，包括信息科学、生命科学、材料科学、空间科学、能源科学等，这些领域具有很强的生命力，许多新的科学生长点大都从学科的交融中产生，因而需要加以重点扶持；三是自然科学与人文社会科学的交叉领域，包括心理与认知科学、科学哲学和管理科学等。加强自然科学与人文社会科学的交叉、渗透与融合，对于贯彻科学的发展观，对于基础科学的健康发展以至于达到后来居上都具有十分重要的意义。鉴于基础研究的发展前景难以预测，在学科的发展和建设上要建立灵活柔性的调节机制，因地因时制宜地确定投入重点。

（2）科学前沿问题：微观与宇观的统一，还原论与整体论的结合，多学科的相互交叉，数理等基础科学向各领域的渗透，先进技术和手段的运用，是当代科学发展前沿的主要特征，孕育着科学上的重大突破，使人类对客观世界的认识不断地超越和深化。以对基础科学发展具有带动作用、具有良好基础、能充分体现我国优势与特色、有利于大幅度提升我国基础科学的国际地位的前沿问题为重点，进行重点部署。如生命科学的定量研究与系统整合、物质深层次结构与宇宙大尺度物理学规律、凝聚态物质与新效应等8项前沿问题。

（3）面向国家重大战略需求的基础研究：我国作为快速发展中的国家，更要强调基础研究服务于国家目标，通过基础研究解决未来发展中的关键问题、瓶颈问题。重点研究方向的遴选原则为：对国家经济社会发展和国家安全具有战略性、全局性和长远性；虽暂时还薄弱，但对发展具有关键性作用；能有力带动基础科学和技术科学的结合，引领未来高新技术发展等。如人类健康与疾病的基础研究、人类活动对地球系统的影响机制、农业生物遗传改良和农业可持续发展中的基础科学问题等10项研究。

（4）重大科学研究计划：尝试在重大科学问题和国家战略需求的结合点上，启动专项重大研究计划，重在积累知识、培养世界级科学家团队、形成基地，借以推动基础科学的繁荣和发展，并为新一代高技术发展做好先导性研究。初步建议包括生命过程的蛋白质研究计划、新一代信息技术的量子调控研究计划、纳米科学与技术研究计划及发育与生殖研究等项。

4. 实现战略目标的环境保障

（1）投入是基础。科技发达国家或创新型国家的成功经验是：在经济起飞阶段，大幅度地提升基础研究的投入，使之占全社会R&D经费的20%以上；然后逐步使基础研究投入占全社会R&D经费的比例稳定在15%左右。基础研究发展需要超前投入的模式是由基础研究厚积薄发的特点所决定的，今天对基础研究的投资和支持，是日后占领未来高技术发展制高点的经济基础。另一个重要经验是基础研究投入的来源主要是中央财政，通过中央财政的投入带动其他社会投入。美国政府财政科技拨款中，基础研究的比例占民用研发经费的40%以上。我国也应通过修订《科技进步法》，制定《国家自然科学基金法》等，确保中央财政成为基础研究投入的主体，并使基础研究得到持续稳定的支持。在投入的量上，考虑到国情，希望我国在2006年到2015年期间，逐步加大对基础研究的投入比例，使中央财政科技拨款中对于基础研究的投入尽早达到20%左右。为确保资金投入有效利用，应注重对基础研究经费的优化配置，一方面要正确处理面上的自由探索性研究和导向性的重点研究之间的关系和比例，使两者相互促进，协调发展，还要根据国情确定研究活动、人才培养、基础设施、科研基地等方面的适当比例；另一方面要有直接投入到研究型大学和国家级研究机构科研事业费，保障学术带头人使用科学事业费的自主权，以培育各自的学术特色，稳定研究队伍和方向，巩固和建设研究基地。在此基础上，必须注意各个资助部门及各类研究计划和项目之间协调和配合，防止一项研究通过多种包装，多头申请，多头交差。

(2) 人才超前培养。基础科学人才培养需要树立超前于当前经济社会发展的观念。如以基础研究人员占R&D人员8%的比例测算，2020年，我国基础研究人员总数至少将比现有人员翻一番，其中具有博士学位的高素质人才的比例也要较现在有较大提高，要建设一支适应未来需求的高水平的基础研究队伍。为此，第一，要着力推进教育与基础研究的结合，改革研究生培养机制，加强和改进博士后制度，切实提高研究生和博士后质量，加强各层次青年人才培养，保证基础研究队伍的源头供给。第二，整合和优化国家层面各类杰出人才培养和选拔计划，加强创新群体和团队基地建设，造就一批具有世界影响力的一流的科学家。优秀的学术带头人的成长与团队的精神和文化传统密不可分，需要大力加强。第三，大力吸引海外优秀专家学者特别是华人专家以各种方式为我国基础研究发展服务。第四，营造良好的用人环境。坚持竞争激励与崇尚合作相结合，促进人才的有序流动；坚持"人尽其才"的用人之道，发挥老、中、青人员各自的优势与积极性，实现基础研究人才队伍的"生态"平衡。第五，改进管理，切实为科学家减负，确保科学家，特别是学术带头人能集中精力从事研究。第六，高度重视和加强高技能科研辅助人才和科学管理人才的培养。

(3) 加强创新文化建设，营造基础研究的创新文化氛围。大力传承中国文化注重整体、辩证思维、和谐包容等优良传统和"天人合一"等思想理念，这些是维系中华民族生生不息的宝贵财富；同时要学习西方文化中追求以对客观世界的认识、求知为原动力的理性探索和普遍规律的概括，强调实证的、精细定量的研究方法，弘扬尊重科学、鼓励科学家探索未知规律、求知、求真、追求真理的科学文化；提倡淡泊名利、潜心研究、严谨治学、献身科学的好风尚，克服急功近利倾向；鼓励勇于创新、大胆质疑、宽容失败、敢为人先的拼搏精神，坚持“百花齐放、百家争鸣”的方针，提倡平等的学术批评和争论，营造崇尚科学，“尊重知识、尊重人才、尊重创造”的社会文化的大环境；弘扬科学精神，传播科学思想、科学方法、科学知识，提高全民族的科学素质；高度重视科学伦理道德的建设，反对任何形式的科学不端行为，正确估量和防范科学与技术进步可能带来的社会风险，防患于未然。

（4）加强体制保障。一是要根据国家创新体系的总体布局明确和完善基础研究的管理体制。建立国家层面的权威决策机制，切实增强国家的调控能力。加强国家科技管理和资助部门之间的协调，避免职责和功能的重叠、趋同的倾向。二要改进和完善评价体系，规范基础研究评价工作。尊重科学发展规律，减少行政干预，使科学评价切实反映研究工作的长远的科学和社会价值或潜在的经济价值，坚决改变当前流行的那种将科学评价停留于短期文章发表的数量和刊物的档次的评价体系及将评价结果与待遇紧密挂钩的做法。大兴基础研究以重大科学目标驱动、唯真求实之风，坚决克服那种以追求论文数量驱动的浮躁之风。三要充分发挥各科学创新主体的作用。在继续保持对科研机构支持稳定增长的同时，加大对高等学校特别是重点研究型大学的支持力度，发挥其在基础研究中的优势和潜力。积极推进研究机构与大学的结合，积极推进“军民结合、寓军于民”机制的建设。四要加强基础设施建设。在国家层面上统一规划、协调科研基地和基础设施及其地域分布。优先发展跨学科的公共研究平台，建成若干世界一流的多学科实验平台，为重点领域的研究提供先进的研究工具，并依托这些支撑能力，建成若干具有国际竞争能力的大型科研基地。加强科学基础信息设施的规划和建设，有选择、有重点地参加国际大科学装置和科研基地及中心的建设和使用。

Basic Research is the Source of Independent Innovation

Chen Jia'er

This article first describes the concept of basic research and its great importance. The worldwide development trends of basic science are then discussed. On the basis of analyzing current status of China basic science and especially the main disadvantageous factors that are now restricting the healthy development of China basic science research, this article puts forward some deep thoughts and suggestions on strategic goals of basic research and its developmental strategy in China. The author points out that China should make a rational overall arrangement between different basic science fields and areas and establish concrete measures to ensure these strategic goals realized.

1.4　2005 年世界科技发展综述

叶小梁　汪凌勇　黄　矛　李　宏　黄　群　胡智慧

（中国科学院文献情报中心）

2005 年，世界科技领域生机勃勃，发展迅速，成果日新月异。本文从宇宙与物质结构、生命科学与生物技术、信息与通信技术、纳米科学技术、能源与环境技术、航空航天技术等六大领域对一年来各国所取得的重要进展与成就进行综述。

一、宇宙与物质结构

宇宙与物质结构方面的研究总是能够将最为微观的粒子探索到最为宏大的天体观测密切地融合在一起。一年来，各国在宇宙与物质结构方面的研究非常活跃，科学家们依然持之以恒地探寻着物质世界的奥秘，新的成果不断涌现。

出于对生命起源这一问题的关注，科学家们继续在寻找太阳系内外的行星。3月，美国天文学家利用太空望远镜首次成功捕捉到了两颗太阳系外行星存在的直接证据，可望开创远距离太空研究的新纪元。6 月，美国一个天文学小组进一步宣布，在距地球 15 光年的宝瓶星座发现了太阳系外第一颗岩状行星。7月，美国科学家又在天鹅座发现一个具有三颗恒星的奇特星系内部有一颗质量比木星稍大的行星，其运行轨道过于靠近恒星，根据原有理论，这种地方无法形成巨型行星。这使原有的行星形成理论受到严峻挑战。

对于行星的起源，美国科学家在 3 月提出一个新观点，行星形成可能像“滚雪球”，微米尺寸的宇宙尘埃外面包裹有一层具有黏结性的冰，当宇宙尘埃互相碰撞时，冰将其黏在一起，使这个核一点点变大，最终形成原始状态的行星。

图 1　哈勃太空望远镜

2005年，天文观测上最为轰动的发现可能就是，美国天文学家在7月宣布发现了太阳系内第 10 大行星。这颗行星直径为 2250 千米，是太阳系外围比冥王星还大的天体，它的发现立即引起了有关行星定义的巨大争议。9 月，负责终结有关行星争议的专家小组，提出一个根本的解决方案，即终止“行星”总称的提法，将行星定义为不同类的“行星体”。

在寻找新行星的同时，科学家们也在积极寻找太空中与生命有关的物质，如水、大气、有机物等。2月，德国航空航天中心宣布，在火星表面发现一处与欧洲北海面积差不多大的冰冻水域。7月，美国国家航空航天局又通过天文望远镜在距地球100光年的遥远星系发现了生命必需的有机物——多环芳香烃。8月，科学家又发现，木星的卫星——“欧罗巴”星表面覆盖着一层厚厚的冰，科学家普遍认为，冰层下面存在海洋。同时，美国国家航空航天局开始利用哈勃太空望远镜独特的观测能力寻找月球上的氧资源，为研究月壳内的多种矿物提供了一种新工具。

2005年，宇宙起源仍是天文学家们关注的焦点。作为研究宇宙起源的基础，大质量星体的特性被广泛关注。3月，美国和德国科学家的观测表明，银河系恒星质量的上限可能是太阳质量的150倍。研究者认为，天文学界目前要思考的问题是，为什么银河系恒星质量可能存在上限。9月，中、日、英天文学家的研究成果表明，远大于太阳数倍的大质量恒星“出世”前仰赖一种类似人类胎盘的构造从太空中汲取成长的“养料”——尘埃和气体等物质。这是人类历史上首次获得大质量恒星形成规律的证据，此发现为人类了解“胎儿”期的太阳系提供了参考。

在有关宇宙起源的研究中，黑洞是各国科学家研究的一个重点。3月，美国布朗大学一位科学家通过实验，在地球上制造出了一个“人工黑洞”，虽然体积极小，却具备真正黑洞的许多特点。8月，日本科学家利用“朱雀”号卫星成功观测到了位于银河系中心的“人马座A”超大质量黑洞，其质量比太阳大数千万倍。10月，英国天文学家又宣布，离“人马座A”黑洞不到1光年的区域里，诞生了数十颗大质量恒星。这项研究有可能解释这种罕见的大质量恒星是如何生成的。11月，我国上海科学家领导的一个国际小组利用位于北半球10个射电望远镜组成的阵列又成功测量出了“人马座A”黑洞的大小。英国《自然》杂志刊登了这一重大成果，并专门配发了评论。在质量大小居于恒星级小黑洞与星系级超大质量黑洞之间，美国密歇根大学的天体物理学家还在3月首次发现了宇宙中存在着中等质量黑洞的证据。

图2　黑洞是目前物理学研究的一个热点问题

此外，其他有针对性的天文观测活动也很活跃。1月，由美国、英国和澳大利亚天文学家报告说，通过观测宇宙中26万多个星系，在星系的分布规律中发现了宇宙声波的“印记”。通过确定这些声波波纹间的距离，有望为测量宇宙膨胀速率提供一把有用的“尺子”。2月，由英国的国际天文研究小组，利用射电望远镜首次发现了第一个可以确定为几乎完全由暗物质构成的黑色星系的天体，这是一项重要的突破性发现，有助于理解正常星系是如何形成的。8月，美国天文学家借助太空望远镜还发现了银河系中心有一长达数万光年、由数千万颗恒星组成的大“光柱”，得到了银河系中心为柱状的最直接证据。12月，中、美、德三国天文学家更是首次成功测量了太阳系到最近的银河系旋臂的距离为约6360光年，这一成就使得准确绘制银河系旋臂结构图成为可能。同月，美国科学家也借助哈勃太空望远镜和计算机模拟技术首次绘制出了两个星系簇中宇宙暗物质的分布，他们的分布图支持了关于暗物质的理论假设。

太阳系内的研究也有新的进展。4月，中德科学家联手探索了太阳风起源的磁场本质。他们确定了日冕中太阳风高速流发源地的磁结构，并利用欧洲空间局和美国国家航空航天局研制的太阳日球层观测飞船上的太阳紫外辐射分光计，观测到了太阳风来自一种漏斗状结构的磁场区域。11月，德国和英国科学家组成的联合研究小组发现，月球的准确年龄应是45.27亿年，这是迄今为止有关月球年龄的最精确的测量结果。这一数据符合目前常用的月球形成理论，同时也支持地球形成时间的理论。

微观研究也取得了一系列令人兴奋的新发现。1月，俄罗斯科学家宣布对中子的半衰期做出了最精确的测定，新测量值为878.5秒，比已公认的中子半衰期少7.2秒，这一差异将会对宇宙构成的了解产生重大影响。如果新的测量值是正确的，它可能有助于解释为何天文学家在宇宙中发现的氦比预期的要少。3月，中日科学家宣布，首次成功地研制出能量分辨率优于1meV的超高分辨率光电子能谱仪，首次直接观察到了超导电子态。高分辨率光电子能谱仪的研制成功，使科学家有可能提出新的超导理论。6月，美国麻省理工学院的研究小组宣布，在世界上首次制备出了高温费米子超流体，并实际观测到了超流体的运动。这是又一项“革命性进展”，它拿出了费米子也能实现超流体状态的证据。科学家们指出，费米子的超流体状态，不仅能为超导研究做出贡献，也能成为研究中子星、夸克-胶子等离子体等宇宙诞生和演化中若干现象的理想模型。7月，我国旅美学者叶树伟博士和娄辛丑教授运用他们开发的初态辐射方法，在著名国际实验合作组BaBar，发现了一种奇特的粒子Y（4260）。而以中国科学家为主的研究人员也宣布，在北京谱仪实验中发现了一种由6个夸克组成的新型粒子——X1835，它有可能是人类寻找了几十年的新型强子，有可能突破现有的普通夸克模型，引起了国际高能物理界的高度重视。

在物质形态方面，4月，美国布鲁克黑文国家实验室的科学家宣布，他们利用相对论重离子对撞机（RHIC），制造出“夸克－胶子等离子体”。这是一种全新的物质形态，曾广泛存在于宇宙诞生后的百万分之几秒内。专家认为，这项成果是物理学界一次具有历史意义的重大进展。同时，以色列魏兹曼研究院也宣布，正在加紧建设用于重现宇宙最初始物质试验计划的一种新探测器，以探测“夸克－胶子等离子体”独特的物理特性，预计该探测器可按时用于明年开始的新试验。

物质结构研究绝不是科学家们远离普通大众的“游戏”，2005年这一研究带来的技术进步将很快影响到我们的现实生活。8月，澳大利亚科学家成功地用新型光陷阱将光束“冻结”1秒钟，这是以前最好成绩的1000倍。瑞士科学家也成功地在普通环境下，利用“受激布里渊散射”法在光纤中使光加速或减速，最多可将光速减慢3/4。这些成果对于光学计算等领域的发展有重要意义，为信息数据光处理带来了希望。我国科学家在这方面也做出了新的成果。5月，中国科学技术大学的潘建伟教授和同事在国际上首次证明，纠缠光子在穿透等效于整个大气层厚度的地面大气后，其纠缠特性仍能保持，并可应用于高效、安全的量子通信。这一研究成果为实现全球化的量子通信奠定了实验基础。

对于宇宙与物质结构的研究需要最先进的仪器设备来支持。2005年，发达国家继续在这方面给予全力的投入。7月，欧洲制成了可折叠太空望远镜Dobson，虽然Dobson太空望远镜的原型镜面直径仅50厘米，但展开直径将不小于哈勃太空望远镜，而成本却很小。8月，一个由多国科学家组成的研究小组在德国电子同步加速器研究中心开发出一个功能强大的自由电子激光器，能发出波长极短的激光，可用来观察纳米世界，帮助科学家开展自然科学领域内一系列广泛实验。据悉，直到2008年，德国将是世界上唯一拥有这种激光的国家。

二、生命科学与生物技术

2005年，生命科学与生物技术领域充满生机，发展迅猛，成果层出不穷。

基因组研究仍是引领生命科学的前沿领域。人类对自身奥秘的探索孜孜不倦。美国和德国科学家组成的研究组成功破译了人类第2号和第4号染色体，前者包含约2.37亿个碱基对，后者包含约1.86亿个碱基对。科学家发现2号染色体源于两种古类人猿染色体的融合，还发现该染色体有一个基因的信使RNA能够控制脑内的蛋白质生长；4号染色体上存在着目前发现的最大的“基因沙漠”，那里保存着哺乳动物和鸟类整个进化过程的信息。这两种染色体都对研究人类多种疾病相关基因极为重要。由英国桑格实验室领导的人类X染色体测序工作已基本完成，完成了该染色体99.9%基因的测序，发现该染色体上有许多片段与鸟类常染色体上的片段一致，从而证明了它的“非性”起源。美国科学家发现人类Y染色体内部存在“回文结构”，使它能够自我修复有害的基因变异。中、美、英等六国科学家合作绘制出了首张人类变异基因图谱，通过这张图谱，科学家可以将一个人与其他人区别开来，将有助于研究人员发现那些引发心脏病和糖尿病等常见疾病的基因。中国科学家领导的一个研究组首次绘制出被称为人类基因“控制开关图”的人类纤维原细胞的基因组启动子分布图，将对加深人类基因组信息的理解和利用做出贡献。

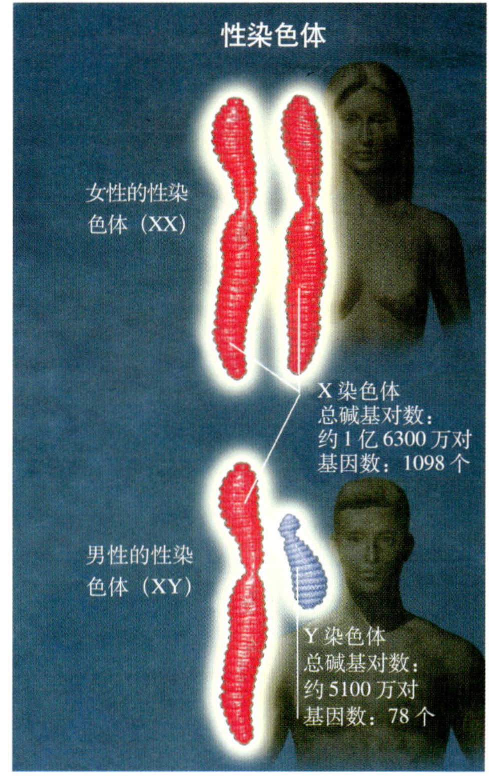

图3　人类X和Y染色体

科学家们在对其他生物的基因组研究方面也取得了可喜的成果。如加拿大科学家领导的一个国际小组完成了红球菌RHA1这一土壤细菌的基因测序与注释，为开发新的抗生素和其他医药产品开辟了新途径。英国科学家牵头的一个国际科研小组破译了曲霉菌、米曲霉和烟曲霉三种霉菌的基因组序列并绘制出基因图谱，将有助于开发治疗诸如白血病、过敏症等多种疾病的新疗法和新药品。一个国际科研小组破译了世界上最具传染性的细菌之一——弗朗西斯菌的完整DNA序列，加速了该细菌疫苗的研究。法国科学家与多国合作者比较了来自世界各地患者的7株麻风分枝杆菌的基因组，发现世界上现存的麻风病感染是由一株扩散广泛但几个世纪以来几乎没有变异的细菌引起的。美国与英国科学家合作破译了痢疾阿米巴的基因组序列，此前人们认为阿米巴是一种介于细菌和真核生物之间的物种，但研究显示，痢疾阿米巴拥有不少较复杂生物才有的基因，这可能是它躲避人类免疫系统识别和攻击的关键所在。中、日、美等国科学家完成了水稻基因组序列全图图谱的绘制，不仅定位了水稻中的全部3.7万个基因，还率先在动植物中完成了对着丝粒的测序，这是迄今在高等生物中最精确、最完整的测序工作之一。由数国研究人员完成的黑猩猩基因组测序结果显示，黑猩猩与人类在基因上的相似程度达到96%以上，人类与黑猩猩有29%的共同基因编码生成同样的蛋白质，而且还都拥有一些变异很快的基因，

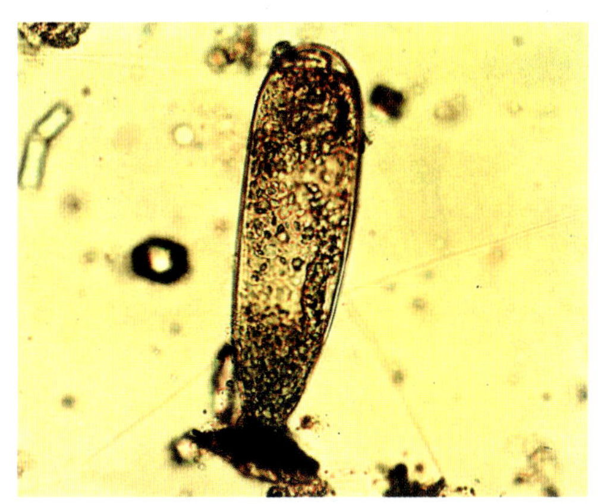

图4　显微镜下的阿米巴变形虫

比如涉及听觉、神经信号传导、精子的生成、细胞内的离子运送的基因。

小核糖核酸（miRNA）是近年来生命科学的一个研究焦点，又获得了不少鼓舞人心的新发现。如美国科学家已证实，miRNA这种只有22个核苷组成的微小分子，不仅调节着哺乳动物大部分基因的表达，而且还影响着哺乳动物基因进化和生长发育，同时与人类的癌症、心脏病、艾滋病等的发生有着多种关联性。

随着人类基因组测序的完成，生命科学的研究重点逐渐转移到了细胞中的蛋白质。如日本一制药公司用计算机对导致疾病的200种蛋白质及2000种组合结构进行解析后，发现其中三分之一的蛋白质相互组合会导致疾病，容易导致疾病的蛋白质和其他蛋白质结合以后也将变得十分活跃，致使发病和病情恶化，该成果对治疗各种疑难病症大有帮助。美国研究人员绘制出了首张迄今最详尽的疟原虫蛋白相互作用图。研究蛋白质两两之间相互作用手段最常见的就是酵母双杂交，德国和美国科学家利用此技术先后完成了人类蛋白质组相互作用图谱这一历史性的任务。我国科学家在实施“人类肝脏蛋白质组计划”中获多项重要成果，如规模化分离和鉴定人类肝脏表达蛋白质60余万个，系统构建了国际上第一个系统的人类器官蛋白质组“蓝图”；在自行构建转录组和蛋白质组的基础上，系统揭示了人类肝脏表达的基因组；发现由1000余个蛋白质-蛋白质参与的蛋白质网络图；建立2000余株抗肝脏表达蛋白的单克隆抗体等。

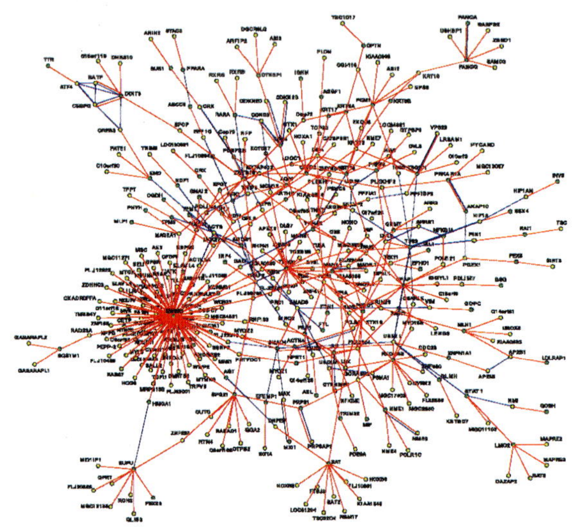
图5　蛋白质相互作用图谱

干细胞研究由于所具有的巨大应用潜力及相关的伦理道德争议，一直是全球最关注的热门研究领域之一，一年来硕果累累。如英国研究人员首次利用胚胎干细胞培育出原生殖细胞，有望利用干细胞制造出精子或卵子，使人类有可能征服不孕症。英国科学家还从人的干细胞中培育出世界上首批纯大脑干细胞，通过修正基因，还可以利用这项技术模仿大脑疾病，对治疗阿尔茨海默病和帕金森病等神经退化性疾病具有重要意义；美国科学家将人类神经干细胞植入脊髓受损伤的瘫痪实验鼠体内，成功修复了实验鼠的脊髓组织，并使它改善了行动能力；加拿大一研究小组在脐带血管周围的结缔组织中发现了被称为间叶祖细胞的干细胞，它们可以生成骨骼、软骨、肌肉和其他结缔组织，而且对于骨髓移植也具有重要意义。我国专家发现在新生儿脐带中含有丰富的间充质干细胞，将其通过移植给受者，可参与组织的再生与修复，成为心脑血管、神经系统、肝和肌肉组织及器官重大疾病移植的最理想干细胞来源。日本科学家首次提取到作为心肌再生基础的干细胞，这有助于对必须进行心脏移植的患者实施再生医疗。我国科学家发现骨髓间充质干细胞移植可促进眼角膜损伤的修复，为自体移植治疗角膜损伤提供了一种新来源。美国研究人员从鼠的胡须的毛囊中提取干细胞，经实验发现，这些干细胞成熟之后不仅可分化成神经元以及神经胶质细胞、少突神经胶质细胞等神经细胞，而且还同样可分化成皮肤细胞、平滑肌细胞及黑素细胞，这表明毛囊有望成为多能干细胞的一个潜在新来源。美国哈佛大学专家成功找到了一种将人的皮肤细胞转变胚胎干细胞的全新方法，使得科研人员不必再使用人类卵子或制造新的人类胚胎，并有望彻底摆脱有关伦理道德的争议。英国和日本科学家开发出两种识别癌症干细胞的技术：一是利用能识别CN133蛋白质的抗体来识别癌的干细胞；二是利用一种蓝色的染色剂来区分普通癌细胞与癌的干细胞，这两种技术将有助于开发出癌症的新疗法并显著提高疗效。

克隆研究不断取得进展。如我国科学家成功克隆了控制水稻耐盐功能基因SKC1，并阐明了它的生物学功能和作用机制，这将使我国有望在未来几年内培育出新的抗盐水稻品种；日本一研究小组成功克隆出一个体型小、但长大后脏器器官大小与人相近的迷你猪，如果解决了排异反应的问题，将有可能用于人体器官移植。我国在国际上首批通过亚种间克隆方式克隆出来6只波尔山羊，科研人员通过转基因和体细胞克隆的方法，令羊乳中分泌出了人溶菌酶和人乳铁蛋白，溶菌酶能抗菌抗毒，适用于五官科各种炎症和多种皮肤病。韩国科学家的研究表明，克隆动物早亡的主要原因是血液循环障碍。韩国黄禹锡5月宣布攻克了利用患者体细胞克隆胚胎干细胞的科学难题，其成果一时轰动全球，但经调查这只是伪造的成果。2004年2月，黄禹锡在《科学》杂志上发表的那篇有关在世界上率先用卵子成功培育出人类胚胎干细胞的论文，也属造假。

癌症、艾滋病、禽流感、严重急性呼吸系统综合征（SARS）等全球性的重大疾病和传染病是各国研究的重点，一年来研究成果捷报频传。

（1）癌症。如日本一研究小组发现了一个与膀胱癌、胃癌、乳腺癌等多种癌症相关的新的抗癌基因——ATBF1，该基因编码形成的蛋白质可穿梭于细胞质和细胞核之间，起到控制细胞增殖的开关作用。韩国科学家发现，人体内缺乏一种SUMO基因会促使肿瘤形成，今后也许可以开发出能活跃SUMO基因的药物，以便在癌变初期阻断癌细胞生成。韩国一研究小组发现，基因MIKRN1可以选择性地溶解端粒酶反转录催化亚单位（hTERT），从而达到缩短端粒、诱导癌细胞衰老甚至死亡的目的。美国研究人员发现阻碍癌细胞内蛋白质“p600”合成后，癌细胞就会停止增殖并相继死亡。一个中美科研组找到一种能够使肿瘤细胞的“卫兵”——调节T细胞“叛变”转化的一种DNA物质，从而使治疗肿瘤的免疫细胞能“冲”进去杀死肿瘤细胞的DNA物质。日本科学家发现，在食道癌的细胞里有一种称为“蛋白磷酸酶（PP2A/Bβ）”的酶，如果抑制这种酶的作用就可以抑制癌细胞的转移。中美学者利用实时摄影技术，把人体细胞的分裂、生长过程拍摄成电影，并运用分子生物学技术检测其染色体数目，揭示出可能致癌的染色体数目异常（又叫非整倍体）的细胞的产生途径。新加坡科研人员利用天然聚合物研制成功可以诊断癌症且可以杀死癌细胞的纳米工具，并具备了适合生物、有生物功能和可生物降解三种特性。我国科学家运用基因疗法，在实验鼠身上成功抑制了胰腺癌肿瘤的生长。英美两国科研人员运用基因工程研制成功一种新型母鸡，在其所产的蛋里含有大量的抗癌物质，该项技术预计可以为很多种蛋白质类药物的生产提供一种可供选择的低成本制造法。

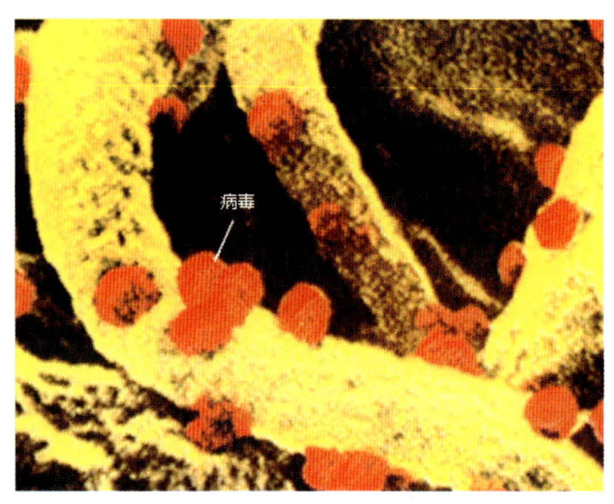

图 6　艾滋病病毒

（2）艾滋病。美国科学家发现，澳大利亚红眼树蛙的皮肤中含有一种化学物质，可以通过破坏 HIV 病毒来阻断艾滋病的传播；美国一研究小组发现可通过控制A3G酶形式来预防HIV 感染；英国科学家发现只要改变人类 Trim5α 基因所产生的蛋白质中的一个氨基酸，就可免遭艾滋病病毒传染之苦，以该研究为基础，可利用基因疗法开发治疗艾滋病的新手段；一个中美合作课题组发现了一种全新的小分子化合物，能有效阻断艾滋病病毒与宿主细胞的结合和蔓延，极有可能开发出一类无耐药性的治疗艾滋病新药物。我国研制的抗艾滋病化学新药咖啡酰奎尼酸，已被批准进入人体临床试验阶段。日本开发出对艾滋病病毒增殖有抑制作用的疫苗。

（3）禽流感。2005 年，高致病性禽流感先后在若干国家暴发，甚至危及了人类的生命，因此对它的防治成为全球关注的焦点。科学家在 H5N1 型禽流感病毒的部分样本中，已发现有一个PB2 氨基酸和“西班牙流感”病毒的一致，这预示着 H5N1 型禽流感病毒正在逐渐适应人类。越南一研究机构称，H5N1 型禽流感病毒基因出现了轻微变异，虽其毒性有所下降，但变得更易向人类传播。我国香港科学家发现，H5N1 型禽流

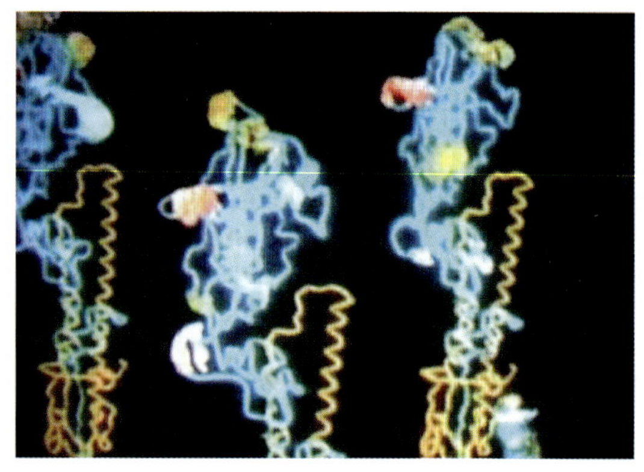
图 7　禽流感病毒

感病毒会引发人体免疫系统中化学物质的“风暴”，对患者造成致命影响。法国研制出H5N1型禽流感人类疫苗，临床实验获得成功。12月，英国《新科学家》杂志在线报道，低剂量的H5N1型禽流感疫苗已完成了第一次大规模人体实验，但效果欠佳，禽流感疫苗目前还难以快速增产。我国从贯叶连翘中提炼出的抗禽流感新制剂——金丝桃素，成功完成了活鸡人工感染H5N1亚型禽流感病毒治疗临床实验。我国成功研制出的禽流感二价灭活疫苗，能同时预防H5亚型和H9亚型禽流感，填补了国内外产品空白。

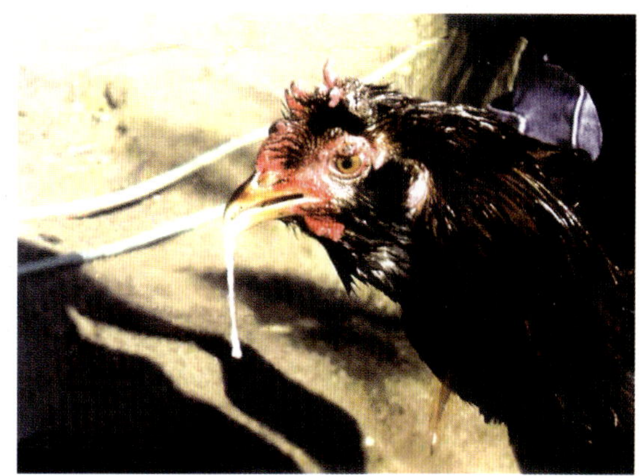

图8　可怕的禽流感

（4）SARS。我国科学家的研究表明，蝙蝠携有类SARS病毒，但不会传染人体。我国与新加坡合作，利用高性能计算机研究了200多万种化合物，发现了一系列的小分子化合物可以和SARS病毒或感冒病毒的蛋白酶结合，特别是其中一种可以从植物中分离得到的化合物，能够与SARS病毒与感冒病毒负责病毒复制和传播的蛋白酶强烈结合，可有效阻止SARS病毒及感冒病毒的复制和传播。奥地利、中国、加拿大、日本等国研究人员合作，通过小鼠实验证实，血管紧缩素转换酶2是SARS病毒受体并可保护小鼠免于严重急性肺损伤，这对于治疗SARS引起的急性呼吸窘迫综合征将具有重要意义。中国和欧盟研究机构合作找到了15种可以有效抑制SARS病毒的先导化合物。我国已在猴子身上实验获得成功，证明小干扰核苷酸药物对SARS冠状病毒具有明显的治疗和预防作用。

三、信息与通信技术

2005年，在信息技术领域，借助于纳米技术等其他领域日新月异的发展，各国科学家在激光器、高密度存储器、芯片与集成电路以及超级计算机、量子计算机和生物计算机等领域不断取得新的进展和突破。

俄罗斯科学家本年度研制出了用于热核反应的新型大功率激光器。该激光器的功率达到了10^{15}瓦特/平方厘米，能量达30万焦耳，可代替实验室条件下的核试验。一个由多国科学家组成的研究小组在德国电子同步加速器研究中心开发出由一个250米长的加速装置和一个30米×50米大小的实验厅组成的功能强大的自由电子激光器，该激光器能发出波长极短的激光，可用来观察纳米世界，并帮助科学家开展自然科学领域内一系列广泛实验，为最终获得原子系统的结构和动力学信息提供了重要手段。美国西北大学量子器件中心首次实现量子级联激光器（QCL）在常温下高功率运行，发射出波长9.5微米、功率大于100毫瓦的激光束。这种小型激光器实用化后，可对爆炸物和有毒化学物质进行快速早期探测。

在微电子技术领域实现微小化和单位面积内存储能力最大化是未来重要的研究方向，而利用纳米技术将能在上述两方面不断获得进展。法国和瑞士科学家开发出一种名为“自动组合结构”的材料制造技术，并制成新型超大容量的纳米级信息存储材料。在零下143摄氏度的真空状态下，科学家把钴原子凝聚在金晶体材料上，在这种材料表面的钴原子根据事先安排好的一种结构来排列组合。数百个原子可以形成一个大接点，这些接点又相互组合，自动形成一个有序的结构体系。该技术使存储1比特信息仅占用1个晶粒，从而使每平方厘米可存储的信息达到4万亿比特。由此使硬盘的信息存储密度进一步加大。

计算机芯片与集成电路技术也在不断取得新进展。IBM、先锋等几大计算机芯片制造厂纷纷推出“双核心”、“多核心”芯片，英特尔公司已有一系列“多核心”芯片上市，传统的“奔腾”系列单核心芯片将会逐渐停止生产。日本东北大学开发出由10个半导体芯片层叠而成、厚约0．3毫米的立体大规模集成电路，打破了此前3个芯片层叠的纪录，该技术有望使大规模集成电路突破电路集成的极限。美国伊利诺依大学科学家研制出目前速度最快的晶体管，这枚晶体管由磷化铟晶体和铟砷化镓晶体掺杂制成，长度不到5纳米，每秒可执行6040亿次操作，该成果为研制新一代超级电子芯片铺平了道路。美国哈佛大学研究人员借助低温制造技术，用纳米导线在一块玻璃芯片上制造了最基础的集成电路——时钟振荡电路。电路频率达到11.7兆赫，是目前用有机半导体材料制造的时钟振荡电路的20倍。这一技术既不需要高温，也不需要硅芯片，将来可能取代硅芯片集成电路制造技术，低成本地生产更为复杂的集成电路元件。

美国科学家研制出一种能在11小时内检测出流感病毒株系的生物芯片。该芯片对H5N1型高致病性禽流感和H1N1、H3N2两种人类常见流感的检测准确率达90%以上，使用简便，检测结果快速准确，目前已通过美国疾病控制预防中心的初步测试，有望一年内投入实验室应用。英国曼彻斯特大学正在开发一种与人眼视网膜功能相同，使机器人具有良好的周边视觉和中央视觉的芯片，并已研制出直径约1厘米，共有16 384个微处理器的视觉芯片原型，有望用于研制新一代机器人。

加拿大与英国科学家成功研制出分子晶体管模型，首次实现通过纳米尺寸分子的单分子输运。这项研究显示了分子电子学应用的潜力，如果能成功控制单个分子晶体管并把它们连接起来，就能制造速度更快、更节能、产生热量更少的器件。这一研究为未来制造更小型和功能更强大的处理器打下了基础。美国加利福尼亚大学和克莱姆森大学科学家通过化学气相沉积技术，利用铁－钛粒子使碳纳米管的主干上分出一个枝杈，最终形成了尺寸仅为几十纳米的“Y”状碳纳米管。这种特殊形状的碳纳米管可直接用作计算机的晶体管，其体积小，传输速度快，将可能快速推进计算机制造业的发展。

超级计算机领域仍是美、日两国的竞赛。美国IBM公司今年光芒四射，两度刷新自己所创造的计算速度世界纪录。目前，IBM公司的“深蓝”计算机新的计算速度已达到每秒280.6万亿次。但日本亦不甘示弱，正在着手开发最快运算速度可达每秒1万万亿次的下一代超级计算机，预计到2010年完成。在可预见的时间内，全球超级计算机的开发竞争将越来越激烈。

量子计算机的研制展现新的曙光。美国哈佛大学和佐治亚技术研究所的科学家最近分别利用类似的方法，实现了原子和光子之间的量子态隐形传输。他们分别利用一束强激光轰击一团铷原子，生成了具备这团铷原子量子态的单个光子。随后，科学家将该光子传送过100米长的光缆，又生成了携带同样量子态的另一团铷原子，实现了原子与光子间的量子态隐形传输。此项关键的技术突破将为建造“坚不可摧”的全球通信网络和运算速度惊人的量子计算机奠定基础。

生物计算机又见新气象。以色列科学家利用DNA分子和酶做元件，在镀金芯片上成功制造出能运行更多程序的改良版“生物计算机”，可容纳的程序量多达10亿个，有潜力觉察到细胞中与多种癌症有关的异常信使RNA（核糖核酸），为癌症诊断提供了信息。

在信息技术的其他领域也不断有新的成果涌现。美国惠普公司研究人员发明了一种名为“交换点阵式插锁”的新元件。新元件能够提供普通计算机所需的信号恢复和转换，取代传统的晶体管，并能将计算机的功能提高数千倍。中国科学技术大学研究人员在国际上首次解决了量子密钥分配过程的稳定性问题，经由实际通信光路实现了125公里单向量子密钥分配。瑞士洛桑综合技术大学科学家成功地在普通环境下，利用“受激布里渊散射”法在光纤中使光加速或减速，最多可将光速减慢3/4，从而为信息数据光处理带来了希望。美国达特茅斯学院计算机科学系研制出世界最小无绳可控微型机器人，它本身自带动力系统、通信系统以及可控的方向操作系统，比现有同类机器人小数十倍，质量小几千倍。微型机器人未来可在包括信息安全保证、协助网络认证和授权、检查和维修集成电路等领域得到广泛应用。

四、纳米科学技术

纳米技术本质上是在纳米尺度上对原子和分子进行操纵，在如此小的尺度上物质可能显现出极不寻常的特性，可用来制造更快、更轻、更牢固、更有效的器件、系统和新型材料。一年来，各国研究人员在纳米材料的制造和应用、有关纳米的基础研究和研究

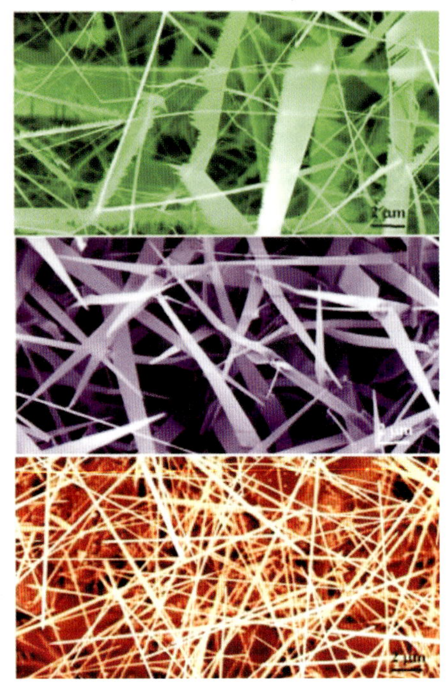

图9 硒化镉纳米锯（上）、纳米带（中）、纳米线（下）的扫描电子显微镜像

工具方面都取得了引人注目的进展。

纳米材料制作方法各种各样，得到的产品用途也有所不同。美国工程师通过分子自组装制成量子点和纳米模板等部件，用它们制造的超薄型太阳能电池不仅成本低，且转换率可达12%以上。英国和俄罗斯分别用剥层法制成多种单原子层二维晶体，可用于场效应晶体管、气体传感器、机电器件和平动马达等。美国科学家在不同的温度和气压下找到生长用途广泛的硒化镉与氧化锌不同纳米结构的最佳条件，为其商品化打开了大门。中国科学家借用壁虎足神奇黏性的奥秘，采用模板导向集结法制成聚苯乙烯薄膜，具有超常的黏性和排水性。美国科学家利用强超声波制成二硫化钼和氧化钼空心纳米球或纳米晶体，将可能应用于微电子学、药物递送、环保燃料等。瑞士科学家找到如何控制从半导体细条中形成螺旋状纳米带的过程，从而能通过改变参数对螺旋进行设计，在传感器、机械部件、电子器件、纳米射流等方面有应用前景。美国科学家发现只要对碳纳米管进行少许化学改性，它们就可变为无毒且溶于水，这对于利用其荧光进行医学诊断很有意义。德国科学家采用高温高压使C_{60}分子形成一种比钻石更坚硬的纳米晶体。美国科学家用等离子体沉积法在硅衬底上生成碳纳米纤维，可用于化学和生物传感器、储能电容器、锂离子电池等。中国科学家用层－层技术制成空心介孔二氧化硅纳米递送器，它们能在人的血管中将药物送到目标位置，提高疗效，减少副作用。美国科学家利用磁性除去碳纳米管中的杂质、分离半导体性与金属性碳纳米管、分离不同直径的碳纳米管还可在纳米管中填充其他成分，很有使用价值。美国科学家用高温气固相生长制成类似DNA螺旋结构的ZnO_2纳米带，可用来制造传感器、变频器、共振器等。英国科学家用金属原子将长碳链连接起来，形成一种海绵状材料，可在高压下填满氢，然后降到常温下也不释放氢，有望应用于氢气储存。美国科学家在悬浮液中成功地控制磁性钴纳米颗粒的合成，以形成线性长链，可提高磁共振成像对比度，还可用于信息储存等。荷兰科学家将SiO_2粒子附着在较大的CO_2粒子上以形成树莓般的纳米颗粒，用作涂料可产生疏水性极强的表面。韩国与美国科学家用原子力显微镜的针尖直接抽取多壁碳纳米管的最内层，制成世界上最细最长的碳纳米管，有望将台式计算机的功能引入手表、手机或

超薄计算系统。英国科学家将DNA链在盐溶液中加热，然后快速冷却形成DNA四面体，是理想的DNA纳米结构材料。

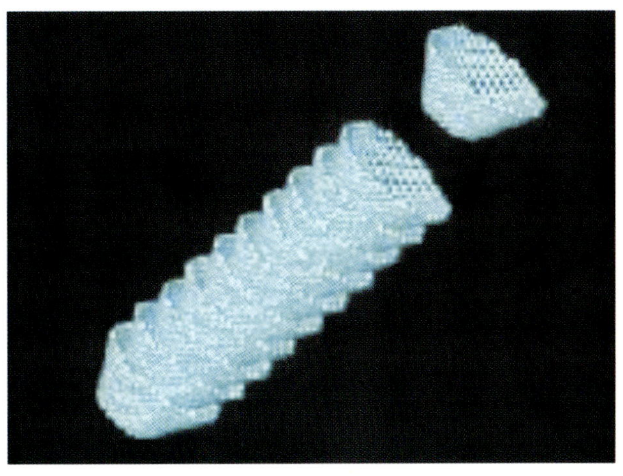

图10　碳纳米杯——碳纳米管的一种特殊类型

一年来，世界各国对各类纳米材料的新应用可谓层出不穷，其中最引人关注的莫过于碳纳米管。在美国，碳纳米管显示器研制成功，为低成本高效率彩屏生产开辟了新途径；碳纳米管电子发射技术开发成功，可用于下一代无汞扁平灯和大面积LCD电视的背面照明；覆盖有DNA的碳纳米管用于极灵敏的传感器，可从空气中嗅出分子或在液体中感知味。在日本，无底碳纳米杯这种碳纳米管的特殊类型作为粉末加入生物反应器，可以提高细胞生物制药的产率；碳纳米角状体这种碳纳米管的另一种特殊类型聚集为纳米球后作为胶囊填充抗癌药剂，可使药剂缓释。在瑞士，自行车框架中掺入碳纳米管大大减轻了车身重量，提高了硬度和强度。在意大利，碳纳米管网状物衬底上生长的脑神经细胞能改善细胞间神经信号的传递，可能在神经外科中有重要应用。在德国，碳纳米管用作为微处理器中的互连通导线，可使芯片上晶体管继续缩小以提高芯片功能。在加拿大，单壁碳纳米管用来增进掺钛和锆的钠铝氢化物的储氢能力高达4倍。美国和瑞典科学家发现碳纳米管在原子和分子撞击下会改变电阻值，从而制成高灵敏化学传感器。法国和意大利科学家将碳纳米管像针一般刺入细胞以提供药物，提高了疗效，降低了毒性。英国和法国科学家用碳纳米管制成微波放大器电子源，既减轻了重量又无须加热。日本科学家用碳纳米管作半导体散热器，使放大器中散热与高放同时进行，可用于下一代移动通信。

纳米颗粒可能是应用最广的纳米结构。在美国，用内植发光分子的自组装纳米颗粒仅在红外光照射下就能显示深藏皮下的肿瘤；用磁化铁纳米颗粒的磁共振成像和磁动力治疗可将癌症诊断和治疗结合起来；用天然蛋白质的纳米颗粒药物治疗乳腺癌，无须溶剂即能在体内递送，提高了药效；用3股RNA组成的三角形纳米颗粒在体内能追捕癌细胞，并将抗癌药送至受感染的细胞；用银纳米颗粒生物传感器首次探测到疑为引起老年痴呆症的微小有毒蛋白质；用DNA分子能将纳米颗粒捆绑在一起的特性产生各种纳米颗粒药物递送系统；用镀钯的金纳米颗粒为催化剂将地下水主要污染物三氯乙烯分解；发现至少有一种铁纳米颗粒可有效清除地下水、土壤和沉积物中四氯化碳的污染；用银纳

图11 透过玻璃看到的荷花
玻璃左侧涂有纳米防雾层，右侧未涂

米颗粒在织物中生成微小突起，使衣料具有很强的排水抗污性；用硅石纳米颗粒制成的独特聚合物涂料可能彻底消除窗玻璃、透镜等起雾的麻烦；将纳米颗粒与DNA结合可在微量体液中获取少至10个分子，可能引起医学诊断革命；用纳米颗粒控制技术将铜等金属涂布在有机聚合晶体上形成全新的发光二极管。在欧洲，用于吸入器的纳米颗粒药物大大改进了药物递送效率；由锌和有机酸结合形成的纳米立方颗粒可有效储氢；用纳米陶瓷涂布工艺进行金属漆前预处理，在质量、生态、经济方面都大有改进；用金纳米颗粒天线制成的显微镜无须探测目标来的光即可成像。在日本，用纳米颗粒防止电解液流失制成的锂离子电池不到1分钟就充满80%的容量；用陶瓷纳米颗粒制成亲水性涂料，易于清洗油垢。在以色列，用特殊聚合物纳米碎片附着于活细胞壁上，可研究细胞过程和药物效率；用球状无机纳米颗粒制成润滑剂可使汽车无须更换发动机油。中国科学家用氧化钛制成的纳米颗粒涂料在阳光照射下能自动分解空气中主要污染物。加拿大科学家用硫化铅纳米晶体制成红外灵敏的光电器件，可提高光电转换率。新加坡科学家制成能将传统催化剂转化为固态物质的纳米颗粒，在医学领域有重要应用。瑞士和美国科学家用氧化钛纳米颗粒制成太阳能电池，成本低，性能高。英国和美国科学家用金纳米颗粒作催化剂靠分子氧完成了烯烃氧化，降低了成本且有利于环境。

在纳米线应用方面，日本科学家用铂和硫化银制成纳米线机械开关，可用于新一代储存器和逻辑线路。在欧洲，用纳米线制成能在室温下探测高达110GHz的微波辐射器件；用砷化铟纳米线制成超导晶体管。在美国，硅纳米线制成的传感器能探测小分子与蛋白质的相互作用，灵敏度极高；用硅纳米线制成的生物芯片能实时探测和辨别单个病毒。

在纳米技术的其他应用方面，澳大利亚科学家制成的纳米结构铝合金能像海绵体一样吸收和储存氢。丹麦科学家制成纳米光子集成芯片可降低光速，使各种光学器件做得更小。在日本，用纳米技术进行抛光，制成世界上容量最大的纳米锂离子电池；将纳米针附着在原子力显微镜上，能插入细胞核，进行各种研究。英国与俄罗斯科学家合作研制成在可见光波长上具有负磁导率的纳米材料，它由金纳米柱阵列组成，可把光束聚焦得更小。在美国，科学家研制出世界上第一个纳米阀门和世界上最小、能像真车一样滚动的纳米汽车，可用来进行原子或分子的运输。

在纳米研究工具方面，瑞士科学家用20纳米厚金光阴极取代电子显微镜电子枪灯丝，能揭示电子在纳米结构中的行为。美国公司研制成迄今分辨率最高的扫描透射电子显微镜，对纳米研究是一项重要技术突破。法国与芬兰合作研制成下一代刻蚀机，分辨率达20纳米以下。

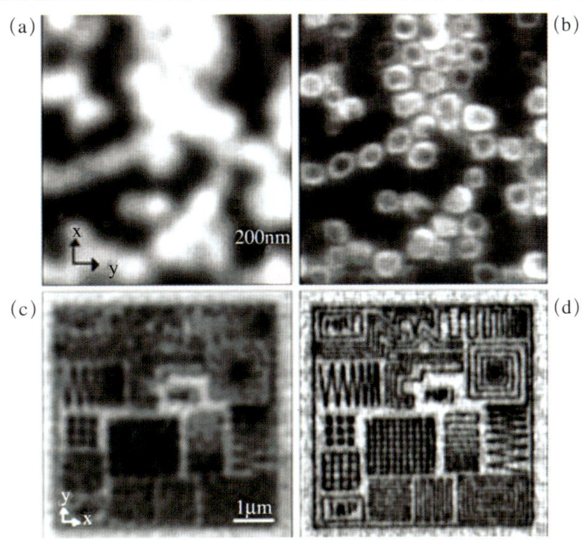

图12　用普通显微术得到的最佳图像（(a) 多孔膜，(c) 纳米结构）和利用新定律得到的图像（(b) 多孔膜，(d) 纳米结构）

在基础研究方面，德国科学家确立了一个光学成像新定律，可大大提高荧光显微术清晰度。中国科学家探索了分子自组装的倾向，在催化、信息储存、化学传感等方面有应用前景。法国科学家成功地控制了单个分子的移动，使分子机器的制造成为可能。英国科学家利用分子在纳米空间进行逻辑运算和信息处理，可用于化学和生物微观研究。在美国，科学家设计出能像人一样行走的分子，可应用于分子储存器和分子计算机；用微小的水滴作纳米试管进行空前小规模的化学分析和实验，可用于化学和生物研究；用微射流控制技术实现了DNA等单分子荧光探测，在医学和生物研究中有重要意义；用金纳米天线形成20纳米大小的聚光点，使光学分辨率提高了10倍；制成世界上最快的纳米机械振荡器，可用于通信和量子计算；发现多个纳米振荡器发出的信号在某种条件下能自然同步，从而大大增强了输出功率。加拿大和德国科学家的理论模型指出具有一定间隔的石墨层可有效储氢。荷兰科学家创立了具有虚假自旋的电子，将可能用于量子计算机和信息处理。

五、能源与环境技术

2005年，国际能源与环境技术新成果主要聚焦于太阳能、燃料电池、生物能源、地热利用，以及各种节能和环境友好技术。

在太阳能利用方面，加拿大研究人员发明一种新型太阳能电池，可转换3倍的太阳能。他们首次研制出像油漆涂层一样柔软的可将太阳能转换成电能的新型塑料材料，不仅能够吸收可见光，而且还可吸收太阳红外线——热量，从而提高了太阳能电池的功效。韩国科学家成功开发出一种高能太阳能薄板电池。这种可弯曲的薄板电池将成为新一代移动通信终端的配套电源。这种电池每平方厘米面积可产生4.8毫瓦电力，这是迄今发电能力最高的燃料感应太阳能电池。瑞士科学家发明了高效存储太阳能的方法，并使以色列的一座300千瓦的试验装置成功投入运营。以色列、瑞典、瑞士及法国的科学家联合开发出一种利用太阳能制氢的新工艺。该方法首先是将纯锌制成粉末，然后利用水和锌粉末制氢，这种基于纯锌制氢的新工艺一旦商业化，将使世界更快、更容易地步入氢经济时代。

燃料电池是2005年全球能源研究开发的一大热点。首先，作为环保与替代汽油的新型燃料，以氢燃料电池为动力的汽车正成为各大汽车公司竞相开发的热点。汽车巨头戴姆勒-克莱斯勒公司2005年3月16日宣布，他们将于2012年正式销售以氢为动力的燃料电池汽车。

2006年，全球对便携燃料电池的需求预计将达到6亿美元，至2010年，该市场有望达到19亿美元。9月，LG公司宣布研制出当前全球最先进微型燃料电池。这款微型化燃料电池重量不足1公斤，它以甲醇做燃料，稳定使用时间超过4000小时，是其他竞争产品的8倍。该公司声称它可以产生25瓦电力，在全球同类产品中首屈一指。

日本东芝公司也将自主研发的、获吉尼斯纪录的、最小型的环保燃料电池推向实用化——开发了装配于电器（音频播放器）的小型燃料电池组，并开始进行功能检测。预计，在2007年，该燃料电池即进入全面推广普及阶段。10月，意大利推出欧洲首列太阳能列车，这在欧洲国家尚属首例。这一创新技术为未来列车“朝着节能、清洁、无污染的方向发展”扫清了道路。

中国科学院研制成功了国内首个管型中温固体氧化物燃料电池堆。同时，75千瓦级大功率甲醇重整制氢燃料电池氢源系统成功运行。中国科学院大连化学物理研究所的“燃料电池核心部件膜电极三合一制造技术”研究取得新突破。该项目单电池的最大功率密度达0.52瓦/厘米^2，在700毫安/厘米^{2}时的工作电压为0.64伏，达到了国际先进水平。

生物柴油是目前全球解决能源危机的方向之一，一些发达国家已将生物柴油投入市场使用——美国利用玉米，欧洲国家利用甜菜，而巴西利用的是向日葵、大豆和其他热带植物。

甲烷是一种重要的温室气体，其每个分子都能携带21倍于CO_2的热量。甲烷燃料引擎具有很高的燃料存储性能，密度比氢燃料的密度大，并且比煤油燃料的使用效果好。美国研制成功世界首个甲烷燃料火箭引擎。瑞典开通世界上首列利用以甲烷为主的生物气体燃料做动力的无人驾驶列车。列车加足一次燃料能行驶600千米，最高时速为130千米，并能减少向大气排放有害气体和减轻温室效应。

在地热能源开发利用方面，法国的AvenirEnergie公司年初推出了GEOPACK系统——一种新的将热泵安装于室外的地热取暖系统——其埋于地下的传感器能采集潜层土壤能源并传输到热泵主机。这种地热式采暖系统是真正意义上的生态系统，对土壤和人都无害。我国浅层地热能源开发也取得突破，创新开发出多项具有自主知识产权的地源热泵关键技术，并形成了具有年产 5000 台规模的地源热泵机组产业化工程建设。

在各种节能和环境友好技术方面，日本2005年4月底开发出了利用废料和家庭垃圾高效发电的新技术。这种新技术的发电效率达到约 30%，而且不必对垃圾进行细致分类。他们计划在年内建设能够每天处理50吨以上垃圾、发电2000千瓦以上的设施。6月初，美国科学家在淡水池塘中发现一种可以用来连续发电的细菌。这种细菌不仅能分解有机污染物，而且还能抵抗多种恶劣环境。8 月，德国科学家发现了一种能够在核废料中生存的细菌，它们能够积聚有毒金属，可用来清洁金属有毒物废弃场所，还可用于从工业废料中提取铂或钯等贵重金属。11月中旬，美国科学家提出了提高水冷却器能源效率的新方法，即通过提高水冷却器的能源效率来减少大型商业楼宇降温时所需的能源。该方法如果能通过整个水冷却器体系试验验证的话，每天将为美国节约相当于92万桶石油的能量。

六、航空航天技术

2005 年是世界航空航天技术领域大获成功与充满希望的一年。

各国卫星发射接连不断，各种不同用途的卫星异彩纷呈。2 月 3 日，商业通信卫星 AMC-12搭乘国际发射服务公司的质子火箭从拜科努尔航天发射场成功发射升空。2月12日，欧洲生产的最大推力火箭阿丽亚娜 5EGA 携带两颗卫星，从法属圭亚那的库鲁航天发射中心顺利发射。2 月 26 日，日本搭载多用途卫星的H-2A 火箭在鹿儿岛县种子岛宇宙中心发射成功。5 月 5 日，印度在安得拉邦斯里赫里戈达岛发射中心用一枚 C6 型极轨卫星运载火箭（PSLV）成功发射遥感卫星 Cartosat-1 和通信卫星 Hamsat。5 月 20 日，美国国家航空航天局为美国国家海洋及大气局成功发射一颗新型环境卫星——NOAA-18 (N)，这是一个数亿美元的任务，旨在改善天气预报能力，并监视全球气候变化。8 月 24 日凌晨，俄罗斯利用“第聂伯”运载火箭自拜科努尔发射场成功将两颗日本的试验卫星送入轨道。这次发射的卫星，可以借助激光的帮助进行大容量信息传输试验，还可以对北极光进行研究并进行一些理工试验。8 月 26 日晚，俄罗斯自普列谢茨克发射场用“轰鸣”运载火箭成功发射一颗“监视器 -E”地球远距探测卫星，其发射目的是搜集地球远距探测数据，为自然资源利用、环境污染和紧急情况监控提供服务。10 月 27 日，由欧洲航天局资助的世界上第一颗由欧洲大学生们设计并制造的人造卫星顺利升入太空，并已

图 13　阿丽亚娜运载火箭

经向地面传回数据。11月8日，英国建造的最大国际海事卫星-4F2从海上平台成功发射到太平洋上空，该卫星主要应用于加强全球通信系统。11月17日，一枚阿丽亚娜5ECA火箭搭载两颗电信卫星从法属圭亚那库鲁发射基地发射升空。12月28日，欧洲“伽利略”卫星导航系统的首颗实验卫星“GIOVE-A”由俄罗斯“联盟-FG”火箭从拜克努尔航天发射场发射升空，这颗由英国制造的实验卫星重600公斤，是“伽利略”首批两颗实验卫星中的第一颗。两颗实验卫星主要用于对“伽利略”系统专用导航信号等技术的测试，对于“伽利略”计划的实施十分重要。

火星探测仍是热点，新型探测飞船探测能力超常。美国新型火星探测飞船“火星勘测轨道飞行器”于8月12日从肯尼迪航天中心发射升空，其首要使命是探测火星上的水资源和生命线索，并为未来的火星登陆寻找合适的地点。“火星勘测轨道飞行器”是迄今最新、最大的火星探测飞船，它装载了不少新型科学仪器，其探测能力将超过目前正在考察火星的美国国家航空航天局“火星环球勘测者”、“奥德赛”探测器以及欧洲航天局的“火星快车”探测器和美国“勇气”号、“机遇”号两辆火星车的总和，其数据传输能力也达到此前的火星飞船的10倍以上，可以作为其他飞船或火星车向地球传输数据的中继站。

“深度撞击”号彗星探测器按计划发射并如期实施对彗星的深度撞击。1月12日，美国国家航空航天局将“深度撞击”号彗星探测器成功发射升空，开始了探测坦普尔1号彗星之旅。科学家希望了解彗星内部的物质状况，并由此进一步揭示太阳系的秘密。7月4日，“深度撞击”号按原计划释放的撞击器“击中”坦普尔1号彗星。科学家从探测器发回的数据和图片中初步得知：坦普尔1号的

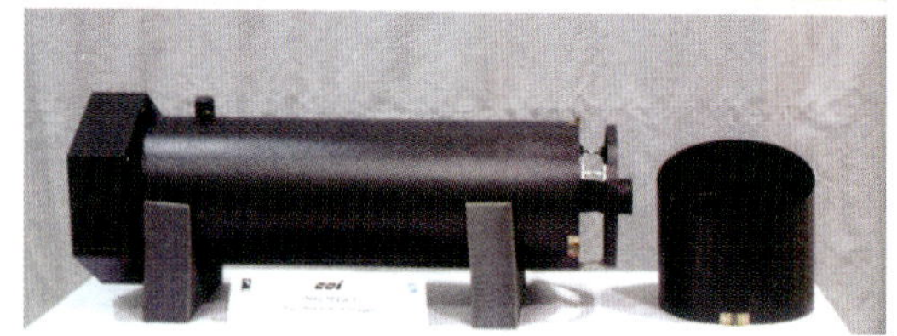

图 14　“撞击者”探测器的内部构造和“深度撞击”探测器上的高分辨率成像仪

彗核是分层的，彗核表面覆盖着10多米深的细粉状物质，其下是较硬的“彗核之核”；彗核在飞近太阳时会喷发，彗核呈多孔性；彗核尽管很小，却有多种地貌，既有光滑平坦的部分，也有类似环形山的坑洼，这表明在“深度撞击”之前，这颗彗核就已经常被太空中更小型的天体撞击；彗核内部存在大量含碳和氮的有机分子。

图15 正在安装中的土星探测器

美、欧、意合作的“卡西尼-惠更斯”号探测器创造了人类探测器登陆其他天体最远距离的新记录。1月14日凌晨，“卡西尼-惠更斯”号进入土星最大一颗卫星土卫六的大气并成功登陆土卫六表面。专家们在分析了探测器传回的数据后认为，土卫六上目前的环境状况与生命出现前的地球相似，各种气象和地质活动都很活跃，表面有降水、侵蚀、海蚀等水文活动的痕迹，还存在着液态或气态的甲烷。

国际空间站日见起色。一年来，俄罗斯完成了国际空间站的7次运输任务，“进步”号货运飞船M-51、52、53、54、55完成5次运输供给任务，“联盟”号载人飞船TMA-6、TMA-7先后完成航天员以及1名太空旅行者的接送工作。7月26日，美国发现号航天飞机成功地从位于佛罗里达的肯尼迪航天中心发射升空飞往国际空间站，这是自2003年2月“哥伦比亚”号空中解体以来美国航天飞机的首航。

图16 国际空间站

图17 美国发现号航天飞机在发射平台上

图 18　我国神舟 6 号航天员费俊龙与聂海胜在仓内模似太空生活

中国神舟6号载人飞船顺利升空，并创造了中国人遨游太空时间的新记录。10月12日，中国神舟6号在酒泉卫星发射中心用长征二号F运载火箭将两名航天员送上太空。10月17日凌晨，神舟6号载人飞船在遨游太空115个小时32分钟之后安全着陆。神舟6号载人航天飞行的成功，标志着我国在发展载人航天技术、进行有人参与的空间实验方面取得了又一个具有里程碑意义的重大胜利。

Summary of World S&T Achievements in 2005

Ye Xiaoliang, Wang Lingyong, Huang Mao, Li Hong, Huang Qun, Hu Zhihui

In 2005, scientists around the world have made great achievements in six broad areas including particle physics and astrophysics, life sciences, information sciences and technology, nano science and technology, energy and environmental science and technology, and space technology. In this article, these achievements are briefly summarized.

第二章

科学前沿介绍

Frontiers in Sciences

2.1 2004.9～2005.8 物理学、化学、生物学、医学前沿的热门课题

黄 矛
（中国科学院文献情报中心）

本文以美国科学信息研究所（ISI）出版的双月刊《科学观察》（Science Watch）所提供的科学引文统计数据为基础，重点介绍了一年来国际上物理学、化学、生物学、医学四大学科中最受人们关注和新出现的前沿热门课题，其论文的引用率均曾进入或多次进入这一时期6次公布的前10名排行榜。有趣的是，这四大领域中都有占主导地位的最热门的课题，如物理学中的天体演化和中微子研究、化学中的纳米材料和纳米技术、生物学中的基因与遗传、医学中的SARS病毒及其感染的疾病的蔓延。

一、物 理 学

以宇宙微波背景辐射（CMBR）和伽马射线暴（GRB）为中心的天文学观测在过去一年的物理学热门课题中无疑占据着最显著的地位，在6次前10名的排行榜中几乎占总出现次数的1/3。这两种观测的目的都是为了深入理解宇宙、星系、星体等的起源、演化、形成和结构。有关CMBR的研究不仅能确定若干重要的宇宙参数，而且能判断银河系的移动方向和宇宙的组成，对宇宙学和基础物理学都有重大意义。GRB观测的新近进展的重要意义则在于首次提供了伽马射线暴与超新星坍陷之间直接联系的可靠证据。20世纪60年代，天文学家首次注意到GRB，其神秘之处在于它究竟起源于什么？伽马射线暴十分短促，但随后暗淡的余辉却很长，这暗示着至少有些GRB是与巨大星体的中心坍陷联系在一起的，但长期以来这种联系的直接证据却很难得到。这是因为GRB发生的地方实在太远，难以获得相伴星体有用的光谱。然而2003年3月29日一颗称为高瞬时探测器的

卫星记录到一次极强的持续25秒的GRB，从而打破了几十年来对这一课题研究的僵局。那次伽马射线暴产生了明亮的余辉，许多地面望远镜都对它观测了数个星期。就在第一个星期末，科学家已开始看到一颗超新星浮现所带来的光亮，随后越来越明显。从余辉中扣除连续光谱后，剩下的就是一颗具有高喷射率的强大超新星的典型光谱。这种类型的爆炸星体的产生就是一颗巨大星体中心突然灾难性坍陷的结果。GRB的研究领域如此热门不仅因为它包含着有趣的物理现象，而且因为GRB可以作为宇宙论和遥远宇宙探索的有力手段。

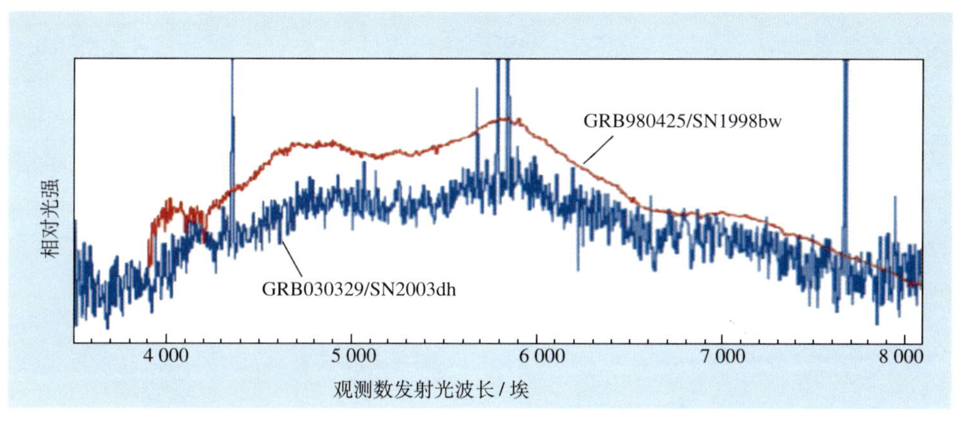

图1　两次伽马射线暴光谱（红与蓝）的相似性说明该宇宙现象与超新星的联系

当代最流行的宇宙论认为，宇宙是作为一个奇点迅速膨胀而起源的。在这一膨胀过程中，有一个极短暂的时刻宇宙自身的引力占据支配地位。然而粒子物理的标准模型并不包括引力，可能更恰当的是所谓量子引力理论，它将量子力学与经典广义相对论统一起来。总之没有一种更完善的理论，就不可能理解上述的奇点及其性质，也无法理解宇宙初始的膨胀。当代理论物理学家注意到可以利用de Sitter空间将广义相对论量子化的优点，在构筑弦宇宙模型时，使10维中的6维变得紧缩，并稍许加进3维膜以打破超对称性，从而形成de Sitter空间的宇宙模型。经过精细微调竟然产生了具有加速膨胀的空间。这可以说是宇宙论中最惊人的突破，相应的论文自然获得很高的引用率。

“五夸克”是含有5个夸克的一种新的基本粒子，对这种基本粒子产生的实验验证是这一时期较新的物理学热门课题。3个夸克构成一个重子，而一个夸克与一个反夸克构成一个介子。那么有没有可能存在其他稳定的夸克结构呢？大约30年前，理论家们推测可能存在由5个夸克组成的物质。量子色动力学（QCD）也允许由4个夸克与一个反夸克组成的结构。但是2002年前一直没有找到五夸克的证据。为什么人们很想找到五夸克的基本粒子呢？因为一件令理论物理学家非常关心的事就是在粒子物理的标准模型中，他们对QCD的理解是很不完善的；在实验强子物理中许多自相矛盾之处始终没有得到解释；随后科学家相继在日本、美国和德国从实验上发现处于不同状态下的五夸克，从而开辟了探索将夸克约束在一起的作用力的新途径。

另一个对标准模型提出挑战的物理学新热门课题就是对正介子反常磁矩的测量。由于介子的质量比电子大207倍，所以对介子反常磁矩的测量作为探索超出标准模型的新物理学的手段，灵敏度就提高了40 000倍。实验结果发现介子的g因子只偏离狄拉克值的1/800，这比质子的偏离要小几个数量级。这是否意味着介子具有下层结构，所以它不是真正的基本粒子，而且电子也不是真正的基本粒子呢？这些推测既奇妙又惊人。此外，氧化锌薄膜和纳米杆状体是新出现的具有广阔应用前景的热门课题，它们是蓝色发光材料中的新星，其特点是发射率高、成本低、适于湿法化学处理。许久不露面的超导研究，这一时期因CoO_2的发现又重返物理学热门课题前10名排行榜。这种超导体具有层状结构，CoO_2层间由Na离子和水隔开，使层间距离加倍看来是获得超导性的关键。

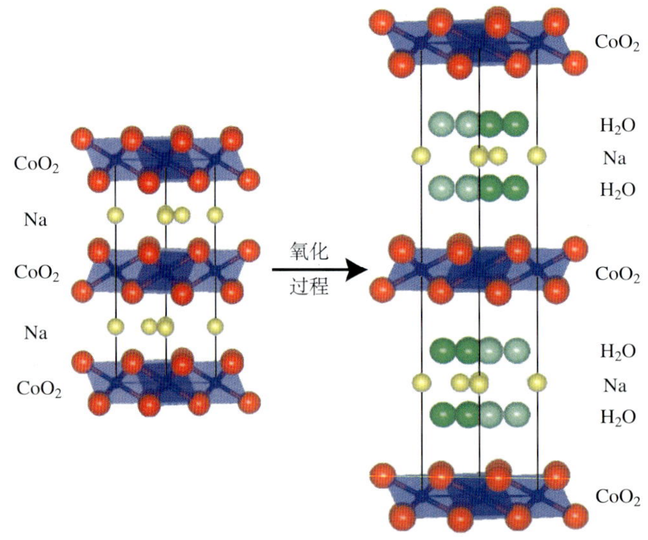

图2　二氧化钴超导体的层状结构

一年来其他物理学热门课题还包括中微子振荡及反中微子消失、简并费米原子气、超弦可解模型、碳纳米管场效应晶体管、奇异性重子共振、分子玻色－爱因斯坦凝聚等。

二、化　学

纳米材料和纳米技术在过去一年的化学热门课题中仍然保持其超级巨星的地位，在6次前10名排行榜中，约超过总出现次数的一半。在新出现的纳米研究热门课题中，最吸引人的莫过于单晶氮化镓纳米管。氮化镓在半导体中不仅可以使硅相形见绌，它甚至可以使砷化镓黯然失色。这不只是因为氮化镓更加坚固耐用，而且由于其动力性能比砷化镓高出50倍。更不可思议的是，这种材料中即使充满了位错也不影响其功能。采用氮化镓激光器的DVD运行于405nm的波长，从理论上说意味着一张DVD表面能容纳500亿字节的信息。而且高的击穿电压使氮化镓很适合于高功率微波和高电压无线应用。采用ZnO纳米线作为模板，在反应管内通过化学汽相淀积的技术合成单晶氮化镓纳米管，这样科学家打开了一个全新的研究领域。这种材料将很可能在纳米尺度的电子学、光电子学及生物化学传感器的应用中发挥重要作用。新的合成方法简单、易行、通用，已被世界上许多研究组用来制作其他单晶半导体纳米管。

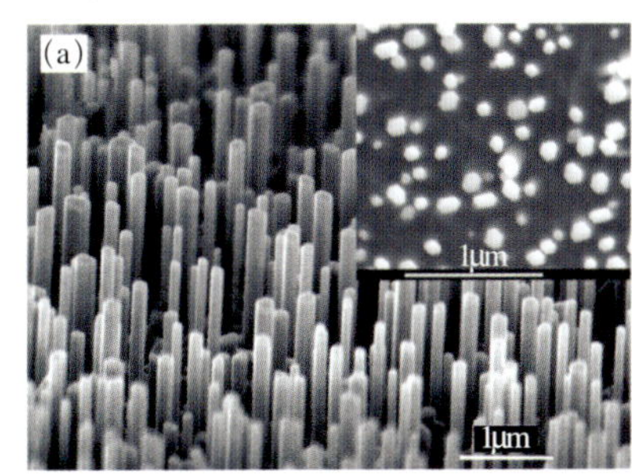

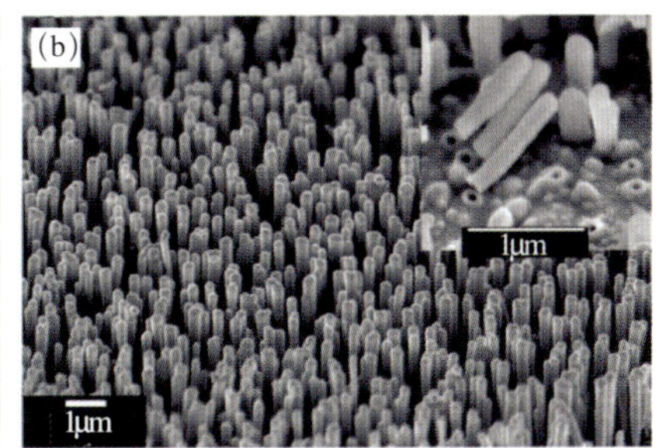

图3　纳米管阵列

(a) ZnO纳米线模板阵列；(b) 生成的GaN纳米管

纳米技术领域中新出现的另一个热门课题就是ZnO纳米材料的制备技术。目前ZnO在许多领域中得到越来越多的应用，如声波过滤器、光发射二极管、光探测器、波导、气体传感器、太阳能电池等，这是因为ZnO不仅是一种宽带隙的半导体，而且具有极好的化学和热稳定性。科学家发现一种既简单又有效的方法，可以从水溶液中制造ZnO纳米杆和纳米线，而且质地纯净、结构规整，可能很快导致商业规模的生产。

微射流大规模集成也是一个与微观控制密切相关的新热门课题，它研究如何利用集成的微射流网络构筑比较器阵列和储存器件，其行为与计算机中的随机存取存储器相似。科学家用数千个阀门和数百个腔体制成硅树脂的器件，在其中可以进行不同的化学反应。由于芯片是用硅树脂弹性体制成的，所以具有很好的密封性。阀门系统使各腔体之间严格地分隔开来，可以各自进行填装。这样的器件有望在化学研究、法院侦查，特别是医学诊断方面产生变革。例如疾病发生的原因和药物治疗的进展均可从汗液、唾液和泪液的微滴中推断出来。如果高密度微射流芯片可以比作20世纪50年代诞生的集成电路的话，那么这种芯片对化学及其相关科学未来所引起的变革就很可能会像集成电路几十年来对计算所引起的变革那么巨大。

利用脯氨酸这种简单的有机物为催化剂来构建各种碳水化合物分子的研究是另一个引起广泛兴趣的化学热门课题。催化剂几乎总是金属化合物，因为它们能吸引分子，并根据它们与分子之间相互作用的方式让分子参与各种特殊的反应。而有机分子以催化的方式与其他化合物产生相互作用的机会很少，不过脯氨酸具备这种能力，并可用来催化乙醛分子之间的化学反应，即早为人们知道的醇醛缩合。科学家用实验不仅证明了在脯氨酸的作用下两个乙醛分子催化耦合在一起，而且发现反应的产物几乎无例外的全是对映体。此外，这种催化反应可以在许多不同的溶剂中进行，只不过转换率不同而已。这一新方法应能使化学家研究各种各样的碳水化合物，而不只是自然界产生的，而且让他们制造这些化合物几乎不费力气。要知道，碳水化合物无论在植物、微生物和人类生物学中都起着重要的作用。

用装入胶囊的量子点代替有机染料和荧光标记进行体内成像也是一年来重复出现的热门课题。量子点是纳米尺寸的半导体颗粒，其特别诱人之处是它们能在各种不同的波长发光，且能被单光源激发，荧光维持时间很长。不过它们一般不溶于水，且不易附着在生物实体之上。装入胶囊的量子点克服了这些困难，可用于生物成像。用TiO_2催化使水在光照下分解出氢的突破性进展是这一时期新出现的另一个有趣的热门课题，其光转换效率大幅度提高的诀窍在于，制备TiO_2时是将钛金属置于天然气（CH_4）火焰中燃烧，从而使氧晶格中掺入了碳原子。这一研究成果有望导致高度稳定、廉价、自驱动的光电化学电池，达到商用效率标准。

一年来化学领域的其他热门课题还包括单晶结构、微孔氢气储存、钯催化、铜催化环加成过程、飞行时间SIMS、π-π相互作用、聚合物场效应晶体管等。

三、生　物　学

有关基因和蛋白质的研究在过去一年生物学前沿课题中依然具有压倒性优势，在6次热门课题前10名排行榜中约占总出现次数的2/3。自人类基因组计划在世界范围开始实施以来，曾出现过两种著名的基因组排序技术，即WGS和BAC，二者互相竞争，但各有优缺点。WGS既便宜又快捷，但处理基因复制区时有困难；BAC则既彻底又准确，但比较昂贵，又比较缓慢。科学家新近将二者结合起来，取长补短，形成一套更有效的基因组排序法，称为eBAC，并用它对大鼠的基因组进行了排序，将结果与小鼠和人类的基因组做比较，获得与哺乳类的进化有关的重要和有趣的新信息。科学家发现大鼠在几种基因族上显示出近期复制的证据。这些基因复制之所以重要，是因为它使基因可以在不同的方向进化。以嗅觉为例，大鼠和小鼠比人类更加依赖于鼻子，这在基因中有所反映。啮齿动物具有远远多于人类的嗅觉受体基因。但令人惊讶的是，大鼠的这种基因又远比小鼠的多。这些额外的基因看来是大鼠的祖先从小鼠中分出之后进行了突发似的基因复制的结果。此外，大鼠在解毒能力方面也比小鼠和人类进化得快，这体现在它们的掌管解毒的细胞色素P450基因族要大得多。这样看来，对长期以来用大鼠代替人类进行药理和毒性研究的传统做法值得重新思考。

基因组图可以通过两种途径获得，一种是自然的，一种是遗传的。前者就是通常所谓的基因组序列，后者则是与染色体基因重组紧密相关的更新更详细的遗传基因组图。基因重组会搅乱基因并产生新的基因组合以利于或不利于进化。这种新的基因组图的一个最重要的结果就是使对疾病的产生与遗传标记的出现之间的联系的研究更为精确。此外，新基因组图的数据也给进化生物学家提出了若干难题。例如，女人的基因重组率大约比男人的高1.65倍。但沿着染色体的某些区域男人的基因重组率又可以高于女人，在另外一些区域则相反。而且有些家庭母系的基因重组率要比其他家庭高。这是否意味着

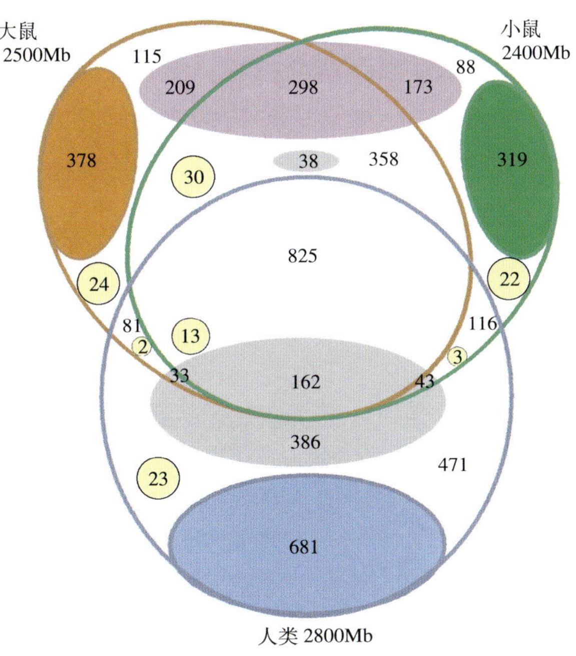

图4　大鼠、小鼠、人类基因组重复的示意图

在进化方面女人比男人有更多的贡献，而且有些女人比其他女人贡献更大呢？女人与男人及女人与女人之间的这些差别暗示着，除基因组之外，还有其他因素在确定基因重组率方面起作用。

生物体细胞的功能十分奇妙，它们会对周围的环境做出反应，利用不同的食物源，修补内部的缺陷，并将所有这些活动协调于一个生长发育的周期之中。如何能达到这样的境界呢？为回答有机体作为一个整体如何工作而展开的研究是一年来生物学界新出现的热门课题之一。对协调生物体机能做出贡献的数千种基因全部受到所谓转录控制蛋白质的控制。这些蛋白质与基因相结合以增加或减少基因转录的速率。科学家利用酵母基因组数据识别了各种转录控制的目标基因，他们还用酵母DNA微阵列来识别每一种目标基因，最后发现控制蛋白质与目标基因之间联系的6种不同的方式，它们分别控制细胞不同的功能，形成一个控制网络。生物学另一个新的热门课题也与细胞控制有关，那就是科学家发现控制T_R细胞生长的是一种称为Foxp3的转录因子。T_R细胞在抑制自体免疫疾病方面起着关键的作用，所以有可能利用Foxp3将T细胞转录成T_R细胞以达到治疗自体免疫疾病的目的。

关于对DNA损坏的修复过程的机制研究是这一时期生物学基础研究新的热门课题。一种称为ATM的蛋白质激酶对修复细胞的双股断裂是必要的，但是机体是靠什么来激活ATM的呢？原来ATM本身是靠磷酸化来激活的，而且是一种自身磷酸化，也就是说ATM是自己把自己激活的。生物学领域的其他热门课题还包括人类细胞中HIV的转录、肿瘤转移分子信号、光合体系的晶体结构、钾通道X射线结构等。

四、医　　学

有关SARS新冠状病毒及SARS疾病蔓延的研究在一年来医学领域的热门课题中一跃而为最耀眼的明星。自2002年末SARS病毒在世界范围开始肆虐以来，科学家很快就找到了它及其基因组序列，并称该病毒为SARS-CoV。从这种病毒的分子特征来看，它显然具有典型的冠状病毒的特征。相对于其他冠状病毒而言，并没有发现SARS-CoV有明显的重要的基因组重排，也看不到这种新病毒复制酶基因编码中有什么大的插入或删除。SARS-CoV与任何其他冠状病毒之间在所有基因区域中的遗传距离暗示着新冠状病毒的基因组中没有任何重要部分是源于其他已知的病毒。SARS-CoV的基因组序列也没有提供这种病原体可能源于某种动物的明显线索。然而基因组序列的信息将可能有助于识别这种新冠状病毒的起源和宿主，并有助于研究对这种病毒的免疫反应及SARS疾病的发病机制。事实上，为迅速找到控制这类突发性传染病的有效途径，国际科学界迄今已经做出了很大的贡献。

对治疗晚期癌症的新用药物“gefitinib”的疗效及其副作用的研究是这一时期新出现的医学热门课题。形式多样的肺癌是一种严重的疾病，美国国家癌症研究所曾预报2004年的肺癌新病例超过170 000例，死于肺癌者超过160 000例。这些癌症中约有80%属于所谓的非小细胞肺癌(NSCLC)的类型。2003年5月，美国国家食品与药物管理局(FDA)批准了gefitinib的新药剂，但并非作为治愈NSCLC的特效药，甚至也不是对这类疾病进行化疗的首选，它只是在采用其他药物均失败时作为最后的手段。这种药物的目标是对准在癌细胞生长中起作用的一种酶，称为表皮生长因子受体（EGFR）酪氨酸激酶。gefitinib在日本已注册，在欧洲还没有，FDA对它的批准也不那么快，且曾一度压着不批，因有来自日本关于该药物毒性的报道。主要的问题看来是担心一种叫做间质性肺部疾病的并发症。在日本，病人中有3%～4%感染这种并发症，其中1/3是致命性的。但美国知名的癌症专家认为gefitinib的功效远远超过了其毒性带来的危害，所以在美国大多数无法治愈的NSCLC癌症病人都很可能处以这种药物。与许多药物一样，gefitinib也是一种双刃剑，对它的研究热度和争论都不会很快终止。

如果问临床医生是什么决定了发表论文的高引用率，他们多半会认为是那些改变医学实践的研究成果。其实，很少有单篇论文能做到这一点，不过从妇女健康创新随机控制试验计划（WHI）而来的一批论文，特别是其中的两篇，确实已产生了巨大的影响。它们都是关于激素替代治疗（HRT）的效果和负面影响的临床试验研究，都是医学领域热门课题中的明星，一篇成为2002年引用最多的论文，另一篇成为2004年引用最多的论文。前者是关于雌激素与黄酮体联合使用的研究，后者则是关于雌激素单独使用的试验。研究结果最重要的意义在于发现了许多HRT对人体不利的副作用，从而在很大程度上改变了人们的观点。例如HRT不能预防心脏病，甚至会使病情恶化；雌激素与黄酮体联合使用会使静脉血栓病的危险加倍；联合或单独使用雌激素会增加小便失禁的危险；HRT还会增加得乳腺癌的危险等。由于这些研究和试验对公众健康和临床实践都有重要意义，WHI不会就此止步，更广泛更深入的研究和试验即将展开，其中有一项年度调查一直要进行到2010年。对于整个WHI的计划（激素、规定的饮食、钙/维生素D、观察），预计有120 000美国妇女将继续提供数据。参加激素试验的约有20 000人。

医学领域的其他热门课题还包括降脂心血管药物试验、美国人的肥胖趋势、高血压ALLHAT试验、强化胰岛素疗法、干细胞研究、丙型肝炎药物、冠心病、糖尿病患者的心脏药物保护等。

参 考 文 献

1　2004. Science Watch, 5, 6

2　2005. Science Watch, 1～4

Leading-Edge and Hot Topics in Physics, Chemistry, Biology and Medicine from September 2004 to August 2005

Huang Mao

Hot topics and leading-edge areas in physics, chemistry, biology and medicine from September 2004 to August 2005 were identified and concisely introduced based on the statistical citation data published in the bimonthly jonrnal of *Science Watch* during the year that has just passed. The identification was achieved according to the top ten most highly cited papers in each field listed in each issue that reflect exciting and important discoveries in specific specialty areas by world leading institutions and researchers. Interestingly, each field has its own topics that dominate the hot paper listings for the period, such as cosmology and neutrinos in physics, nano-materials and technology in chemistry, genes and genetics in biology, and SARS virus and its outbreak in medicine.

2.2 奇特的“五夸克态”和核子中的奇异夸克成分

邹冰松

（中国科学院高能物理研究所）

在宇宙中的可见物质中，99%以上的物质都是由夸克组成的。研究夸克是如何构成物质的，是目前人类探索物质微观结构的最前沿。类似于电子带有电荷通过交换光子发生电磁相互作用，夸克带有色荷通过交换胶子发生强相互作用。夸克不仅带色，还带味。六味夸克由轻到重分别记为：上夸克u、下夸克d、奇异夸克s、粲夸克c、底夸克b和顶夸克t。描述这些夸克之间色相互作用的基本理论称为量子色动力学（QCD）。QCD理论的两个最基本特性就是夸克渐进自由和夸克禁闭。夸克渐进自由指的是两个夸克靠得越近其相互作用越弱。此特性在理论和实验上都已研究得比较清楚，为此，首先发现QCD理论这一特性的美国理论物理学家格罗斯（Gross）、波利策（Politzer）和维尔切克（Wilzcek）获得了2004年的诺贝尔物理学奖。而夸克禁闭特性的研究则是目前QCD理论的一个难点。

夸克禁闭意味着夸克不能单独分割出来，只能以至少3个夸克形成重子或一个夸克和一个反夸克形成介子的复合体形式存在。例如，最轻的重子，即核子，主要由较轻的u、d夸克构成，其中质子和中子的3夸克成分分别为uud和udd。至今，人们通过宇宙线和加速器实验已经发现和确立了几十个重子态，它们都可以归类于三夸克态。

强相互作用理论并不要求重子态只含有3个夸克，只要求其包含的夸克数减去反夸克数为3。1997年俄罗斯物理学家预言存在一个电荷、自旋、宇称和质子相同，质量比质子重60%的带奇异性的粒子[1]。这个粒子无法由3个夸克构成，其夸克成分最少为$\bar{s}$uudd，故称为“五夸克态”。起初，这篇文章并没有得到什么关注。直到2003年初，在日本的国际上最大的同步辐射装置Spring-8开展实验的LEPS合作组[2]宣布在高能光子轰击碳核的实验中发现了质量和宽度与这个理论预言完全一致的一个新粒子θ^+（1540），“五夸克态”一下子成为国际中高能物理领域最热门的研究课题。在此后的一年里，国际上相继有10多个实验组也宣称观测到了这个“五夸克态”存在的迹象。尽管其中任何一个实验的数据统计量都不是很高，新粒子的信号并不是很强，但是包括美国、德国、日本、俄罗斯等国家的多个著名实验室的如此多的实验组都给出基本一致的结果，由数据统计涨落造成的假信号的几率低于$1/10^{52}$，使得具有国际权威的粒子数据组也不得不将θ^+（1540）列为2004年度《粒子数据表》基本确立的粒子。

这个无法用传统的三夸克模型描述的奇特的“五夸克态”得到如此强的实验肯定，自然引起了理论物理学家的极大兴趣。自2003年以来，关于“五夸克态”的理论文章已远远超出1000篇。人们提出了各种新的理论模型来解释θ^+(1540）的性质，预言了更多的五夸克态，建议实验物理学家去寻找。其中一个受到极大关注的模型是由美国MIT理论中心主任杰菲（Jaffe）和诺贝尔奖获得者维尔切克（Wilzcek）共同提出的“五夸克态”夸克对理论模型[3]：类似于形成电超导的电子库珀对，两个不同味道的夸克也可以形成具有强关联的自旋为零的夸克对，已经有理论预言这样的夸克对聚集起来可以形成高密度的夸克色超导物质，而两个这样的[ud]夸克对加上一个反奇异夸克$\bar{s}$正好可以形成$\bar{s}$[ud][ud]θ^+(1540）“五夸克态”。因此，“五夸克态”的发现将不仅意味着一种新型重子态的存在，其内部夸克对性质的研究也会对人们更好地预言夸克色超导物质的性质提供帮助，使得重子谱和夸克物质这两个QCD前沿方向都得到突破性进展。

我国具有高能物理研究基础的最著名的几所高等院校及科研院所也都迅速开展了“五夸克态”的研究。其中，高能物理研究所的理论物理学家发现，采用成功解释已有重子谱及重子散射实验数据的组分夸克模型很难解释θ^+(1540）的性质[4]；在北京正负电子对撞机（BEPC）上开展高能物理实验的BES合作组利用他们已获取的实验数据对θ^+(1540)进行了寻找，没有发现其存在的迹象，在国际上首先正式发表了关于θ^+(1540)

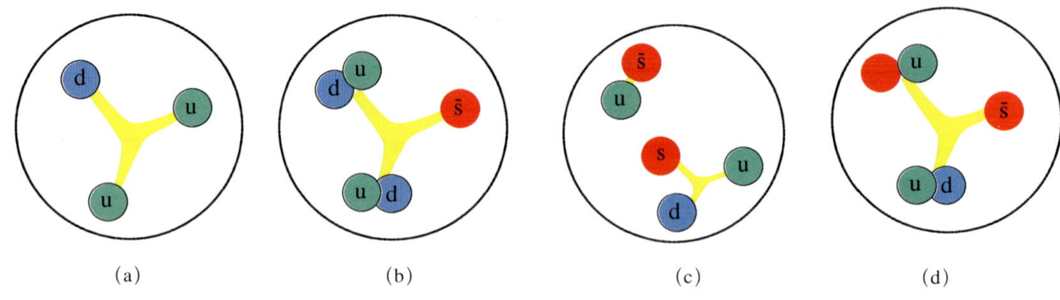

图 1

(a) 质子的经典 3 夸克图像；(b) θ^+ 五夸克态的夸克对图像；(c) 质子中奇异夸克成分的介子云图像；(d) 夸克对图像

实验寻找的负面结果[5]。这些结果都得到了国际同行的极大关注。

θ^+ (1540) “五夸克态”好景不长。继 BES 合作组 2004 年初首先发表负面结果之后，一年里国际上又有十余个实验组报告，在其他可能观测到 θ^+ (1540) 的过程中没有看到其存在的迹象。但由于得到这些负面结果的物理过程不同于得到正面结果的物理过程，这些负面结果并不能否定正面结果。甚至有人提出了理论，解释为什么在有些实验中能够观测到 θ^+ (1540)，而在另一些实验中观测不到。要想否定或者证实 θ^+ (1540) 的存在，必须重复那些得到正面结果的实验，获取更高统计量的实验数据。2005 年 4 月，人们翘首以盼的高统计量重复性的实验结果终于开始出现。著名的美国杰弗逊国家实验室举行了新闻发布，宣布他们重复了德国的以前得到正结果的一个实验，多 20 倍的实验数据没有观测到 θ^+(1540) 的存在。不久，又有另外两个以前得到正结果的实验被高统计量的新的重复性实验结果所否定[6]。θ^+ (1540) “五夸克态”生命岌岌可危。另一方面，仍有一些新的统计性不是很高的实验继续给出支持 θ^+ (1540) 存在的实验结果。这到底是其起死回生的信号，还是濒危的回光返照，人们正拭目以待。

目睹“五夸克态”的兴衰，诺贝尔奖获得者维尔切克（Wilzcek）感叹道：“五夸克态事件折射出我们对 QCD 的了解还是多么的贫乏。”

尽管“五夸克态”本身生命垂危，与“五夸克态”相关的一个新的前沿热点正在出现。几乎与宣布 θ^+(1540)负结果同时，美国杰弗逊国家实验室发布了另外一条新闻，利用国际上最精确的电弱相干实验，他们观测到质子的奇异磁矩为正，奇异电形状因子为负[7]。这两个结果出乎绝大多数理论模型的预期。最经典的图像是：质子由 uud 三个夸克通过胶子场束缚在一起，奇异夸克 - 反夸克对 $\bar{s}s$ 只是以胶子微扰涨落的形式出现，对质子的磁矩和电形状因子贡献为零。观测到质子的奇异磁矩和奇异电形状因子不为零说明质子中含有包括 $\bar{s}s$ 的非微扰的五夸克成分。关于质子中可能存在的非微扰奇异夸克成分，已有的理论模型绝大多数都基于介子云图像，即质子中含有 $K^+\Lambda$ 成分，其中 K^+ 介子由 $\bar{s}u$ 组成，Λ 重子由 uds 组成。然而，这些理论预言质子的奇异磁矩为负，奇异电形状因子为正，正好与实验结果相反。目前，能够自洽地同时解释这两个结果的微观图像就是[8]：质子中的$\bar{s}$suud五夸克成分以类似于杰菲-维尔切克提出的“五夸克态”夸克对模型[3]的形式存在，即$\bar{s}$加两个夸克对（$\bar{s}$[su][ud]）的形式。由于对核子中奇异夸克成分的研究对我们了解核子内部夸克结构非常重要而有效，欧美几个著名的实验室正在抓紧开展这方面更精确的测量。

如果杰弗逊实验室的这些结果得到进一步确证，则意味着核子中含有20%以上的五夸克成分，那么，比核子更重的重子激发态则应含有更多的五夸克成分，传统的重子三夸克图像不再是一个好的近似；且重子中的五夸克成分主要是以带色的夸克团形式存在，而非介子云形式。这无疑使我们对重子内部的夸克胶子结构的认识前进了一大步。研究重子中的五夸克成分将是今后几年探索物质微观结构的一个前沿热点。我国投资近10亿元人民币即将建成的两大核科学装置——北京正负电子对撞机改造工程（BEPCII）和兰州重离子加速器冷却储存环（HIRFL-CSR）装置——可以分别通过电磁探针和强相互作用探针开展重子谱和重子结构的研究，探索重子中的多夸克成分。而对夸克味道更为敏感的弱相互作用探针则有待于正在酝酿的中微子国家地下实验室的建造。随着我国国力的增强，国家对核科学工程投入的加大，理论和实验相结合一定会使我国在重子内部结构这一探索物质微观结构前沿领域走在世界前列。

参 考 文 献

1 Diakonov D, et al. Exotic anti-decuplet of baryons：prediction from chiral solitons. Z Phys A, 1997(359)：305～314

2 Nakano T, et al. (LEPS Collaboration). Evidence for a narrow S = +1 baryon resonance in photoproduction from the neutron. Phys Rev Lett, 2003（91）：012002

3 Jaffe R,Wilczek F. Diquarks and exotic spectroscopy. Phys Rev Lett, 2003（91）：232003

4 Huang F, Zhang Z Y, Yu Y W, et al. A study of pentaquark θ state in the chiral SU(3)quark model. Phys Lett B, 2004（586）：69

5 Bai J Z, et al. (BES Collaboration). Search for the pentaquark state in ψ (2S) and J/ψ decays to $pK^0_SK^-\bar{n}$ and $\bar{p}K^0_SK^+n$. Phys Rev D, 2004（70）：012004

6 Burkert V D. Have pentaquark states been seen? Preprint hep-ph/0510309

7 Armstrong D S, et al. Strange quark contributions to parity-violating asymmetries in the forward g0 electron-proton scattering experiment. Phys Rev Lett, 2005（95）：092001～092005

8 Zou B S, Riska D O. $\bar{s}s$ component of the proton and the strangeness magnetic moment. Phys Rev Lett, 2005（95）：072001～072004

Exotic Pentaquark and Strangeness in the Nucleon

Zou Bingsong

The classic picture for a baryon is that it is composed of three quarks. The proton as the lightest baryon contains uud quarks. Since 2003 evidence for an exotic $\bar{s}$uudd pentaquark has been reported by more than ten experimental groups and attracted theorists to have produced more than a thousand papers. However, the latest results from several experiments with much higher statistics are casting doubt on its existence. On the other hand, electric-weak interfering experiments are beginning to paint a cohesive picture of strange quarks in the proton. The empirical indications for a positive strangeness magnetic moment and a negative strangeness electric form factor of the proton suggest that the $\bar{s}$suud components in the proton are mainly in a configuration similar to a diquark-model configuration proposed for the pentaquark instead of the more conventional meson cloud configurations.

2.3 基于量子点标记的光学分子成像

张智红　赵元弟　曾绍群　骆清铭

（华中科技大学武汉光电国家实验室（筹）生物医学光子学研究部）

21世纪生命科学已经从传统宏观层次上的定性描述，跨越到微观分子水平上的定量模型。生命机体的组成和活动在时间和空间上是高度有序的，生物活体中蛋白质的修饰和相互作用往往是动态可逆的。同时，人类基因组学和蛋白质组学的迅猛发展，提供了众多涉及人类疾病进程和治疗效应的分子信息。因此，迫切需要发展新的检测技术，在生物活体内实现对分子事件的实时动态监测，揭示生命活动的基本规律和疾病的发生机理。下面就基于量子点标记的光学分子成像的研究进展和发展趋势做一简要介绍。

一、光学分子成像

光学分子成像是在基因组学、蛋白质组学和现代光学成像技术的基础上发展起来的新兴研究领域，其突出特点就是非侵入性地对活体内参与生理和病理过程的分子事件进行定性或定量可视化观察，是目前国际上公认的开展活体内分子事件研究的主流手段之一，在生命科学研究中具有重大应用前景。国际顶级学术期刊《科学》和《自然－生物技术》分别于2003年4月和11月发表专辑就生物光学成像最新研究成果进行了系统评述和深入研讨，《自然－医学》也于同年11月对光学分子成像进行了专题评述。

二、量子点分子探针

光学分子探针是光学分子成像的基本要素之一。新型荧光基团的产生和光学标记技术的发展为光学分子成像提供了特异性的高效对比度源，极大地提高了活体成像的检测灵敏度和特异性。目前，光学标记技术已从传统的小分子有机染料发展到多功能的基因探针，而量子点（Quantum Dot, QD）独特的光学特征使其在生物医学研究中展现出无穷魅力。

量子点也称半导体纳米晶体，是一种直径在1～10纳米之间、能够被激发产生荧光的半导体纳米颗粒。与有机荧光分子相比，量子点具有许多更具优势的光学特性[1～3]（图1）：荧光量子产率高，光稳定性好（抗光漂白），可显著提高检测灵敏度并延长活体成像的检测时间；发射波长可通过改变粒径或组成进行调节，各种量子点可提供从400纳米到2微米波长的发射光；激发波长范围宽呈连续分布，发射峰窄（半峰宽20~30纳米）几乎呈高斯对称分布，因而用同一单色激发光可同时激发多色荧光，这使得对生物活体内多个生物分子同时进行多色荧光成像变得简单易行。

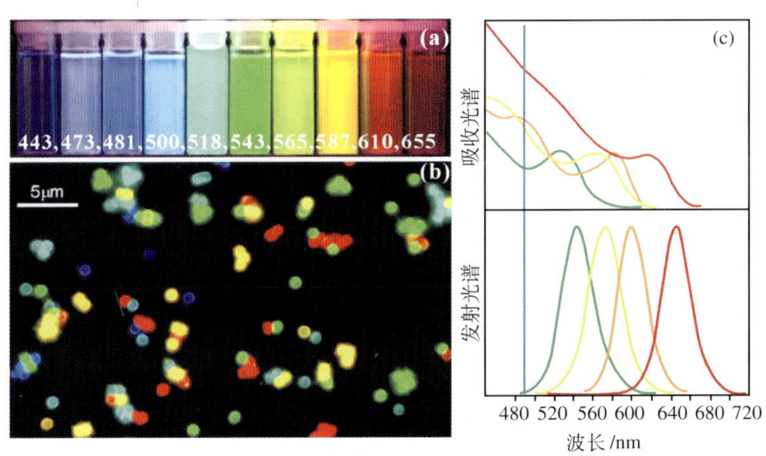

图1　量子点的光学特征

(a)不同尺寸的量子点在可见光波长范围内呈现出由紫到红的不同颜色；(b)484、508、547、575和611nm量子点微球在同一波长激发下的荧光图像；(c) 525、565、585和605nm量子点的吸收光谱和发射光谱。蓝色竖线表示用488nm氩离子激光器能够同时有效地激发4种量子点微球。(a) 和 (b) 引自M Y Han, et al. Nature Biotechnology，2001, 19：631；(c) 引自D Gerion, et al. J Phys Chem B, 2001, 105：8861

三、量子点在生物活体光学成像中的应用

自1998年聂书明（Nie Shuming）[1]和阿利维撒托斯（Alivisatos A. Paul）[2]首次将量子点应用于生物领域以来，量子点代替荧光有机染料分子，已越来越多地应用于生物医学研究领域中。早期，量子点已成功地运用于固定细胞和组织的免疫荧光标记，膜蛋白、微管、肌动蛋白和核抗原的免疫染色，以及染色体的荧光原位杂交。近几年，量子点已尝试着应用于大多数使用荧光的生物技术领域中，尤其是以量子点作为对比剂，在活体动物的光学分子成像上的应用发展迅速。

1. 肿瘤的靶向性标记和光学分子成像[4]

2004年聂书明课题组成功地研制出了新型的多功能量子点分子探针，图2（a）为此探针的结构示意图，从内向外依次为量子点、外包配体TOPO、胶囊型共聚物层、聚乙二醇（PEG）和肿瘤靶向性亲合配体（如多肽，抗体或小分子抑制剂）。在该研究中，以前列腺特异性膜抗原（PSMA）作为前列腺肿瘤细胞表面的标志分子，量子点偶联的PSMA抗体经尾静脉注射后，能够特异性地标记前列腺肿瘤细胞，通过光学成像的方法可获得肿瘤的大小和定位等信息（图2（b））。新型多功能量子点分子探针的开发与应用，在活体动物成像中显示了良好的肿瘤特异性靶向标记功能，使之在肿瘤成像和诊断上具有极大的应用潜力。

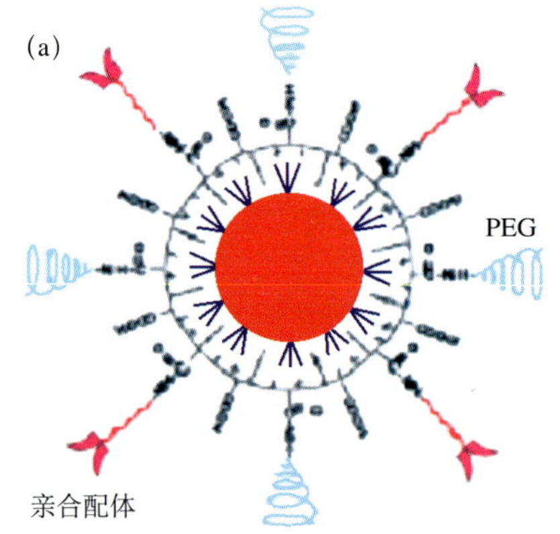

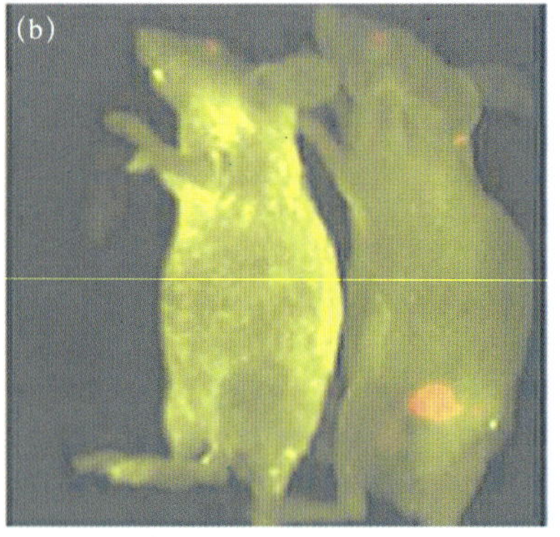

图2　基于量子点标记的靶向性光学成像

（a）多功能量子点分子探针的结构示意图；（b）在体光学成像显示量子点偶联的抗体靶向标记小鼠前列腺肿瘤，右侧为有前列腺肿瘤的小鼠，左侧为阴性对照小鼠

2. 小鼠微循环的双光子激发成像

多光子激发显微成像技术是目前时间分辨率（毫秒及亚毫秒级）和空间分辨率（微米及亚微米）最高的活体动物成像技术[5]，具有动态荧光监测活细胞或活体动物内分子信号、组织细胞断层扫描、三维图像重建等功能。其创始人韦伯（Webb Watt W.）研究发现，量子点的双光子吸收横截面比传统有机荧光基团高2~3个数量级，并应用双光子激发显微镜对活体小鼠皮下数百微米深的毛细胞血管进行在体成像，实现了微循环中血流速度的实时监测[6]（图3）。

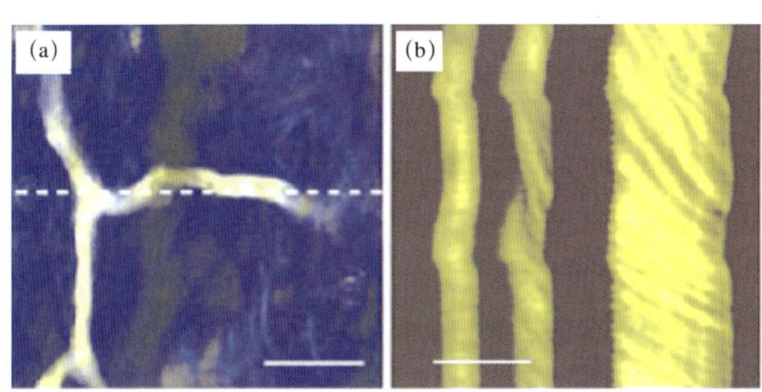

图3　双光子激发显微成像在体监测量子点标记的微循环

（a）小鼠皮下100微米的毛细血管双光子激发荧光图像；

（b）线扫描（13.7毫秒/线）实时监测毛细血管内的血流速度（~10μm/s）。标尺为20μm

3. 长时程的活细胞光学成像和分子示踪

为了证实量子点能够长时程地用于活细胞成像和分子示踪，杜柏泰（Dubertret B.）等人将磷脂微团包覆量子点，在非洲爪蟾受精卵分裂早期注入到8分裂球中的一个分裂球。结果表明，量子点能够稳定地随着胚胎发育分布到相应的子细胞中，可无损伤监测达4天以上[3]（图4）。其他的一些近期研究也表明，利用量子点探针的光稳定性，能够长时程动态监测活细胞内的分子运动。例如，Lidke D. S.等人应用激光共聚焦显微镜，高时空分辨地成像监测肿瘤细胞通过胞吞途径特异性摄取量子点标记的表皮生长因子的全过程[7]。

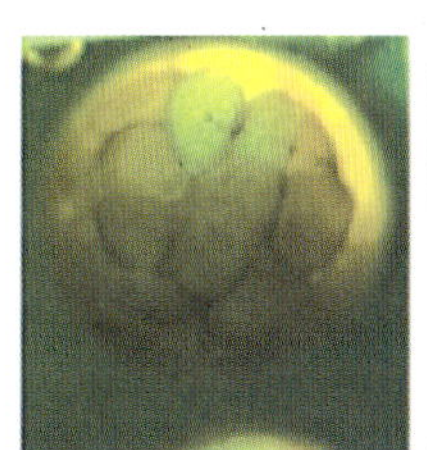
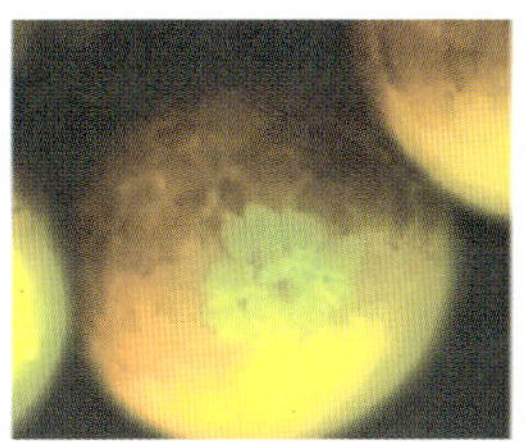
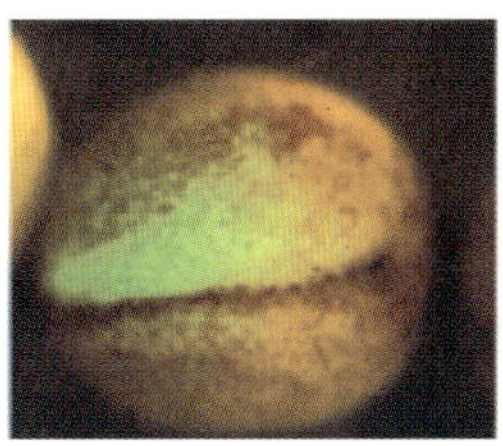
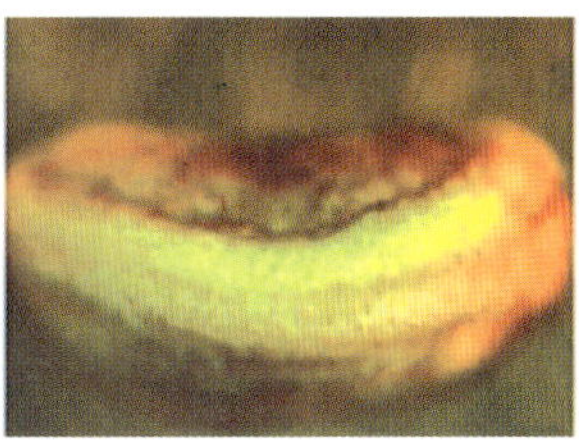

图4　量子点标记的非洲爪蟾胚胎，不同发育时期量子点的细胞内定位图像

四、发展趋势与展望

量子点分子探针在生物活体成像中展现了极大的应用前景，并有望应用于临床的疾病诊断与治疗。然而，量子点可能存在的细胞毒性及其对细胞生理生化过程的干扰，将是阻碍这一进程的最大因素。尽管量子点用于活体成像已取得了不错的成绩，但仍然存在着许多挑战[8]，包括：①设计高质量的近红外量子点分子探针；②靶分子的确定和标记技术的改进；③量子点分子探针的纯化；④全面理解量子点分子探针的药代动力学和毒性。此外，将量子点与其他纳米颗粒整合在一起形成多功能的纳米系统，同时用于疾病的检测、成像和治疗，也将是未来的重要发展趋势。

在发展多功能光学分子探针的同时，光学分子成像技术也正向着多元化方向发展。建立和发展时间、空间分辨率更高，测量范围更大（从微米到几厘米），检测深度更深（实现小鼠的整体成像）的在体光学层析分子成像技术，充分发掘和利用光学信息（强度、光谱、寿命、偏振），直接记录和显示分子事件及其动力学过程，将是光学成像技术的主要发展方向。高性能的多功能量子点分子探针与先进的光学分子成像技术的结合，将为实时动态地监测生物活体内的分子事件提供强有力的实验手段，为揭示生命活动的基本规律和疾病的发生机理提供新技术新方法，对于促进生命科学的发展具有重大意义。

参 考 文 献

1 Chan W C W, Nie S. Quantum dot bioconjugates for ultrasensitive nonisotopic detection. Science, 1998,（281）：2016～2018

2 Bruchez M J, Moronne M, Gin P, et al. Semiconductor nanocrystals as fluorescent biological labels. Science, 1998,（281）：2013～2015

3 Dubertret B, Skourides P, Norris D J, et al. Imaging of quantum dots encapsulated in phospholipid micelles. Science, 2002,（298）：1759～1762

4 Gao X H, Cui Y Y, Levenson R M, et al. *In vivo* cancer targeting and imaging with semiconductor quantum dots. Nature Biotechnology, 2004,（22）：969～976

5 Markus Rudin, Ralph Weissleder. Molecular imaging in drug discovery and development. Nature Reviews Drug Discovery, 2003,（2）：123～131

6 Larson D R, Zipfel W R, Williams R M, et al. Water-soluble quantum dots for multiphoton fluorescence imaging. Science, 2003,（300）：1434～1436

7 Lidke D S, Nagy P, Heintzmann R, et al. Quantum dot ligands provide new insights into erbB/HER receptor-mediated signal transduction. Nature Biotechnology, 2004,（22）：198～203

8 Jiang W, Papa E, Fischer H, et al. Semiconductor quantum dots as contrast agents for whole animal imaging. Trends in Biotechnology, 2004,（22）：607～609

Optical Molecular Imaging Based on Quantum Dot Labeling

Zhang Zhihong, Zhao Yuandi, Zeng Shaoqun, Luo Qingming

Optical molecular imaging mainly includes first the development of photonics imaging techniques with higher temporal-spatial resolution and wider detection range, secondly, the development of more specific and sensitive optical molecular probes, and thirdly, the application of these techniques to imaging the function, content, distribution and dynamics of the bio-molecules *in vivo* in real time. In this paper, we review the application and development trend of quantum dot molecular probe in *in vivo* optical molecular imaging.

2.4 可控自由基聚合化学的进展

陈永明

（中国科学院化学研究所）

聚合物材料已经成为极其重要的合成材料，被广泛应用在人们生活、建设、交通、国防等社会的方方面面，可以说无处没有聚合物材料。聚合物材料的性质主要是由聚合物的分子结构确定的，而分子结构又取决于聚合单体和聚合反应。聚合物的合成化学是聚合物材料的化学基础，研究分子结构和性能的关系是化学学科永恒的内容。由于聚合反应的复杂性和随机性，聚合物是多分散的，即是不同分子量分子的混合物，聚合物材料的许多重要性质也正是由于这种分散性带来的。同时也增加了聚合物的复杂性，也为调控材料的性能带来了很多的可能。聚合物形成过程的随机和复杂性还使得聚合物链结构和聚集结构的控制变得困难。近年来，聚合物的合成化学重要的进展之一表现在对聚合物链结构的控制方法，目的是通过聚合物结构的精确控制以理解结构和性能的关系，提高材料的性能，发现新的材料。可控自由基聚合就是高分子合成化学的重要进展之一[1~3]。

自由基聚合是一类最重要的聚合手段，很多在实际中广泛使用的聚合物材料都是通过这种反应合成出来，但传统的自由基聚合快的链增长和不可逆的自由基偶合终止，导致聚合物的分子量控制不能很好地实现，并且聚合物的分散性大，进一步控制化学官能团的分布也不容易实现。近年来，可控自由基聚合得到了极大的发展，这是基于休眠种对自由基浓度进行可逆的调节，在快引发速度条件下，降低了自由基的浓度和链增长的速度。这使得自由基聚合具有“活性”聚合的特征，从而分子量得以控制，聚合物的分子量可以通过单体和引发剂的投料比来进行控制，并且聚合物的分散性得以显著地降低。目前，重要的可控自由基聚合包括原子转移自由基聚合（ATRP）、氮氧基调节的自由基聚合（NMP）、可逆加成裂解调节自由基聚合（RAFT）等。很多单体的聚合得以控制，如苯乙烯、丙烯酸酯、甲基丙烯酸酯等单体，以及它们的衍生物。单体可以携带有很多种官能团，因此功能聚合物的控制合成得以实现。在无氧条件下，聚合反应可以在各种有机溶剂和水等介质中进行，这些特征是其他离子活性聚合所不具备的。

在过去的一两年中，一些重要的单体控制自由基聚合得以突破，如氯乙烯[4]、醋酸乙烯酯[5]、乙烯基吡咯烷酮[6]等单体的自由基聚合得以控制，而这些单体的聚合物都是具有很重要实际意义的合成材料。

从学术意义上来说，活性自由基聚合的成功使得大量新型结构聚合物的合成得以实现，结合其他合成反应，聚合物的种类极大地丰富，这对于研究聚合物分子结构和性能的关系具有十分重要的科学意义。总结起来可以归纳为以下方面。

对于线性聚合物分子：①不同性质的聚合物链段通过共价键结合在一起，就是所谓的嵌段共聚物，在分子自组装和聚合物共混改性等方面具有非常重要的作用。可控自由基聚合近年被应用于嵌段共聚物的合成，如果结合开环聚合、离子聚合等方法，种类极其繁多的嵌段共聚物得到合成，这为研究嵌段共聚物的自组装结构提供了重要的化学基础。②将不同单体的自由基共聚合是调控聚合物性质的一种重要手段，可控自由基共聚合对共聚物分子量、分子组成均匀性的控制有很大的提高，区别于传统自由基共聚物分子组成的不均匀性，材料性质就会有很大的提高。最近，基于活性自由基聚合制备的一种涂料推向市场，该聚合物可以将染料均匀地分散，透光性、色纯度、流变等性能均优于传统的共聚物。③通过采用功能性引发剂或链转移剂，很多种类的一端或两端带官能团的聚合物得以制备。④利用聚合活性有差异的单体共聚合可以合成链段组成梯度的共聚物。

支化聚合物的特征是多端基，其溶液黏度和熔融黏度均低于相同分子量的线性聚合物，可控自由基聚合使得科学家合成支化结构聚合物的能力得到极大的提高。①星状聚合物是多个聚合物链段一头通过共价键连接在一起，可控自由基聚合可以通过多官能团引发剂或链转移剂引发单体聚合来制备星状聚合物，可以精确控制星状聚合物的臂数目。②如果长的聚合物链具有规则的、高密度的聚合物支链，由于侧链相互之间的位阻使得主链被迫伸展（即柱状聚合物刷），聚合物链呈现蠕虫形貌，单个分子的长度可以大到数百纳米[7]，活性自由基聚合使得聚合物刷的主链和侧链的控制性得到很大的提高，图1所示为单个聚合物刷的形貌。③活性自由基聚合还使得超支化聚合物的制备手段得到很大的加强，采用携带引发基团的单体（引发单体）的均聚合或与其他单体的共聚合，可以简便地制备多种结构的支化/高支化聚合物。

无机胶体颗粒和材料表面引入有机聚合物不仅可以改善无机材料和有机聚合物之间的相容性，还可以调控无机材料的性质。将引发基团或链转移剂修饰到无机颗粒或材料表面，引发聚合反应可以得到高接枝密度的聚合物刷。不仅彻底地改变了无机材料的表面性质，聚合物层还可以调节无机颗粒的特殊性质，并且相互之间可能进行信息的响应产生新的功能。另外，通过微加工技术在材料表面"种"上图案化的引发基团，就可以通过聚合反应产生图案化的聚合物刷[8]，图2为最近报道的一个例子。

在可控自由基聚合真正转变成成熟的技术之前，还有一些问题有待解决。在基础研究上，存在的问题体现在聚合物的立体控制能力差，聚合反应速度较慢，形成嵌段共聚物的效率不尽如人意，高分子量的聚合物合成控制性变差等方面。在技术上，去除催化剂、未反应单体的脱出和再使用等方面是制约降低生产成本的环节。

可控自由基聚合对生产技术可望产生深远的影响，其主要的应用领域是在精细高性能材料方面，如涂料、黏附剂、热塑弹性体、薄膜、个人护理品、凝胶、润滑剂、添加剂、表面修饰剂、有机无机分子杂化材料、合成与天然分子杂化材料、生物材料等[9]。许多国际上重要的化学公司在积极地进行可控自由基聚合的研发。目前，这方面已经有大于500项专利的申请，第一例商品化的采用NMP生产的共聚物在2003年由CIBA公司推出。在日本还建立了一个基于ATRP的试验生产厂。据推测，将来基于活性自由基聚合的产品市场可能达到200亿美元/年。

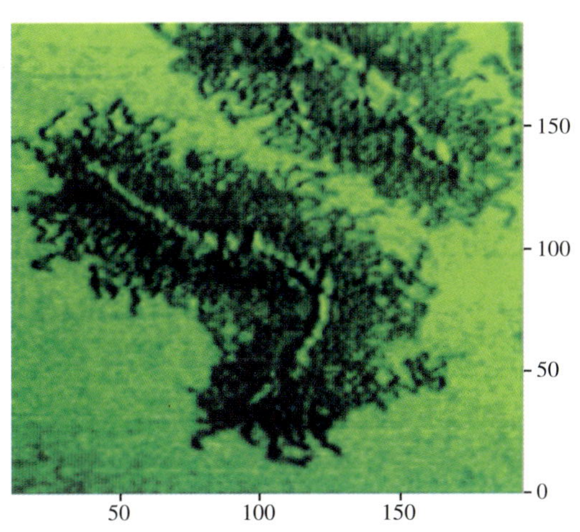

图1 单个柱状聚合物刷分子的原子力显微图像（坐标单位为纳米）

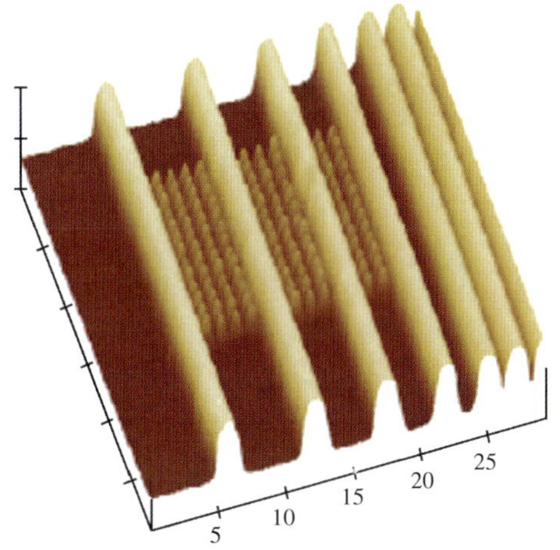

图2 通过电子刻蚀和活性自由基聚合产生的聚合物图案（坐标单位为微米）

参 考 文 献

1 Hawker C J, Bosman AW, Harth E. New polymer synthesis by nitroxide mediated living radical polymerizations. Chem Rev, 2001, 101：3661～3688

2 Kamigaito M, Ando T, Sawamoto M. Metal-catalyzed living radical polymerization. Chem Rev, 2001, 101：3689～3745

3 Chiefari J, Chong Y K, Ercole F, Krstina J, Jeffery J, Le T P T, Mayadunne R T A, Meijs G F, Moad C L, Moad G, Rizzardo E, Thang S H. Living free-radical polymerization by reversible addition-fragmentation chain transfer: The RAFT process. Macromolecules, 1998, 31：5559～5562

4 Percec V, Popov A V, Ramirez-Castillo E, Single-electron-transfer/ degenerative -chain- transfer mediated living radical polymerization of vinyl chloride catalyzed by thiourea dioxide/octyl viologen in water/ tetrahydrofuran at 25℃. J Polym Sci, Part A: Polym Chem, 2005, 43：287～295

5 Debuigne A, Caille J R, Jérôme R. Highly efficient cobalt-mediated radical polymerization of vinyl acetate, Angew. Chem Int Ed, 2005, 44：1101～1104

6 Devasia R, Bindu R L, Mougin N, Gnanou, Y. Controlled radical polymerization of vinylpyrrolidone by reversible addition fragmentation chain transfer (RAFT) and the synthesis of its block copolymers. POLY Division, 230th ACS National Meeting, 2005 Aug 28～Sept 1, Preprint 315～878578

7 Sheiko S S, Prokhorova S A, Beers K L, Matyjaszewski K, Potemkin I I, Khokhlov A R, Moller M. Single molecule rod-globule phase transition for brush molecules at a flat interface. Macromolecules, 2001, 34：8354～8360

8 Lee W, Kaholek M, Ahn S, Patra M, Linse P, Zauscher S. Progress in fabrication and characterization of nanopatterned polymer brushes. POLY Division, 230th ACS National Meeting, 2005 Aug 28～Sept 1, Preprint 014～892202

9 Matyjaszewski K, Spanswick J. Controlled radical polymerization. Material Today, 2005, 3: 26～33

Progress of Controlled Radical Polymerization

Chen Yongming

Controlled radical polymerization has attracted great attention of academic and application fields. Synthesis of the well-defined polymers with controlled molecular mass, low polydispersity, tailored functionality and complex architecture has been practiced extensively. In this highlight, progress of controlled radical polymerization has been briefly summarized.

2.5　光合作用高效光能转化与调控机理及光合膜蛋白的结构与功能

张立新　卢从明　匡廷云

（中国科学院植物研究所）

一、研究的意义

当今科学的前沿问题和重大问题往往是在科学发展的自身逻辑与国家需求的交汇点上，光合作用的研究就是一个明显的例子。

光合作用是植物特有的功能，是地球上规模最大的利用太阳能把二氧化碳和水合成为有机物并放出氧气的过程。它为人类、动植物及无数微生物的生命活动提供有机物、能量和氧气。没有光合作用，便没有生物丰富多彩的演化和繁荣，也不可能有人类社会的生存和持续发展。光合作用不仅是生命科学的重大基础理论问题，而且与当今人类面临的粮食、能源、资源和环境问题密切相关。

光合作用高效传能和转能的机理及其调控原理是光合作用研究的核心问题，是重大的科学关键问题。在光合膜系统中，在最适宜的条件下，传能的效率高达94%～98%，

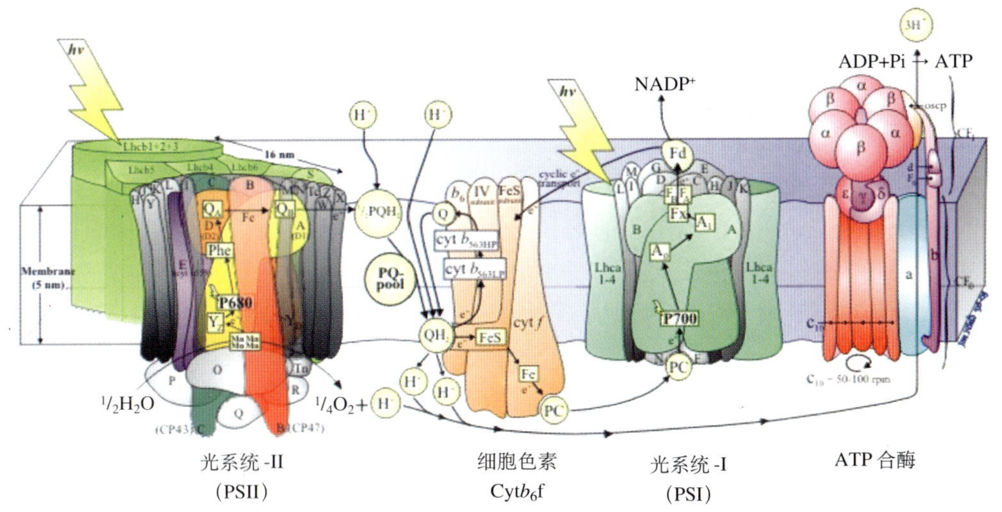

图 1　光合膜复合物结构和功能简图

在反应中心，能量转化的量子效率几乎为100%。光合作用光能吸收、传递与转化效率如此之高，在常温常压下利用可见光驱动水的裂解，产生电子、质子和氧气，这些都是当今科学技术远不能达到的。现已确定光合作用光能的吸收、传递和转化均是在具有一定分子排列及空间构象、镶嵌在光合膜中的捕光及反应中心色素蛋白复合体和有关的电子载体中进行的（如图1所示）。

对光合作用能量传递和转化机理及调控原理的揭示，对光合膜蛋白复合物做出成功的空间结构解析，将可能使光合系统成为第一个在原子水平上，以物理和化学概念进行解释的复杂的生物系统。这不仅能阐明光合作用高效吸能、传能和转能的分子机理，揭示光合作用高效转能的奥秘，具有重要的理论意义；并能跨越物理世界与生命世界不可逾越的鸿沟，推动复杂系统凝聚态物理、化学的理论研究，丰富和发展超分子体系的电子传递及能量传递理论，促进生命科学、物理学及化学学科前沿领域的发展，而且还能为提高农作物光能转化效率、为开辟太阳能利用的新途径、为生物电子器件及生物芯片的研制奠定理论基础，从而促进农业科学、能源科学、信息科学和材料科学及其技术的发展，为开辟新兴产业提供理论依据和科学技术信息。

二、发展趋势

尽管在光合作用及相关研究中多次取得重大突破，但光合作用高效传能和转能的机理及其调控原理还远没有被阐明。光合作用的研究历程表明：光合作用研究的总体发展趋势是通过多学科的交叉和渗透，针对光合作用传能和转能的机理及其调控这一核心问题进行综合研究。主要体现在以下四个方面：

(1) 物理学、化学的理论、新技术的应用不断推动光合作用传能和转能机理的研究。国际上，利用各种超快光谱及波谱技术测定了光合系统中色素的微观能量传递顺序，初步提出超分子体系能量传递规律。我国通过一级学科交叉，在光系统II原初反应机理的研究方面也取得重要进展。

(2) 光合膜蛋白复合体的结构研究为进一步研究其功能奠定了基础；同时，光合膜蛋白功能进一步深入的研究也迫切需要分子生物学、生物化学与物理学和化学的交叉与渗透。三位德国科学家J. Deisenhofer、M. Michel和R. Huber从生物化学、生物物理学、晶体学等不同侧面对分离纯化的紫色假单孢菌属光合反应中心色素蛋白复合物的结构和功能进行了综合研究，成功阐明了该复合物的空间结构，而获得了1988年诺贝尔化学奖(图2)。在我国“973项目”的支持下，中国科学院生物物理研究所常文瑞院士领导的小组与植物研究所匡廷云院士领导的小组合作，通过生物化学、结晶学及结构生物学的有机结合，在国际上首次解析出LHCII高分辨率空间结构，使我国在高等植物LHCII三维

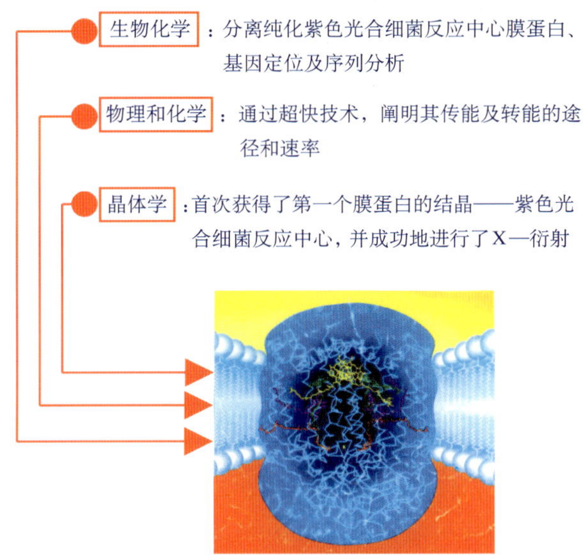

图2 三位德国科学家因成功解析紫色光合细菌的空间结构而获得诺贝尔奖

图3 我国通过生物化学、结晶学及结构生物学的有机结合，在国际上首次在原子水平上解析了LHCII的空间结构

结构测定方面成功地超越了德国和日本等发达国家的多家世界著名的实验室，率先完成了这一具有高度挑战性的国际前沿课题，推动了我国光合作用机理与膜蛋白三维结构研究进入国际领先水平（图3）。

(3) 基因组和蛋白组的发展为在整体水平上研究光合作用功能调控的分子基础提供了新的机遇。目前，国际上光合作用功能基因组学和蛋白组学方面的研究刚刚启动，在蓝藻、拟南芥和水稻等主要模式生物上进行了一定的研究。我国在光合作用功能基因组学和蛋白组学方面已经开展了一系列的研究工作，并取得了一些重要进展。例如采用正向遗传学和反向遗传学等方法已获得一系列光合作用功能调控的突变体，并克隆了一批重要的光合作用调控基因，为揭示光合作用功能调控的机理奠定了基础。此外，光合作用蛋白质组学研究的技术平台已经成熟并取得了阶段性成果。

(4) 遗传学、分子生物学、植物生理生化和农学的交叉融合将推动光能利用效率的调控机理研究。目前国际上不少国家已相继大力开展了为达到高产而提高作物光能利用效率的研究。通过一期关于光合作用的“973项目”，我国组织国内相关优势单位对稻麦等主要农作物的光合特性进行了系统的研究，证明了要在现有水稻和小麦产量的基础上再提高产量，增加它们的光能利用效率是有效途径；初步阐明了超级稻和高产小麦光能利用效率高、抗光氧化能力强和光合功能期长的机理。“小偃81”是中国科学院遗传与发育生物学研究所李振声院士带领的创新研究组在高光效筛选的基础上育成的小麦新品种。由黑龙江省农业科学院大豆研究所与中国科学院植物研究所合作，完成了大豆高光效新品种的培育和光合特性的研究，且已获得黑龙江省科技进步一等奖。

三、机遇和挑战

光合作用机理研究具有明确的国家目标，又是具有重大理论意义的科学前沿，在国家有关方面的长期支持下，不失时机地组织了有关光合作用的多学科交叉、有机结合、优势互补的研究，获得了在国际上有重要影响的成果。中国科学院多个研究所及北京大学、清华大学等围绕着当今光合作用机理研究，建立了拥有大型仪器设备的技术平台，形成了一支由多学科交叉的，以老、中、青相结合，以青年学者为主体的研究队伍，通过近六七年的磨合，有了更多的共同语言和共同目标，具有学科交叉优势的青年学术带头人正在成长起来。针对高等植物光合膜蛋白的结构与功能及其调控机理的研究，我们有明显的优势，有望在国际激烈的竞争中率先突破，取得领先地位，这是极大的挑战，也是历史赋予我们的机遇。

坚持物理学、化学及生物学一级学科交叉，围绕揭示光合作用体系的“结构-功能”关系这一核心目标，深入研究，我国有可能将在以下几个方面取得重大突破：

(1) 在国际上我国成功地第一次在原子水平上解析了高等植物捕光色素蛋白复合体Ⅱ的空间结构，但是这一复合物光能传递及光保护的动态结构与功能调控的分子机理不清，我国应不失时机地利用我们多学科交叉的优势和独特研究思路，有望在进一步阐明光合作用光系统Ⅱ捕光色素蛋白复合物（LHCⅡ）动态结构与功能调节的机理等方面再次取得重大突破。

(2) 在高等植物类囊体膜上，目前仅仅只有我国在原子水平上解析了一块膜蛋白LHCⅡ，我国能大量分离纯化多块重要的高等植物类囊体光合膜蛋白，在国际上具有明显优势，预计在高等植物光合膜蛋白的结构与功能的研究将会取得领先的地位，巩固我国在高等植物光合膜蛋白结构生物学研究领域在国际上的前沿地位。

(3) 蛋白组学和功能基因组学研究为进一步在基因和蛋白水平进行深入研究与光合作用传能和转能效率相关的基因表达和调控的机理，为全面分析光合作用功能调控的分子机制提供了新的切入点。在发现光合作用功能调控的重要新功能基因、新蛋白功能等研究中取得原创性成果。

(4) 充分利用我国在高光效遗传资源上的优势，通过分子生物学、遗传学、植物生理学和农学的交叉研究，鉴定和筛选高光效基因资源，定位和克隆抗光氧化基因，有望在揭示光能利用效率调控的分子机制方面取得重要突破。这是一项在农业上具有基础性、前瞻性的研究，为我国农业可持续发展做出重要贡献。

参 考 文 献

1 匡廷云. 2003. 光合作用原初光能转化过程的原理与调控. 南京：江苏科学技术出版社

2 匡廷云. 2004. 作物光能利用效率与调控. 济南：山东科学技术出版社

3 Deisenhofer J, Epp O, Miki K, et al. 1985. The photosynthetic reaction center from the purple bacterium *Rhodopseudomonas viridis*. Nature, (318): 618～642

4 Leister D. 2003. Chloroplast research in the genomic age. Trends in Genet, (19): 47～55

5 Liu Z, Yan H, Wang K, et al. 2004. Crystal structure of spinach major light-harvesting complex at 2.72 Å resolution. Nature, (428): 287～292

6 Mann C C. 1999. Genetic engineers aim to soup up crop photosynthesis. Science, 283：314～316

7 van Wijk K J. 2000. Proteomics of the chloroplast: experimentation and prediction. Trends Plant Sci, (5)：420～425

8 Zhang L X, Paakarinen V, vanWijk K J, Aro E M. 2000. Biogenesis of the chloroplast-encoded D1 Protein：regulation of translation elongation, insertion and assembly into photosystem II. Plant Cell, 12：1769～1781

High Efficient Energy Conversion of Photosynthesis and Its Regulatory Mechanism

Zhang Lixin, Lu Congming, Kuang Tingyun

Photosynthsis is one of the most important chemical reactions in the biosphere. In this process light from the Sun is converted into chemical energy, during which organic chemicals are synthesized from water and carbon dioxide, and oxygen is released. High efficient energy absorption, transfer and conversion and its regulatory mechanism are core question of photosynthesis research. Elucidating the mechanism of high efficient energy conversion of photosynthesis not only has important theoretic significance, but also provides the theoretic basis for dramatically improving crop photosynthetic light energy conversion efficiency, opening new ways of the use of solar energy and developing bioelectric machines and biochips. These studies will promote the development of science and technology in agriculture, energy, information and material sciences, and provide theoretic basis and sci-tech information for new industries of the twenty-first century.

2.6 激素替代疗法(HRT)的利弊

杜冠华

(中国医学科学院中国协和医科大学药物研究所)

激素替代疗法(hormone replacement therapy, HRT)是对更年期和绝经期妇女通过补充性激素，调整绝经过渡期紊乱的月经周期，缓解绝经前后出现的症状，如心悸、发热，面颊潮红，生殖道萎缩干燥等症状，提高生活质量的一种治疗方法。激素替代疗法于20世纪60年代开始在美国应用，迅速被推广到世界范围，在欧美国家大约有40%的更年期或绝经期妇女长期通过激素替代疗法补充性激素。

21世纪初期，美国启动了一项对HRT临床效果进行评价的妇女健康行动(women health initiation,WHI)的临床研究项目，但是该项目进行了3年就由于发现了HRT的不良反应而停止了。这一事件受到国际医学界的极大关注，引起了关于HRT的激烈争论，至今尚未平息。

激素替代疗法作为药物应用中的典型事件，有必要进行认真的分析，正确看待激素替代疗法，才能够确保我国妇女的身体健康和生活质量，这也是我们必须面对的科学问题。本文根据国际对HRT相关的问题研究情况做简单的讨论。

一、激素替代疗法的发展概述

激素替代疗法的应用实际上已经有70多年的历史，自20世纪60年代开始在美国推广使用以来，得到了广泛的认可。激素替代疗法有两种方案，一是单独使用雌激素，二是联合使用雌激素和孕激素，长期以来，人们认为HRT不仅可以解除更年期和绝经后的各种症状，而且可以产生各种有益的效果，包括降低心血管病的危险性，预防骨质疏松，改善睡眠，预防老年痴呆等等。正是因为认识到了这些有益作用，所以HRT的应用得到进一步扩大。

近年来，针对HRT的临床疗效进行了一些大规模的随机临床研究，这些研究的结果显示，在应用HRT过程中，多种危险因素会增加，包括肿瘤的发生率、心血管疾病的危险及对神经系统的作用等。这些结果引起了医学界的热烈讨论和争论，对HRT的研究和再认识也受到了重视。特别是在美国进行的WHI研究中终止了对HRT的实验，更进一步引起人们对HRT的再评价的关注。

二、激素替代疗法与肿瘤

长期接受HRT的妇女肿瘤发生的危险性增加，这是引起对HRT关注的最为重要的问题之一。目前报道的相关肿瘤主要是乳腺癌、卵巢癌和子宫癌，美国停止HRT研究的原因之一就是因为发现使用HRT的妇女乳腺癌发病率增加了。

有研究认为，单独使用雌激素或短期应用（大约5年）联合激素替代疗法，肿瘤发生的风险比不用HRT的妇女略高，不应用替代疗法的风险为8.5%，单独使用雌激素为8.6%，联合使用激素为9.1%；延长联合应用激素的时间到10年，累计风险为10.3%，证明HRT可以增加肿瘤发生的风险[1]。

采用X射线成像技术对绝经后使用激素替代疗法的妇女进行乳腺检查发现，HRT可以使乳腺X射线成像的密度增加。而乳腺密度的增加对于乳腺肿瘤是一个独立的风险因素，也提示HRT与乳腺癌可能有一定关系。另有研究证明，在HRT使用过程中，单独使用雌激素引起乳腺癌的风险要比联合应用两种激素小[2]。

目前的研究证明，HRT确实与乳腺癌、卵巢癌和子宫癌有一定联系，至少还没有降低肿瘤发病率或无关的研究结果。但是，HRT与肿瘤发病之间的关系达到何种程度，还没有明确的结论，但对于应用HRT持续时间5年以上的人，乳腺癌的发病率会明显增加[3]。

三、激素替代疗法与心血管疾病

激素替代疗法与心血管疾病的关系也是近年来争论最为激烈的内容之一，因为早期的研究和大量的实验研究结果都提示，HRT对于心血管疾病具有显著的保护作用，可以降低心血管疾病的发病率，特别是对卒中和动脉粥样硬化病有明显的防治效果[4]。

但是，随机的临床试验却显示，HRT可以增加心血管疾病的风险，对此矛盾的结果目前还没有合理的解释。有人通过研究认为，产生这种结果的原因可能与存在影响因素有关，这些因素包括使用雌激素的剂量，是否与孕激素合用，病人是否存在动脉粥样硬化的危险因素等有关[5]。这种解释也还缺少实验依据。

四、激素替代疗法与老年痴呆

关于HRT与痴呆的关系，有大量基础和临床研究结果认为，补充激素可以改善绝经后妇女的认知功能，降低老年痴呆发生的风险。WHI研究关于记忆功能的研究结果与原来的认识完全相反，结果证明HRT可以增加发生痴呆的风险[6]。在总结以前大量研究结果后发现[7]，无论临床研究或是动物试验都有相矛盾的结果，因此，通过使用HRT实现预防痴呆的目的，还是缺乏科学依据的，HRT与痴呆的关系也成为一个需要进行深入研究的课题。

五、激素替代疗法与骨质疏松

早期的研究认为，60岁以前开始HRT治疗并长期应用的妇女，骨密度增高，骨质丢失缓慢，骨折风险降低37%。60岁或60岁以上开始HRT也能有效保持骨密度，减慢骨丢失速度，减少骨折风险。但是，最近的研究认为[8]，对于以预防骨质疏松为目的的治疗，HRT不应该作为一线措施，更应该选择其他的预防方法。这主要是由于HRT可以引起各种风险增加的原因，HRT对骨质疏松的作用，也有待进一步研究，特别是研究使用HRT的受益－风险比，以便客观评价HRT对骨质疏松的预防效果。

六、关于激素替代疗法的争论

近年来的研究显示，对HRT临床效果的评价仍然没有取得一致意见，争论的焦点集中在以下方面：① HRT是否可以产生对人体的危害，如增加肿瘤的发病率等；② HRT在临床应用中的利弊评价；③ HRT是否可以产生治疗效果，有人认为，HRT对于精神症状的作用类似于安慰剂；④更年期综合征是否需要HRT治疗，更年期是妇女生命过程中的一个正常阶段，针对更年期的症状可以有很多治疗方法[8]。

这些问题使人们开始重新考虑HRT的合理应用，不可否认，HRT对于更年期综合征的治疗是有效的，目前还没有更好的办法治疗更年期妇女的发热、面部潮红和阴道干燥等症状[9]。对于由此产生的不良效果，科学家们正采用多种方法进行了研究，尽管至今尚没有统一的意见，这些研究将提供更多的证据，证明HRT的疗效和危害，这些研究对于正确应用HRT治疗更年期综合征具有积极的意义。

七、激素替代疗法存在的问题和应用前景

关于HRT的不良反应，是在应用了数十年以后通过科学的临床研究发现的，对此展开讨论的意义不仅在于更好地应用HRT，而且提示我们对于药物或医疗安全性的认识要尽可能的全面和客观，对于应用以后的观察研究是必要的，但毕竟是滞后的，是医疗过程的最后阶段[10]。

我们必须承认，人的生命过程引起的机体功能和机体内物质的变化，是一个自然发

展的过程，也是一个平衡的过程，人为的调控可以在一定限度内产生作用，但是达到持久和整体的平衡几乎是不可能的。脱离发展规律的调控必然会产生各种不利的影响，这也可能是 HRT 导致各种风险因素增加的原因。

根据新的研究结论和认识，重新考虑HRT的治疗措施和方法，调整治疗的目的，对于实现更为理想的治疗效果将会是有效的。目前我国应用HRT的更年期妇女比例还很低，但对于HRT存在的问题也不应忽视，应该采取积极的态度进行研究和评价，以保证治疗的安全有效。

对药物应用的有效性评价需要科学的方法，特别是对于长期使用的药物，感性的或一般的观察研究很难获得准确的结果，需要进行大规模的随机的研究，在这方面，我们还有许多需要开展的工作。

我国临床工作的医生对于HRT的认识可以说是认真的，也进行了一定的研究，但是，研究的规模和内容都还非常有限，以此指导临床实践还显得很不足，需要在借鉴已有知识的基础上，进一步研究HRT对我国更年期妇女的作用特点和规律，保证医疗的安全有效。

参 考 文 献

1 Coombs N J, Taylor R, Wilcken N, et al. Hormone replacement therapy and breast cancer risk in California. Breast J, 2005, 11：410～415

2 Collins J A, Blake J M, Crosignani PG. Breast cancer risk with postmenopausal hormonal treatment. Hum Reprod Update, 2005, 11 (6)：545～560

3 Pentti K, Honkanen R, Tuppurainen M T, et al. Hormone replacement therapy and mortality in 52 to 70-year-old women: the Kuopio Osteoporosis Risk Factor and Prevention Study. Eur J Endocrinol, 2006, 154 (1): 101～107

4 Piperi C, Tzivras M, Kalofoutis C, et al. Effects of hormone replacement therapy on the main fatty acids of serum and phospholipids of postmenopausal women. In Vivo, 2005, 19: 1081～1085

5 Bushnell C D. Oestrogen and stroke in women: assessment of risk. Lancet Neurol. 2005, 4：743～751

6 Almeida O P, Flicker L. Association between hormone replacement therapy and dementia: is it time to forget? Int Psychogeriatr, 2005, 17 (2)：155～164

7 Low L F, Anstey K J. Hormone replacement therapy and cognitive performance in postmenopausal women—a review by cognitive domain. Neurosci Biobehav Rev, 2006, 30 (1): 66～84

8 Siddiqui N I, Rahman S, Mia A R, et al. Evaluation of hormone replacement therapy. Mymensingh Med J, 2005, 14 (2)：212～218

9 Hickey M, Davis S R, Sturdee D W. Treatment of menopausal symptoms: what shall we do now? Lancet, 2005, 366 (9483)：409～421

10 Wright J. Hormone replacement therapy: an example of McKinlay's theory on the seven stages of medical innovation. J Clin Nurs, 2005, 14 (9)：1090～1097

The Benefits and Risk in Hormone Replacement Therapy

Du Guanhua

The hormone replacement therapy (HRT) has been used several decades for menopausal symptoms. The controversies about the safety of HRT started 30 years ago and reached a peak in 2003 after the publication of the results from the Women Health Initiative (WHI) trial and the Million Women Study (MWS). There are evidences which indicating that the HRT increases the risks of venous thromboembolism, cardiovascular diseases, stroke and breast cancer when used for menopausal symptoms more than 5 years. In the present review, the benefits and risk of HRT in cancer, stroke, cardiovascular diseases, dementia and osteoporosis are discussed based on recent research results.

2.7 非小细胞肺癌的内科治疗现状与展望

王惠杰　张湘茹

（中国医学科学院中国协和医科大学肿瘤医院）

在全球范围内，肺癌是发病率和死亡率最高的恶性肿瘤。2002年全世界肺癌新发病例约135万、死亡病例约118万。由于病死率高（死亡/发病病例比约为0.9），因此危害尤为显著。1991~2000年我国主要地区癌症病死率分析显示，肺癌的死亡率继续上升，在城市居民中已居首位，在农村居民中居第二位，城市及农村分别上升了29.38%及47.73%。非小细胞肺癌（NSCLC）占肺癌的75%～80%，预后较差，总体5年生存率仅为15%。目前非小细胞肺癌可选择的治疗手段主要包括外科切除、放射治疗、化学治疗、分子靶向治疗等。外科是早期可切除肺癌最重要的治疗手段，放疗也是治愈性手段，但二者仅作用于局部区域性病变，对远处转移和潜在微转移瘤无能为力。化疗在晚期疾病的治疗中能有效地缓解症状、提高生活质量和延长生存时间，而且化疗有利于控制远处转移和肿瘤潜在亚临床转移，因此目前已广泛应用于I-IV期NSCLC的治疗中。近年来，由于有计划、合理地综合应用现有的几种治疗手段，早期肺癌治愈率有所提高，晚期疾病的生存期也有所延长。本文对非小细胞肺癌多学科治疗中内科治疗的现状进行回顾。

一、辅助治疗

辅助治疗，针对术后局部区域和/或全身残存的亚临床微转移瘤进行治疗以进一步提高治愈率。1998年荟萃分析显示术后放疗能减少局部复发，但却明显降低Ⅰ、Ⅱ期NSCLC的生存期，而在纵隔淋巴结转移者（N2）的作用仍未确定，即术后放疗能降低其局部复发率，但不影响总生存期。因此对于ⅢA期者，目前的研究结果虽不能提高但也未见明显降低生存期的作用，且放疗能减少局部复发，对这部分病例的术后放疗可个体化选择。考虑到近年来放射技术进展，需要有更多的临床试验来确定术后辅助放疗的价值。

1995年在英国医学杂志发表的荟萃分析显示含顺铂的辅助化疗增加术后5年生存率5%（HR0.87，p=0.08），但无显著差异[1]。2003年以来，IALT、BR10、CALGB9633、ANITA等多个随机对照研究选择以铂类为基础的两药联合方案进行辅助化疗，结果均显示术后化疗能提高完全性切除术后NSCLC的生存率。最近进行的一项荟萃分析中，文献包括1984～2004年发表的术后辅助化疗的随机临床研究（包括CALGB9633和BR10研究），结果显示术后化疗能降低16%的死亡危险[2]。因此术后含铂两药联合辅助化疗已成为临床一个新的标准治疗，一般化疗4周期。2006年美国国家癌症联盟（NCCN）临床指引推荐对完全切除术后NSCLC进行辅助化疗，其中被认为“非常早期”的IA（T1N0M0）期者如伴有高危因子者，亦推荐化疗[3]。

二、新辅助治疗

新辅助治疗是指在手术前进行的化疗或化放联合治疗。理论上术前放疗可缩小肿瘤，提高肿瘤的完全性切除率。术前化疗可缩小肿瘤及早期治疗潜在微转移瘤。最近，对1990～2003年发表的6个术前化疗的随机研究进行荟萃分析显示，术前化疗能明显延长生存期，对ⅢA期也显示趋于延长生存期[2]。

不可切除ⅢA期者可直接进行治愈性化放疗，临床试验显示局部晚期NSCLC化放联合治疗优于单独放疗，而同期化放疗优于序贯化放疗，但毒性反应也相应增加。不可切除ⅢA期者经诱导治疗后如能完全切除者可选择外科治疗，但是否优于化放疗联合仍未明确。一项国际多中心研究选择可能切除的pN2ⅢA期进行研究，结果显示同期化放疗后外科切除与直接进行治愈性化放疗相比能提高无疾病进展生存期，但对总体生存期没有影响，分析显示进行肺叶切除者能显著提高生存期[4]。最近欧洲的一项研究中，含铂方案诱导化疗三周期后有效者随机分为接受外科切除或胸部放疗组，结果两组的总生存期无显著差别。因此，诱导治疗后外科切除的角色仍有待确定。

三、局部晚期 NSCLC 的治疗

化放疗联合治疗是不可切除局部晚期 NSCLC 的标准治疗。联合化放疗优于单独放疗，同期化放疗优于序贯放疗，但同期化放疗的毒性也增加，因此在制订治疗方案的时候应考虑患者的耐受性。同期化放疗后巩固化疗可望进一步提高生存期。美国西南肿瘤研究组进行的研究（SWOG 9504）中，患者接受同期化放疗后巩固化疗，结果中位生存期 26 个月，5 年生存率 29%[5]。最近的一项随机研究（SWOG 0023）中，患者在同期化放疗后巩固化疗后随机接受吉非替尼（gefitinib）或安慰剂维持治疗，但结果显示吉非替尼维持治疗并不能延长生存期。2006 年，美国 NCCN 临床指引对局部晚期 NSCLC 推荐进行同期化放疗后巩固化疗，但不推荐单独放疗。

四、晚期 NSCLC 的治疗

晚期 NSCLC 最佳支持治疗后的中位生存期 4～5 个月、1 年生存率 10%～15%。1995年的荟萃分析显示以铂类为基础的化疗能延长晚期NSCLC的生存期。进入90年代后，诺维本、紫杉醇、多烯紫杉醇、健择、开普拓等新药与顺铂或卡铂组成的“第三代”方案在晚期 NSCLC 中显示了较好的疗效。目前，含铂二药联合方案一线治疗的疗效到达平台期：有效率 25%～35%，中位生存期 8～10 个月，1 年生存率 30%～40%，两年生存率 10%～15%，3、4 年生存率极低。非铂新药二药联合方案也在临床得到广泛的研究，其疗效可能稍逊或相当于标准含铂联合化疗方案。目前的证据尚不支持非铂方案替代含铂方案作为常规一线治疗，但可作为不能耐受或不愿接受铂类化疗者的选择。

分子靶向治疗（molecular targeted therapy）是指“针对参与肿瘤发生发展过程的细胞信号传导和其他生物学途径的治疗手段”，其作用靶点可以是细胞表面的生长因子受体或细胞内信号传导通道中重要的酶或蛋白质，而广义的分子靶点则包括了参与肿瘤细胞分化、周期、凋亡、细胞迁移、浸润行为、淋巴转移、全身转移等过程的、从 DNA 到蛋白/酶水平的任何亚细胞分子。与传统化疗相比，靶向治疗针对肿瘤特异性的分子和细胞水平的改变，可能因为比现有治疗手段更有效、对正常组织损伤更小而成为肿瘤研究的热点。NSCLC 靶向治疗药物包括上皮生长因子受体（epidermal growth factor receptor, EGFR）家族抑制剂如吉非替尼、erlotinib 和 cetuximab 等，血管生成抑制剂如贝伐单抗（bevacizumab）、ZD6474、PTK/ZK、YH-16 等，以及其他类如 bexarotene、squalamine、 lonafarnib、CCI-779、bortezomib、sorafenib 等。

EGFR 的过表达与 NSCLC 预后差相关，吉非替尼和 erlotinib 均为选择性 EGFR 酪氨酸激酶抑制剂。但已进行的 4 项大型 III 期随机对照临床试验中，标准含铂两药方案联合吉非替尼或 erlotinib 一线治疗晚期 NSCLC 并不能增加疗效。但在二、三线治疗吉非替尼和 erlotinib 显示了生存获益：随机研究显示吉非替尼能延长东方人、不吸烟者的生存期；erlotinib 在与安慰剂的Ⅲ期随机对照研究中也显示能延长生存期[6]。对吉非替尼和 erlotinib 研究的分析显示东方人、不吸烟者、女性、支气管肺泡癌或腺癌伴支气管肺泡癌分化者易于有效，基因分析显示 EGFR 酪氨酸激酶区基因突变与疗效好相关。cetuximab 为 EGFR 的单克隆抗体，在Ⅱ期随机临床研究中显示联合化疗能能提高疗效，且毒性可耐受。

血管生成是肿瘤生长和转移的关键步骤之一，因而抗血管生成成为肿瘤靶向治疗的热点。贝伐单抗是重组人源化的血管上皮生长因子（VEGF）单克隆抗体，能与所有的 VEGF 异构体结合、阻止 VEGF 与受体结合，从而抑制 VEGF 的促血管生成活性。ECOG4599 研究中，随机对比 PC（紫杉醇 / 卡铂）与 PCB（PC+bevacizumab）方案一线治疗非鳞癌晚期NSCLC[7]。PC方案联合贝伐单抗能显著提高非鳞癌者的有效率和生存率，且毒性可耐受。YH-16（重组人内皮抑素）能抑制肿瘤新生血管形成，III 期临床试验显示标准化疗方案联合 YH-16 能增加有效率、延长生存期、提高临床获益率。

五、小　结

NSCLC 已进入了一个多学科综合治疗的时代（如图 1），辅助治疗、新辅助治疗、联合化放疗等综合治疗模式已成为不同分期NSCLC的标准治疗，晚期疾病以化疗为主的综合治疗后也能延长生存期、缓解症状、提高生活质量（表 1）。分子靶向治疗也已成为临床治疗决策中的重要组成部分，吉非替尼和 erlotinib 在二、三线显示较好的疗效和耐受性，一线治疗中化疗联合贝伐单抗、cetuximab、YH-16 等药能进一步提高疗效。人类基因组学的研究直接推动药理学进展：药理遗传学的研究显示化疗的疗效或毒性与基因的表达水平、突变及单核苷酸多态性等相关；药理基因组学研究则有助于发展对肿瘤有更高选择性的药物及针对肿瘤基因异常的治疗[8]。因此，未来的发展应该在对肿瘤分子生物学及基因组学等深入研究的基础上，更合理有效地利用各种治疗手段对NSCLC患者进行个体化治疗，以期能使患者得到最合理的治疗、最大程度地受益于现代医学科学的进展，从而最大程度地提高 NSCLC 的生存期。

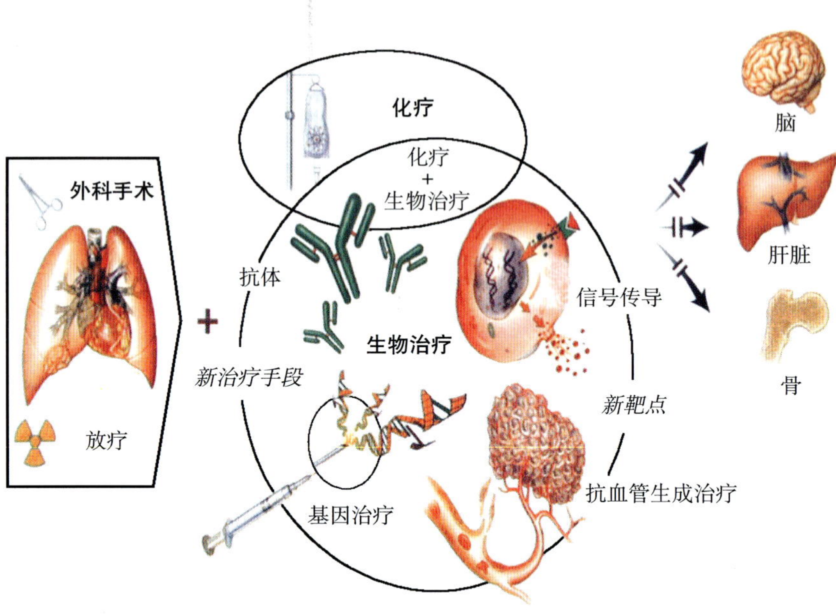

图1 非小细胞肺癌的多学科治疗手段

表1 根据2006年NCCN临床指引各期NSCLC的治疗

分期	治疗
I期	外科切除，术后辅助化疗
II期	外科切除，术后辅助化疗
可切除的IIIA期	根据原发肿瘤及淋巴结转移情况选择：
	术前新辅助治疗后外科切除（肺上沟瘤术前评价可切除者，进行同期化放疗后外科切除）
	或外科切除，术后辅助化疗 +/ − 放疗
不可切除的IIIA期和IIIB期	化放疗联合治疗
	同期化放疗，巩固化疗
	或序贯化放疗
伴恶性积液的IIIB期和IV期	一线治疗：
	有适应证者化疗 + 贝伐单抗（bevacizumab）
	或含铂两药联合化疗
	二线治疗：多烯紫杉醇、培美曲塞（pemetrexed）、erlotinib

参　考　文　献

1　Non-small Cell Lung Cancer Collaborative Group. Chemotherapy in non-small cell lung cancer: a meta-analysis using updated data on individual patients from 52 randomised clinical trials. Br Med J, 1995, 311 (7010)：899～909

2　Berghmans T, Paesmans M, Meert AP, et al. Survival improvement in resectable non-small cell lung cancer with (neo) adjuvant chemotherapy:Results of a meta-analysis of the literature. Lung Cancer, 2005, 49 (1)：13～23

3　http://www.nccn.org/professionals/physician_gls/PDF/nscl.pdf（2006, Vision 2）

4　Albain K S, Swann R S, Rusch V R, et al. Phase Ⅲ study of concurrent chemotherapy and radiotherapy (CT/RT) vs CT/RT followed by surgical resection for stage ⅢA（pN2）non-small cell lung cancer(NSCLC):outcomes update of North American Intergroup 0139（RTOG 9309）. Proc Am Soc Clin Oncol, 2005, 24：abs7014

5　Gandara D R, Chansky K, Gaspar L E, et al. Long term survival in stage IIIB non-small cell lung cancer（NSCLC）treated with consolidation docetaxel following concurrent chemoradiotherapy（SWOG S9504）. Proc Am Soc Clin Oncol, 2005, 24：abs7059

6　Shepherd F A, Pereira J, Ciuleanu J E, et al. A randomized placebo-controlled trial of erlotinib in patients with advanced non-small cell lung cancer（NSCLC）following failure of 1st line or 2nd line chemotherapy. A National Cancer Institute of Canada Clinical Trials Group（NCIC CTG）trial. Proc Am Soc Clin Oncol, 2004, 23：abs 7022

7　Sandle A B, Gray R, Brahmer J, et al. Randomized phase II/ III trial of paclitaxel plus carboplatin with or without bevacizumab（NSC#704865）in patents with advanced non-squamous non-small cell lung cancer（NSCLC）：an Eastern Cooperative Oncology Group（ECOG）trial-E4599. Proc Am Soc Clin Oncol, 2005, 24：absLBA4

8　Robert J, Le Morvan V, Smith D, et al. Predicting drug response and toxicity based on gene polymorphisms.Criti Rev in Oncol Hemat, 2005, 53：171～196

The Current State and Perspective of Medical Therapy in Non-Small Cell Lung Cancer

Wang Huijie, Zhang Xiangru

The treatment of Non-Small Cell Lung Cancer（NSCLC）has been in the era of multidisciplinary synthetic therapy. Medical oncology plays an important role and is extensively employed in stage I to IV NSCLC, which includes adjuvant therapy of early stage diseases, neoadjuvant therapy, combination chemoradiotherapy in locally advanced diseases, and the treatment of advanced diseases. Molecular targeted therapy targets tumor more specially with favorable toxicities, and has become an important part of clinic decision-making process.

2.8 NBIC会聚技术

解思深

（中国科学院物理研究所）

“NBIC会聚技术”是国际上近几年提出的全新概念，是指纳米科技、生物技术（包括生物制药及基因工程）、信息技术（包括先进计算机与通信）、认知科学（包括认知神经科学）四个科学技术领域的协同和融合。其简化英文的表达为（Nano-Bio-Info-Cogno），缩写为NBIC，简称为会聚技术。

一、什么是会聚技术——四大科学技术的全面协同和融合

会聚技术包含了纳米科技、生物技术、信息技术、认知科学四个当前迅速发展的领域。每一个领域都潜力巨大，其中任何技术的两两融合、三种会聚或者四者集成，都将产生难以估量的科学、社会和经济效能。其中，纳米领域包括纳米科学和纳米技术；生物领域包括生物技术、生物医药及遗传工程；信息领域包括信息技术及先进计算和通信；认知领域包括认知科学与相关的神经科学。这四大前沿技术的融合将缔造全新的研究思路和全新的技术模式。

二、会聚技术的来历

2001年12月3～4日，美国商务部技术管理局、美国国家科学基金会（NSF）、美国国家科学技术委员会纳米科学工程与技术分委会（NSTC－NSEC）在华盛顿联合举办研讨会，就“会聚四大技术，提升人类能力”这一议题进行了研讨，并首次提出了“NBIC会聚技术”的概念。

专家们呼吁，美国应尽快确定国家会聚技术研究与开发的优先领域。会后NSF主持将这次会议中的发言、共识、建议等集中编纂了一份长达400多页的报告集——《提升人类能力的会聚技术》，此报告已于2002年7月在网上发表。

三、为什么要把NBIC会聚起来

人类社会面临的知识或信息爆炸、资源枯竭、社会老龄化及各种社会冲突等诸多问

题，要求对人在生产、社会活动中的作用、人与机器的关系、群体中人与人的协同、群体与群体间的系统有更深入的科学的理解。仅仅依靠科学家个人或单一学科来发展科学技术已不能满足时代要求，只有具有不同学术背景的科学家的合作和集体劳动才能解决人类面临的各种挑战。

纳米、生物、信息、认知四门技术本身已经是交叉学科，选择它们作为会聚的基本点，是因为其重要性、先导性和对科学技术、社会发展的影响。纳米技术在纳米尺度（1~100nm）上提供了发现和创造具有特殊功能的新材料的手段和技术，在这样一个尺度下发现物质、信息和能量传输、转变的新规律，为下一代的计算机芯片、靶向药物等奠定了技术基础，纳米技术被认为下一次工业革命的引擎。生物技术在人类基因组、基因疗法、生物芯片、克隆技术、器官移植技术、生物农业技术的研究上取得了极大的成功，对人类本身的认识和对重大疾病的治疗开辟了新途径，生物技术将是科学技术及社会发展的基石。信息技术的发展比迄今为止的任何技术都要快得多，10年内微处理器的容量和速度将提高若干数量级，互联网被全世界所采用。电子商务、下一代通信技术、新的软件和硬件系统将更方便人的使用，计算机和通信器件正向智能化、个性化和超小型化及多功能化发展，信息技术已成为当代技术和社会发展的火车头。认知科学研究内容包括知觉、学习、记忆、推理、语言理解、注意、情感和统称为意识的高级心理现象。它将把人类的潜能和高效率的机器最大程度地结合起来，提高社会发展的效率、改善人的生活质量，建设和谐的未来。

纳米、生物、信息、认知四大技术具有以下互补、互动的关系：“如果认知科学家能够想到它，纳米科学家就能够制造它，生物科学家就能够使用它，信息科学家就能够监视和控制它。”

四、会聚技术的内容是什么

会聚技术的目标不在于单一技术的效益，而是在科学技术的整体上，包括科学技术和人类的关系上来考虑问题，总体目标是提高人类素质，增强个人感觉和认知能力、提高个人工作和学习效率；完成高度有效的通信技术、完善人机界面，从而提高群体的效率，提高国家的生产力，挖掘人类和社会潜力及维持社会可持续发展；同时，着眼于延缓衰老，改善人的生活质量；增强人类的防卫能力。可以说会聚技术在发展和利用自然科学的基础上，对人类的个体的素质、行为及和群体的协同在科学的基础上给予了更多的关注。

近期研究内容主要为：

- 快速、宽带的人机界面，人脑 - 机器界面的应用；

- 舒适、可佩带的传感器和计算机，个人在任何地方可获得所需信息的高效系统；
- 机器人和相关软件系统；
- 数据网，恐怖活动和国家受威胁的预判和预防：信息的全面、准确及分析；
- 使学习更容易、有效的方法和系统；
- 突破文化、语言、远程、职业等障碍，实现个人、群体的交流和合作；
- 如何保持人的精力旺盛、抗病、健康、长寿；
- 发展环境友好、高综合性能的智能材料；
- 技术和药物治疗相结合，以减轻或补充人的精神或身体残疾所引起的不足；
- 超小型、信息战系统、无人驾驶战斗工具、有效的污染检测系统；
- 人、动物、农作物的基因控制；
- 加强人的工作效率的非药物治疗：用纳米技术和生物技术提高人的机敏性。

五、会聚技术的好处和远景

会聚技术第一次将自然界、科学研究和人类活动统一理解为几个紧密相连的、复杂而又层次分明的系统，在科学技术成果不断涌现的今天，通过技术整合和调整人与技术的关系，提高人类的能力，改善人和社会的效率，为人类未来的发展提供新的机遇。会聚技术给我们描绘了这样一个前景：人类将在纳米的尺度，认识世界及人类自身。人类将拥有大量的成本低廉的各种量级的传感器网络和实时信息系统，机器人和软件将实现个性化，所有的器具均由智能新型材料构成，智能系统普遍应用于工厂、家庭和个人，国家也将拥有便携式战斗系统、免受攻击的数据网络和先进的情报汇总系统，国家安全大大增强。

会聚技术将激发人类大脑的潜力，提高人的悟性、效率、创造性及准确性，加强对事故、疾病等的感知能力，改善老龄人群体能与认知上的衰退。产生人与人之间包括脑－脑交流在内的高效通信手段，改善各社会群体有效的合作效能，社会大幅度减少资源与能源的消耗，因而减少生态环境的破坏与污染，各类组织将基于快速、可靠沟通信息的新组织结构和管理原则大大提高效率，增加产出。

美国在《提升人类能力的会聚技术》报告中指出，NBIC有关领域的重大突破将在今后10～20年内实现，如果决策和投资方向正确，那么这些愿景大多将会在未来20年内得以实现。

会聚技术给我们带来了新的科技发展观，一种大统一、大科学、以人为本的整体发展观。这种发展观将以学科的融合为基础，通过技术会聚，以人类和社会可持续发展为目的，实现人类自身和社会的进步。

参 考 文 献

1 Mihail C Roco, William Sims Bainbridge. Converging Technology for Improving Human Performance: Nanotechnology, Biotechnology, Information Technology and Cognitive Science, NSF/DOC-sponsored report. National Science Foundation, 2002, 6

NBIC Converging Technology

Xie Sishen

Converging technologies(NBIC)is a new concept, which emerged recently around the world. The phrase"convergent technologies"refers to the synergistic combination of four major "NBIC" (nano-bio-info-cogno) fields of science and technology, which contain nanoscience and nanotechnology; biotechnology and biomedicine, information technology and cognitive science. The goal for NBIC is not only to take the benefit from the individual scientific finding, but also to consider the whole science, particularly the relationship between science and human. The real goal of NBIC is to expand human cognition and communication; to improve human health and physical capabilities; to enhance group and societal outcomes; to stress national security, to unify science and education. NBIC will give much more concern of the human health and physical capabilities and the coordination among groups on the basis of developing and using the natural science.

第三章

2005年诺贝尔科学奖评述

Commentary on the 2005 Nobel Science Prizes

3.1 光的量子相干理论与超精密光谱学测量

——2005年诺贝尔物理学奖评述

孙昌璞

（中国科学院理论物理研究所）

2005年的诺贝尔物理学奖颁给了美国物理学家罗伊·格劳伯（Roy J. Glauber）、约翰·霍尔（John L. Hall）和德国物理学家西奥多·汉斯（Theodor W. Hänsch）。现年80岁的格劳伯被称为“量子光学之父”，因为创建了“光学相干的量子理论”而获奖；现年71岁的霍尔和63岁的汉斯，则是由于发展了“超精密激光光谱学”（包括“光学频率梳技术”（或简称光梳））而获奖。

众所周知，人类关于客观世界的许多知识是通过光的方式获得的。对于绚丽多姿的光世界的知识探索，一直贯穿着人类认识物质世界科学活动的主线。自19世纪末麦克斯韦电磁场理论确立之日起，人们才意识到各种光的现象不过是电磁波在不同的频率范围内的表现。正是基于这种深刻的认识，划时代的无线电技术才得以诞生，人类社会才有可能出现继蒸汽时代之后的新的工业革命。今天，电气化已经遍及我们日常生活的每一个角落。然而，从经典电磁场理论的角度解释各种光学现象，仅仅是人类正确认识光现象本质的第一步。20世纪初量子理论的建立，才使得人们有可能从更基本的角度理解光的本性。普朗克和爱因斯坦首先建立了光量子概念，很好地描述了单光子的粒子性效应，并在光电效应实验中得以验证。然而，光子是一种全同粒子，其统计行为存在一种奇异的集体效应。以前单光子图像或经典电磁场理论不能正确描述这种集体效应。

图1 罗伊·格劳伯

图2 约翰·霍尔

图3 西奥多·汉斯

20世纪50年代中期的实验发现，要求人们必须发展描述光子群体行为的理论。1954～1956年[1]，物理学家汉伯瑞·布朗（R. Hanbury Brown）和特威斯（R. Q. Twiss）利用光干涉的方法，用两台相隔20英尺的探测器，测量来自天狼星的光子数。他们发现，当两台仪器对天狼星的光束路径差相等时，光电流表征的光子数密度关联有一个突出的峰值。这意味着，来自天狼星的光子并不是像雨点那样完全随意地到达地球——到达的光子之间存在某种关联。1950年左右，经过朝永振一郎（S. Tomonaga）、施温格（J. Schwinger）和费曼（R. P. Feynman）等人的关键性工作——提出了电磁场重整化方法，人们发展、完善了由若尔当（P. Jordan）、泡利（W. Pauli）、朗道（L. D. Landau）和派尔斯（R. Peierls）等人早年提出的电磁场量子化理论，最后建立了量子电动力学。这些进展为格劳伯建立光学相干的量子理论、回答汉伯瑞·布朗和特威斯（HBT）实验提出的问题，奠定了必不可少的理论基础。

格劳伯在1962～1963年发表的一系列文章[2]，应用量子电动力学，以优美简洁的方式，成功地解释了HBT的实验发现。由此建立的描述光的本性的一般量子相干理论，成功地描述了正在迅速发展的激光的物理特性。格劳伯首先指出光子的关联或所谓的双光子干涉现象，是一种必须用量子电动力学描述的量子现象。在多光子实验中，一旦一个光子被吸收，电磁场的光子态就会发生改变，使得下一次吸收变得更加困难。因而，电磁场的一个n光子态只能存在n阶关联。既然一个连续的光吸收过程涉及的场的状态必须包含不同的光子数态，它必然涉及各个可能级别的关联。为此，格劳伯首次在光学中引入位相确定的相干态描述光场的量子相干性。需要指出的是，为了描述谐振子运动的准经典行为，薛定谔首先引入了由不扩散波包表示的相干态。格劳伯创造性地在光学中应用了相干态的思想，不久就导致了量子光学的迅速发展。格劳伯证明，由于这类光场态的量子描述直接联系于经典相空间，光场态在特定情况下，只需应用相干态的对角表示，并可以对那些正定的对角准概率分布，给出很好的经典解释。因此，格劳伯的光学相干理论从另一个角度描述了量子 - 经典对应的基本物理问题。

通过计算各种光场分布的二阶关联函数，格劳伯理论成功地解释了HBT实验。在格劳伯的理论中，像白炽灯和烛光这样的热光源，对应着高斯分布的光场状态，而激光则由相干态描述。就HBT实验而言，后者不会出现光子的关联效应。从认识光现象的物理本性的角度讲，格劳伯理论指出了烛光和激光的本质差别，即它们具有不同的量子关联性。从光子探测的角度讲，激光场吸收光子的统计分布不能理解为经典统计的随机现象，正确的描述必须借助于光电器件的量子性质。由此，格劳伯的研究导致了一系列后续的研究工作，为激光的全量子理论、参数放大问题和光子关联实验乃至当前量子信息的发展打下了重要的基础。格劳伯因为上述工作荣获2005物理学诺贝尔奖金的一半，的确是众望所归。

2005年诺贝尔物理物理学奖金的另外一半授予霍尔和汉斯，以奖励他们在超精密激光光谱学方面的工作。从某种意义上讲，科学的发展与精确测量技术的发展是密不可分的。因为通过超越前人精度的测量，可以揭示各种崭新的结构和现象。例如，原子物理的发展，的确是伴随着人们对精细结构、超精细结构、同位素移动和兰姆移动的超精度测量。随着测量精度的提高，在认识和理解越来越多的自然现象的同时，超精密测量技术在精确定时应用方面，也有着广泛的实际意义，如建立更好的全球定位系统（GPS）。超精密测量是确定基本度量单位所必需的。1983年，国际计量大会颁布了基于真空光速的新的长度单位米的定义，并陆续推荐了一些稳频激光谱线作为米定义的复现手段，因而要求人们必须建立新的原子钟，对光谱进行超精密的测量。霍尔和汉斯的工作正是针对这种现代科学需求的高技术发展的动机所进行的。

大家知道，自然界中有各种机制导致了对谱线测量的基本限制。如，由于原子气体自由运动，多普勒移动效应会导致的线宽展宽，对应于10^{15}Hz的原子跃迁，展宽大小可以达到1GHz。激发态的衰变也会导致自然展宽。为此，人们发展了各种克服谱线展宽的光谱技术，Rabi，N. Ramsey，A. Kastler 等人在这方面做出了卓越贡献，先后获得诺贝尔奖。N. Bloembergen 和 A.L. Schawlow 也曾对激光光谱学的发展做出重要贡献。值得一提的是，朱棣文（S. Chu）, C. Cohen-Tannoudji , W.D. Phillips, H.G. Dehmelt 和 W. Paul 先后发展了中性原子和离子冷却技术，这不仅导致了玻色－爱因斯坦凝聚的实验实现，而且为超精密光谱学的进一步发展奠定了基础。

从技术的角度讲，为了进行超精密的光谱测量，人们必须有线宽很窄的、连续输出的高频激光。但激光线宽会受到机械振动和声学噪音等不确定因素的影响。为克服这些技术限制，霍尔和他的合作者发展了强有力的激光锁频技术[3]。通过电学反馈的办法，可以把激光的频率锁定在一个超精细的干涉条纹上。这个技术可以锁定激光频率达到1

个Hz的精度。应用高精度锁频的激光器，霍尔完成了一系列的基本测量，包括高精度的迈克尔逊－莫利干涉实验。

在20世纪70年代，有人通过双光子吸收的办法，原则上建立了克服多普勒展宽的双光子跃迁光谱学。但其实用化是应用霍尔发展的锁频技术，其中要建立温度稳定条件，发展声光频移器件和电-光位相控制等各种新技术，这方面的一个关键性的贡献是由汉斯和霍尔合作在1984年做出的[4]。通过霍尔和汉斯的工作，光学激光光谱的精度目前几乎达到微波原子钟一样的精度（10^{-15}），相信在不久的将来，光子频标的精度会超过微波技术的精度。为了向这个目标迈进，汉斯和霍尔近年来建立和发展了光梳技术。与霍尔合作，中国学者马龙生与叶军对这方面的发展也做出了有意义的贡献。

光梳技术发展主要基于锁模飞秒脉冲激光技术[5]，它可以提供一种准确、可靠的方法，将光学频率与铯原子微波频率标准联系起来。光梳技术的基本工作原理描述如下：在时域内，锁模飞秒激光器的输出的脉冲光波 是一系列等间隔的超短脉冲，脉冲宽度为几到几十飞秒，重复频率F为几百个MHz到几个GHz。根据傅里叶变换，光谱在频域内是由一系列规则等间隔的、连续的谱线组成。这种光谱结构就像一把梳子，每个梳齿之间的间隔正好等于飞秒激光脉冲的重复频率。这个光梳的第n条梳齿的频率$F_n=nF+F_0$也由所有梳齿共有的频移F_0决定。而F_0由激光器谐振腔内光脉冲的群速与相速决定。对于给定的F_0，被测光学频率直接取决于很容易测量的重复频率F；不过，测量F_0是不容易的，因为虽然测量一些梳齿之间的拍频信号可以决定F_0，但需要将高频重复、低功率输出、锁模的飞秒激光脉冲的光谱范围扩展到几个光学倍频范围。所幸应用光子晶体光纤可以克服这个困难。因此，光梳技术可以大大地推动光频测量的发展，为基于光频标的新一代原子钟的建立奠定了基础。由于霍尔和汉斯的上述工作，基于“光梳”技术的测量精度在未来还会进一步提高，从而可以在更多领域找到新的用武之地。例如，通过这些技术提高太空望远镜的观测精度；有关的超高精度测量技术，也可能应用于检测自然常数的可能变化，研究物质和反物质的基本对称特征。

总之，格劳伯、霍尔和汉斯及其同事们在量子光学和激光光谱学方面杰出的研究工作，已经在诸多领域产生了广泛和深刻的影响，在许多方面已经惠及普通人，与我们的生活息息相关，如激光技术和日渐普及的全球定位系统技术等。值得注意的是，近年来诺贝尔物理学奖较多的关注量子光学和原子物理领域的研究成果，这是当代物理学发展的规律使然：一方面是该领域的研究成果往往与最先进的高新技术联系紧密；另一方面，这些高新技术的发展，恰恰又需要在非常基础的理论研究方面下大工夫。

参 考 文 献

1 Hanbury Brown R, Twiss R Q. Nature, 1956, 177：27

2 Glauber R J. Phys Rev Lett, 1963, 10：84；Phys Rev, 1963, 130：2529；ibid, 1963, 131：2766

3 Salomon C, Hils D, Hall J L. J Opt Soc Am, 1988, B5：1576

4 Hall J L, Hänsch T W. Opt Lett, 1984, 9：502

5 Telle H R, Meschede D, Hänsch T W. Opt Lett,1990, 15：532

Quantum Theory of Optical Coherence and Laser-Based High Precision Spectroscopy

Sun Changpu

In this article, we briefly give a review about the 2005 Nobel Prize in Physics in the realm of quantum optics and laser spectroscopy. It was awarded to Roy J. Glauber for showing how the quantum theory has to be formulated in order to describe the detection process to reveal the quantum correlation effects of multi-photon process. John L. Hall and Theodor W. Hänsch were awarded for their contributions to the development of laser-based precision spectroscopy, including the so-called optical frequency comb technique.

3.2 烯烃复分解反应研究新进展

——2005年诺贝尔化学奖评述

罗治斌　丁奎岭　戴立信

（中国科学院上海有机化学研究所）

2005年10月5日，瑞典皇家科学院宣布，本年度的诺贝尔化学奖由三位有机化学家法国人伊夫·肖万（Yves Chauvin）、美国人理查德·施罗克（Richard R. Schrock）和罗伯特·格拉布（Robert H. Grubbs）获得，以表彰他们在“烯烃复分解反应发展”领域做出的杰出贡献。他们的工作被认为对于化学工业、有机分子合成、医药、塑料及其他材料合成都有着十分重要的意义。在他们当中，肖万首先从机理上解释了这一反应，建立了金属卡宾催化烯烃复分解反应的理论基础；而施罗克和格拉布则在开发新型实用的钼和钌催化剂及扩大应用范围等方面，做出了极大的贡献。

1. 催化剂进一步的结构改造

烯烃复分解反应的研究历程，从发现到广泛应用，实际上就是一个催化剂的发展、改进的过程。从最初的结构不确定的催化剂，到施罗克的钼－亚烷基络合物，再到金属钼、钨等的卡宾络合物催化剂，以后催化剂的金属又进而发展到钌。基于钌卡宾的格拉布第一代和格拉布第二代催化剂的诞生，不但活性大为提高，而且克服了之前的烯烃复分解反应催化剂对空气和水敏感，对其他官能团兼容性不好的缺点。现在烯烃复分解反应可以容忍多种官能团的存在，如醇，胺，酮，酯等，从而把烯烃复分解反应的重要性和实用性提到了一个空前的高度。尤其是格拉布第二代催化剂，将金属钌上的一个膦配体用氮杂环卡宾（NHC）取代后，不仅将反应的活性提高了两个数量级，同时底物的适用范围也更加广泛，使得原来难以发生反应的环辛二烯和多取代环状烯烃的开环聚合及一些位阻较大的三，四取代烯烃的关环复分解反应也能够顺利实现。这是基于活性催化剂络合物的基本结构，$L_2X_2Ru{=}CHR$，对各种各样的五员氮杂环卡宾的结构变化经过广泛研究而得到的。

2. 交叉复分解反应（CM）的新发展

烯烃复分解反应在有机合成中应用的大多数报道都是关环复分解反应，对于交叉复分解反应却研究较少。原因是一直以来伴随着烯烃交叉复分解反应的选择性不好的问题。但是如果发生交叉复分解反应的烯烃中有一个很便宜，则可以让它大大过量，促使平衡向交叉复分解产物的方向移动。对于一些由于位阻和电子效应影响而难以发生二聚的烯烃，加入等摩尔的脂肪族烯烃，通过除去反应中生成的乙烯，可以促使平衡移向完全生

图 1 伊夫 · 肖万

图 2 理查德 · 施罗克

图 3 罗伯特 · 格拉布

成交叉复分解的产物。在Grubbs小组最新发表的论文里，对于一系列烯丙醚和长链脂肪族烯烃的交叉复分解反应，通过加入添加剂，成功地抑制了烯烃异构化的产物。最近对于CM的选择性的控制使它在很多情况下可以替代Witting反应、Heck反应，而且条件十分温和。

3. 关环复分解反应（RCM）

应用Grubbs第二代催化剂，人们还发展了一些新类型的反应。如Grubbs小组通过烯烃复分解反应来实现环的扩大，为各种大环分子的合成提供了一条简易的方法，并且可以通过底物的选择来合成各种尺寸的大环分子。一个有趣的反应是高效合成一种所谓的“魔术环（magic rings）”，也就是现在很受重视的轮烷（Rotaxane）类化合物，它们在“分子开关”方面有着应用前景。

关环复分解反应（RCM）的出现，使得原来合成很困难的许多复杂有机分子的合成变得简单。格拉布催化剂应用于含有大环的天然产物全合成的例子相当多。BILN 2016 ZW是一个新型的治疗丙肝病毒的药物，在美国和欧洲已经进入二期临床，通过RCM反应完成最后关键的关环步骤，已经实现了400公斤的放大生产规模。海洋天然产物Gambierol是很强的神经毒素，含有8个醚环的复杂结构，Yamamoto等通过RCM反应完成了其全合成中最后的关环步骤。

4. 开环复分解聚合反应（ROMP）在高分子合成及新材料研究中的应用

新的烯烃复分解催化剂同样广泛应用于高分子合成中，近来研究焦点集中在创造具有特殊性能的高分子。格拉布在烯烃复分解的应用上发展了一个新的聚合反应，他称之为ROMP，即开环复分解聚合反应。ROMP在高分子化学研究中得到了广泛应用，并合成出了一些性能优异的新材料。其中典型的是聚双环戊二烯（PDCP）的工业生产。1.5英寸（1英寸=2.54厘米）厚的这种PDCP树脂材料可以抵挡住9毫米的子弹而不被击穿，从而可能成为很好的防弹材料。这种具有坚硬特质的材料目前还广泛应用于日常生活中的许多方面，如体育用品、卡车头罩及一些日常耐用消费品。通过ROMP反应，很多以前没有的新材料和新高分子聚合物都很方便地合成了出来。格拉布不但制备了高度线性的聚乙烯，而且又合成得到了高分子量的环状聚烯烃[2]，它们性能明显不同，是值得注意的工作。格拉布等甚至还发展出开环复分解－插入－聚合反应（ROIMP），为AB交替共聚物提供了一条高效的方法。

5. 不对称复分解反应及炔烃复分解反应的发展

随着烯烃复分解反应的广泛应用，这个领域吸引了很多人开创其不同的研究方面，如在烯烃复分解反应的基础上，又发展出了炔烃复分解反应、烯炔复分解反应等，进一步拓展了这类卡宾催化剂的应用范围。在钼催化剂的作用下，炔烃聚合生成聚烯烃。在2,2′-炔丙基丙二酸酯的聚合产物中，不饱和五员环的含量可以高达95%。

Hoveyda小组和施罗克小组等将手性的联苯或联萘结构引入到催化剂中[3]，成功地通过不对称关环复分解反应实现了对一些二烯化合物的动力学拆分。对一些三烯或多烯化合物通过关环复分解反应，能以很高的产率和>99%e.e.的对映选择性得到去对称化的关环产物。通过不对称关环复分解反应，同样还可以合成一些手性的小到中环的胺。手性钼催化剂同样可以实现一些环状烯烃的不对称开环－关环串连反应，不对称开环－交叉复分解反应，甚至一些不对称开环聚合反应。使用联二萘酚衍生的手性钼催化剂对1,2-二三氟甲基取代的降冰片二烯开环聚合时，对聚合产物的不对称控制非常好。他们还首次将手性的钼催化剂固载到高分子上，对降冰片烯衍生物实现不对称开环复分解－交叉复分解串连反应，取得了很高的对映选择性结果。

本文第二作者曾在2002年对这个反应做过评介[1]。3年来，这个反应不但荣获了2005年诺贝尔奖，而且还有上述众多的新发展。

看来，正如格拉布所说："烯烃复分解反应还会给我带来新的惊喜，新的催化剂、新的反应还将出现。"

参 考 文 献

1 丁奎岭，戴立信. 科学发展报告2002. 北京：科学出版社，2002, 55～58

2 Bielawski C W, Benitez D, Grubbs R H. Science, 2002, 297：2041～2044

3 Schrock R R, Hoveyda A H. Angew Chem Int Ed, 2003, 42：4592～4633

New Revisit of Olefin Metathesis Reaction

Luo Zhibin, Ding Kuiling, Dai Lixin

The Royal Swedish Academy of Sciences has awarded the 2005 Nobel Prize in Chemistry to Yves Chauvin, Richard R. Schrock and Robert H. Grubbs for their contributions on olefin metathesis, which is a very useful reaction that benefits people in many areas. On the basis of our previously published progress report in this series in 2002, some new progresses in olefin metathesis and related area are briefly described.

3.3 关注来自动物源性传染性疾病的威胁

——2005年诺贝尔生理学/医学奖评述

高 福 冯友军

（中国科学院微生物研究所）

2005年诺贝尔生理学或医学奖授予了澳大利亚科学家巴里·马歇尔(Barry Marshall)和罗宾·沃伦（Robin Warren），表彰他们发现了导致人类罹患胃炎、胃溃疡和十二指肠溃疡的罪魁——幽门螺杆菌（*Helicobacter pylori, Hp*）。这一传统微生物领域的研究成果荣膺诺奖也体现了近些年来人们对病原微生物的广泛关注[1]。在科学飞速发展的今天，一方面，人们已经拥有越来越多的手段和疾病作斗争；但另一方面，各种病原微生物导致的人类和动物疾病尤其是一些新发的高危传染性疾病却是愈演愈烈。2003年“轰轰烈烈”的SARS刚刚走远；2004年以来，禽流感（Avian flu）又成为人们关注的焦点，今年还在东南亚地区、欧洲和我国频繁暴发[2~4]，最近我国也已经开始出现人感染高致病性禽流感病毒H5N1亚型的病例[2]。

2005年6~8月间四川省猪链球菌病疫情一度也曾聚集了全世界人民的眼球[2]；霍乱更是在2005年卷土重来，据世界卫生组织报告，西部非洲布基纳法索、几内亚、几内亚比绍、利比里亚、马里、毛里塔尼亚、尼日尔、塞内加尔等8个国家暴发霍乱疫情，目前共报告霍乱病例31 259例，死亡517例。在我国，自8月12日福州市发现首例霍乱病例，至9月12日，福建省累计报告霍乱病例就达到172例。而在7月份，贵州、宁夏、辽宁、吉林等省份都先后暴发皮肤炭疽疫情[2]。

这些动物源性传染病（如SARS和禽流感）之所以引起人们的广泛关注不仅仅是因为其严重威胁到人类公共卫生和社会的经济发展，而且还因为这两种原本只以一些野生动物或禽类为宿主的病毒，在毫无预兆的情况下突然跨种间传播，大大扩大了它们侵染的宿主范围[3]。

人与自然协同进化到今天，自然环境与人类社会的活动相对以往而言发生了很大变化，这种变化在很大程度上可能促使了一些病原微生物从动物到人类的跨种间传播和感染，这种传播和感染往往因其突然发生，人类很难及时找到应变之策，因此其给人类造成的危害与损失也就更为严重。专家预测，在21世纪，国内外还有可能出现和发现更多新的传染病，尤其是动物源性传染病，人类将一次次面临新的挑战和威胁，一旦失去警

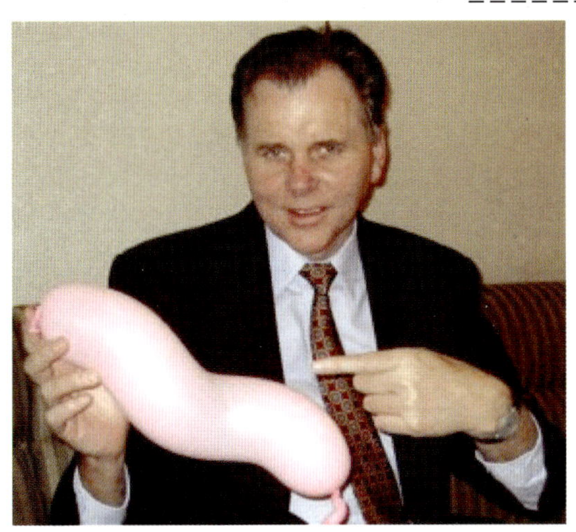

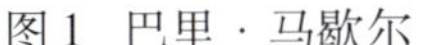

图1 巴里·马歇尔

图2 罗宾·沃伦

惕或预防措施不力，其对人类社会造成的危害难以估量[2]。

禽流感病毒（Avian influenza virus, AIV）属于正黏病毒科（*Orthomyxoviridae*），是一类RNA病毒。禽流感病毒的基因组由8条负链RNA组成，它们分别编码11个病毒蛋白，其中8个是病毒粒子的组成成分（HA、NA、NP、M1、M2、PB1、PB2、PA），两个是非结构蛋白NS1和NS2，还有一个新近鉴定出来的凋亡相关蛋白PB1-F2[5, 6]。血凝素(HA)和神经氨酸苷酶（NA）共同介导病毒与宿主细胞的相互作用（即HA与受体唾液酸结合，NA负责病毒粒子从被感染细胞上释放）。HA和NA决定了流感病毒的亚型，目前已知有16种HA亚型（H1～H16）和9种NA亚型（N1～N9），H5N1就是其中一种亚型。高致病力的禽流感毒株的HA蛋白一般具有被宿主蛋白酶广泛识别的多碱基酶切位点，使其具有识别、结合受体、介导病毒与宿主细胞融合的功能。因此HA的蛋白结构特征与病毒的成功侵染和致病力有重要关系。禽流感病毒在宿主细胞内的复制会导致宿主细胞的一系列病理变化，病毒为自身复制需要，病毒蛋白锚定在一些重要的宿主蛋白上，一方面抑制宿主细胞正常的新陈代谢，另一方面逃脱宿主免疫系统的监控。禽流感病毒的变异和进化主要发生在表面糖蛋白，同时存在于病毒基因片段中。

禽流感病毒属A型流感病毒，而A型流感病毒在自然界中广泛存在，从人、猪、马等哺乳动物，以及水生哺乳动物到鸟类都能分离到。而禽流感病毒在不同禽类间的致病特性和对人、动物的致病特性或者内在联系（种间联系），构成了复杂的流感生态圈，形成了禽流感流行病学的独特性，这一独特性可能为其跨种间传播造成了便利[2]。

1980年，欧洲暴发猪流感，病毒的抗原性和遗传学特性与传统的猪流感病毒（H1N1）有明显区别，和1918年美国暴发的猪流感一样其病毒株H1N1都可能来源于禽类；同年美国从患病海豹体内分离出禽源的H10N4亚型流感病毒，提示禽流感病毒可以感染哺乳动物。1996年英国从一养鸭妇女体内分离到H7N7亚型的禽流感病毒（1959年世界上首例人感染禽流感的病毒就是H7N7），1997年中国香港首次报道了高致病性H5N1亚型禽流感感染人的事件。而1968年香港的人流感病毒株H3N2可以在猪体内分离到，进一步说明猪既能接受禽流感的感染，又能接受人流感的感染，猪是禽流感和人流感病毒共同的易感宿主。通过对哺乳动物（人、猪等）源的禽流感病毒基因序列进行分析比较，发现其核苷酸序列同源性很高，禽类流感病毒的HA可以发生相互转移，证实了禽（鸭）源和猪源禽流感病毒可以相互传播。在流感的种间联系中，猪起到了中间宿主的作用。水禽流感病毒可以直接传染家禽、猪、人等动物；家禽、猪流感病毒也可以侵染人；人类流感病毒通过在猪体内和其他流感病毒的基因重排，再传染给水禽。猪在人、水禽间成为流感病毒的中间宿主。当感染了禽流感病毒的猪又感染了人流感时，两种不同的流感病毒就会在猪的体内重新组合（基因重排），发生病毒变异，产生新的亚型病毒，而目前已有的研究水平对这种新型病毒的认识还很不足。

野禽是A型流感病毒的巨大天然存储库，最近的研究[7,8]却发现H5N1可感染家猫和动物园里的老虎，这种现象的潜在危险是家猫很有可能会为禽流感病毒适应哺乳类动物宿主环境提供更多的方便，而其与人类的接触比家禽和饲养猪更为密切，因此也就加大了禽流感向人传播的风险。庆幸的是，目前尚无家猫自然感染高致病性H5N1禽流感的报道。

世界卫生组织西太平洋地区主任尾身茂（Shigueru Omi）说："历史告诉我们，流感大流行有一定的循环周期，每20至30年出现一次。依此推算，下一次流行已经迟到了。"并指出此次将会到来的流感疫情可能会由禽流感病毒引发。如果禽病毒从禽类传播到人之后，进一步发生人与人之间的传播，对整个世界无疑将是一场巨大的灾难[2~5]。

与SARS一样，禽流感这类新发传染病在绝大多数情况下是通过其病原的基因变异、基因重组、基因重排等方式突破原有物种间的屏障，在其他物种间引发新型传染病的流行。在传播中所涉及的宿主个体愈多，其受到的选择压力的累积效应就愈大，又加大了病原发生进化的动力。病原基因变异所引起的致病性、抗原性及对宿主细胞嗜性等的改变是新型病原跨种间传播的分子基础。基因组重要位点的关键基因突变可导致病原对宿主细胞嗜性的改变。生态环境的恶化导致了许多人类传染病的产生，动物在自然状态下正常活动也可能将新的病原体传播给人类，人与动物越来越密切的接触更直接地导致病原体侵入人类社会。

为了应对这类新发传染病，建立长期的疫情监测和防治体系十分必要，同时也更要对其开展广泛的科学研究：掌握新发传染病病原的分子变异和进化规律，可能可以窥见病原微生物在群体感染过程中的进化趋向，并且可以对一些新病原的出现和其可能来源做出判断，通过现代分子生物学技术如反向遗传操作技术等预测新型病原对人类的威胁和危害[9]。研究病原相关宿主群在自然状态下的生态与病原体传播和扩散，探讨病原体与自然宿主之间的协同进化关系等问题，可能是解决自然疫源性疫病来源的重要途径。

2005年，我国对于动物源性传染病的研究突飞猛进，取得了骄人的成绩。如科技部已将“动物源性病毒跨种间感染与传播机制研究”项目列入“973计划”，我们实验室与全国多家单位合作对2005年5月发生的青海湖野鸟H5N1禽流感进行了系统研究，对7～8月发生在四川的人感染2型猪链球菌病进行了深入细致的调查研究，研究成果分别在国际重要杂志《Science》[10]和《PLoS Medicine》[11]上发表。

参 考 文 献

1 冯友军，高福．关注生命，关注健康，关注传染病．科学时报，2005年10月10日

2 China CDC website：http://www.chinacdc.net.cn

3 Earn D, et al. Ecology and evolution of the flu. Trends in Ecology & Evolution, 2002,（17）：334～340

4 de Jong M D. Fatal avian influenza A（H5N1）in a child presenting with diarrhea followed by coma. N Engl J Med, 2005,（352）：686～691

5 Zamarin D, et al. Influenza virus PB1-F2 protein induces cell death through mitochondrial ANT3 and VDAC1. PLoS Pathogens, 2005,（1）：40～54

6 Henklein P, et al. Influenza A virus protein PB1-F2: synthesis and characterization of the biologically active full length protein and related peptides. J Peptide Sci, 2005,（11）：481～490

7 Kuiken T, et al. Avian H5N1 influenza in cats. Science, 2004,（306）：241

8 Keawcharoen J, et al. Avian influenza H5N1 in tigers and leopards. Emerg Infec Dis, 2004,(10)：2189～2191

9 Ferguson N M. Strategies for containing an emerging influenza pandemic in Southeast Asia. Nature, 2005,（437）：209～214

10 Liu J, et al. Highly pathogenic H5N1 influenza virus infection in migratory birds. Science, 2005, 309：1206

11 Tang J, et al. Streptococcal toxic shock syndrome caused by Streptococcus suis serotype2. PLoS Medicine, 2006,(3)：in press

Impact of Animal-Borne and Zoonotic Infectious Diseases

Gao Fu, Feng Youjun

The research involved in *Helicobacter pylori*（*Hp*）was awarded Nobel Prize in Physiology or Medicine in 2005. It was a surprise somehow in such a small case “molecular biology related-omics” area, indicating that research of the traditional pathogens still be of extreme importance. Excited by this event, a brief history of infectious diseases including emerging and re-emerging viruses is discussed, especially, avian flu, which is currently attracting much attention worldwide, is taken as a focus to perform comparatively systemic analysis that relates to mechanism of inter-species transmission.

第四章

2005年中国科学家具有代表性的部分工作

Representatiue Achievements of Chinese Scientists in 2005

4.1 银河系中心存在超大质量黑洞的最新证据

沈志强
（中国科学院上海天文台）

黑洞概念的最早提出可以追溯到牛顿力学创立后不久的1783年，但对其的理论解释需要用到爱因斯坦在1915年创立的广义相对论，黑洞的存在是广义相对论最著名的预言之一。黑洞这个术语是1967年惠勒（Wheeler）创造的。黑洞天体物理学是随着20世纪60年代天文学四大发现之一的类星体的发现而开始的，当今的科学家们普遍认为在绝大多数的星系中心都存在超大质量黑洞，但黑洞自身并不发光，如何从观测上证明这些黑洞的真实存在仍十分困难，是现代天体物理学中最具挑战性的课题之一。近几年的空间天文卫星和地面大型天文仪器已经发现了一些可能的黑洞，其中位于银河系中心的致密射电源人马座A^*（Sgr A^*）因其距离我们最近，仅26 000光年，被公认为是研究黑洞物理的最佳目标。

到目前为止，大量的观测数据和理论研究表明Sgr A^*可能就是一颗质量等同于400万个太阳的超大质量黑洞。最新的红外观测[1，2]能够精确描绘出Sgr A^*周围1个角秒内的大质量年轻恒星的运动轨道，从而推断在以Sgr A^*为中心半径为45AU（AU为天文单位的缩写，1个天文单位等于地球到太阳的距离，1AU = 1亿5千万公里）的圆周内聚集着约400万倍太阳质量的暗物质。因此，Sgr A^*作为一个引力源，我们对其质量已经了解得很好，质量估算的主要误差取决于银河系中心距离的不确定性。但仅从质量本身，我们尚无法排除Sgr A^*是除了黑洞以外的其他天体的可能性，主要原因是Sgr A^*作为一个辐射源，我们对其辐射区域的形状及其大小的认识还不够。为此，自Sgr A^*在1974年2月被射电干涉仪发现以来，世界各地的天文学家就利用1967年出现的能提供最高空间分辨率的甚长基线干涉（VLBI）技术对Sgr A^*进行观测研究。

我们研究小组的工作始于1996年10月，通过申请我们获得了世界上分辨率最高的等效口径约为8000多公里的甚长基线阵（VLBA）的观测时间，在1997年2月成功开展了世界上首个五波段、准同时的VLBI成图观测[3]，得到了五个波段上的图像(其中在6和2厘米是第一次)，均显示长轴在东西方向的椭圆状视结构（图1）。

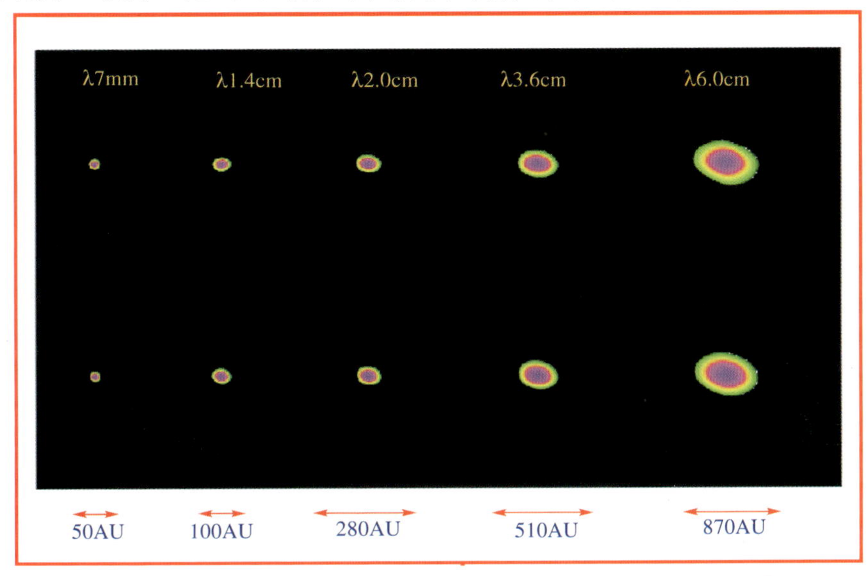

图1

上半部：对Sgr A* 在五个波长（0.7, 1.4, 2.0, 3.6 和 6.0 厘米）上的VLBA观测结果；
下半部：假设Sgr A* 是个点源受星际散射放大后在相应波段上的图像。
两者的差别非常细微，表明Sgr A* 确实非常致密

来自银河系中心的射电波信号虽然能穿透遮挡着可见光的尘埃，但却要受到星际等离子体介质的散射影响，其散射角与观测波长的平方成正比，使得直接测得的Sgr A* 视大小总是比真实的要大。这与雨夜的街灯看上去比平时大的原理类似。如图1所示，当散射角比真实源尺度大很多时，就很难测到其真实的大小。但散射效应随波长平方减小得很快，所以只有通过短毫米波VLBI观测才能揭示Sgr A* 的真实结构和大小。

1999年4月，我们利用由当时的6个性能各异的毫米波望远镜组成的VLBI阵对Sgr A* 在3.5毫米开展了观测。Sgr A* 位于南纬约30度，而毫米波VLBI天线在北半球，因此Sgr A* 的地平高度只有10～20度，从而导致很严重的大气吸收，使得传统的自校准方法处理得到的结果不可避免地会有较大的误差。但与一般射电源的VLBI观测不同的是，Sgr A* 的VLBI观测到的闭合相位可以近似认为就是零，即Sgr A* 的辐射呈中心对称结构，因而其大小将完全由可见度幅度决定。这次观测虽然受到探测灵敏度的限制而未能给出Sgr A* 的VLBI图像，但我们还是利用闭合幅度信息，得到一个圆对称结构来约束

Sgr A* 的辐射区域[4]。

2001年1月，我们申请到了刚刚更新到3.5毫米的VLBA观测时间。我们提出了从观测设计和数据分析方法两方面来改进毫米波VLBI观测。首先，观测必须是动态的，只有当分散在数千公里之外的各个VLBA观测站均有较理想的天气条件的前提下才启动观测。为此，我们足足等待了20个月才终于在2002年11月3日对Sgr A* 顺利观测了5个小时，最终我们获得了世界上第一个Sgr A* 在3.5毫米波长上的高分辨率VLBI图像（图2），清晰显示其在3.5毫米的视结构仍是一个沿东西向伸长的椭圆[5]。

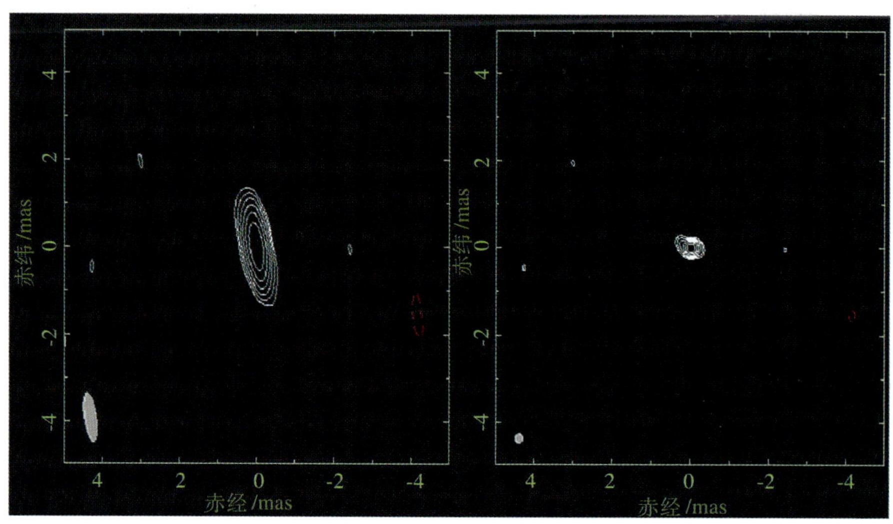

图2　2002年11月3日VLBA观测获得的世界上第一张Sgr A* 在3.5毫米的高分辨率图，右半部的超分辨率图像显示其长轴在东西方向（图上的水平方向）

其次，为了获得对Sgr A* 结构最为可靠的定量描述，我们在2001～2002年间用了近1年的时间独立发展了一种直接利用可见度幅度作模型拟合的方法[6]，基本想法就是用前述的闭合幅度这个不受观测误差影响的量约束模型参数拟合，以避开常规幅度校准不确定性导致的成图自校准误差，最终可以给出较传统成图法更可靠的源结构参数。用此方法，我们对以往的VLBA数据重新进行了分析，确认在不同波段和时间观测到的Sgr A* 的长轴总是沿东西向，但所有7个7毫米观测得到的长轴都显著超过当时已知的在该波长上的最大可能的散射角，这是否就意味着我们在7毫米已经可以测量到Sgr A* 的真实辐射区域大小？为此，我们利用1997年几乎同时的多波段观测结果对散射关系进行了修订，结果表明沿东西向长轴的散射角幅度甚至比过去的还小了约2%，而南北向短轴的散射关系不变。这就清晰地表明我们在7毫米上测量到的长轴与散射角的差异是可靠的，这也已被我们2003年3月的两次更高灵敏度的7毫米VLBA观测证实，从中我们估算出Sgr A* 在7毫米沿东西向的固有直径约为2.1AU，与另一国际研究小组的结果[7]一致。

在3.5毫米，视大小和散射角的差异更明显，从3.5毫米观测到的视结构中扣除了散射角的影响后，我们就可以测得Sgr A* 在3.5毫米的真实直径与地球绕太阳的轨道半径相当，即1AU，该大小相当于400万倍太阳质量黑洞的视界半径（Rs）的13倍。考虑到由VLBA测得的Sgr A* 的本身运动速度的上限（约2公里/秒）定出的Sgr A* 的质量下限（40万倍太阳质量），Sgr A* 的质量密度下限达7.5×10^5太阳质量/立方天文单位，这比我们迄今已知的任何可能的超大质量黑洞的密度大了至少1万亿倍，强烈支持Sgr A* 是超大质量黑洞的物理解释[6]。

在3.5毫米和7毫米波长上得到的不同的源大小说明Sgr A* 的辐射是分层分布的，短波辐射来自更靠近中央能源的区域，其真实大小随波长变化的幂率谱指数为1.09，据此外推到波长短于1毫米的辐射区域大小将小于自旋为零的史瓦西黑洞的最后稳定轨道（3Rs），而对有自旋的科尔黑洞，最后稳定轨道可以是0.5Rs，这样未来亚毫米波VLBI观测将会帮助我们确定描述黑洞的三个量（质量、自旋和电荷）中的自旋，这无疑将加深人们对黑洞物理的了解。

我们的发现于2005年11月3日（成功观测的3年后）在《自然》周刊上发表后，迅即在国际学术界引起重大反响，《新科学家》（New Scientist）等国际科技媒体都在第一时间内报道了这项研究工作。《自然》也在同期的“news and views”栏目内，以“Light on a dark place”为题，配发了专题评述，认为“这些观测提供了Sgr A* 即是黑洞的强有力证据”。中国科学院院长路甬祥获悉后来信祝贺，认为“（该工作）是我国在黑洞物理的天文观测研究领域取得的重要进展”。

概括而言，我们从1997年至今对银河系中心开展了20余次的观测，最新研究成果使得人类第一次看到距离黑洞中心如此近的区域，是朝着最终从观测上证明黑洞的真实存在迈出的一大步。根据广义相对论，超大质量黑洞的强引力场会致使经过其边缘的光线发生弯曲，在中央出现一个相对于周围亮环状辐射显著变暗的直径约是5Rs的阴影[8]。未来对Sgr A* 在1毫米或更短波长上的观测将极有希望触及与阴影直径可比拟的区域，从而给出银河系中心隐匿着超大质量黑洞的最终证明，这也将是在强引力场下对广义相对论的一个经典检验。

参 考 文 献

1 Ghez A M, Salim S, Hornstein S D, et al. Stellar orbits around the Galactic Center black hole. astrophys J, 2005, (620)：744～757

2 Schödel R, Ott T, Genzel R, et al. A star in a 15.2 year orbit around the supermassive black hole at the centre of the Milky Way. Nature, 2002,(419)：694～696

3 Lo K Y, Shen Z Q, Zhao J H, et al. Intrinsic size of Sagittarius A*: 72 Schwarzschild Radii. Astrophys J, 1998,(508): L61～L64

4 Doeleman S S, Shen Z Q, Rogers A E E, et al. Structure of Sagittarius A* at 86 GHz using VLBI closure quantities. Astron J, 2001,(121): 2610～2617

5 Shen Z Q, Lo K Y, Liang M C, et al. A size of ~1AU for the radio source Sgr A* at the centre of the Milky Way. Nature, 2005,(438): 62～64

6 Shen Z Q, Liang M C, Lo K Y, et al. Searching for structural variability in Sgr A*. Astron Nachr, 2003,(324): 383～389

7 Bower G C, Falcke H, Herrnstein R M, et al. Detection of the intrinsic size of Sagittarius A* through closure amplitude imaging. Science, 2004,(304): 704～708

8 Falcke H, Melia F, and Agol E. Viewing the shadow of the black hole at the Galactic Center. Astrophys J, 2000,(528): L13～L16

Strong Evidence for the Presence of Supermassive Black Hole at the Centre of the Milky Way

Shen Zhiqiang

Scientists have long suspected the presence of a black hole at the centre of our galaxy. Sagittarius A* (Sgr A*), an extremely compact non-thermal radio source at the Galactic Centre, has been widely recognized as the best and closest candidate for a super massive black hole (SMBH) ever since its discovery in 1974. With the high-resolution Very Long Baseline Array (VLBA) observations at its shortest wavelength of 3.5 mm, we successfully detected the intrinsic size of Sgr A* at 3.5 mm to be ~1 AU, i.e., it could fit within the space between the earth and the sun. When combined with the lower limit on its mass ($4 \times 10^5 M_\odot$), the lower limit on the mass density is $7.5 \times 10^5\ M_\odot\ AU^{-3}$, which provides strong evidence to date that Sgr A* is an SMBH. This is a further step closer to capturing an image of a distinctive shadow around the black hole, a classic test of Einstein's theory of general relativity in the strong field regime.

中国科学院上海天文台沈志强研究员领导的国际天文研究小组在黑洞物理的天文观测研究领域取得重要进展。他们在经过8年的潜心研究后，找到了银河系中心存在超大质量黑洞的确凿证据。这一研究成果刊登在2005年11月3日出版的《自然》杂志上。该期《自然》杂志的专题评论文章指出："这是天文学家第一次看到如此接近黑洞中心的区域，也终于找到了迄今为止最令人信服的证据，支持了'银河系中心存在超大质量黑洞'的观点。"

4.2　量子尺寸效应对金属薄膜材料超导性质的调制

贾金锋　薛其坤

（中国科学院物理研究所北京凝聚态物理国家实验室）

按照量子力学，电子在一维方势阱中受限运动形成分立的能级（或称为量子阱态），这类似于光学中的法布里-玻罗干涉现象[1, 2]。量子阱态的形成会导致费米面附近电子态密度的重新分布。在凝聚态材料中，材料的很多性质和基本参量都取决于电子在费米面附近的分布。因此，量子阱态的形成导致费米面附近电子态密度的变化，会导致材料奇特的物理和化学性质，是最近纳米科学、物理和化学等学科发展中的一个重要基本问题。

半导体或绝缘体衬底上的金属薄膜材料是一个理想的一维方势阱体系。在这种体系中，电子运动被半导体能隙和真空势垒限制在金属薄膜对应的势阱中。由于金属电子的费米波长很短（一个纳米左右），要观察到显著的量子效应，薄膜的厚度就要达到纳米尺度且其形貌具有原子级的平整度。然而，对绝大多数金属/半导体体系（如Pb/Si）来讲，由于晶格失配和原子间成键方式的差异，实现高质量薄膜材料的宏观可控生长是极其困难的。因此，在过去的几十年中，制备金属材料的一维方势阱体系在材料科学上是一个很大的挑战。

利用低温生长技术[3, 5]，我们在Si(111)衬底上成功地生长出宏观尺度上厚度均匀的铅薄膜，实现了薄膜厚度一个原子层（ML）一个原子层变化的精确控制，这实际上就是制备出了一个理想的、势阱宽度精确可调的一维方势阱体系。这种高质量的均匀薄膜使得我们能够利用传统的宏观测量手段对其物性进行有效的测量[6]。

图 1(a)给出了 12ML 和 26.85ML 厚铅薄膜的扫描隧道显微镜(STM)形貌图像（本论文中所涉及的所有铅膜的表面形貌都与12ML的类似）。图像上所看到的台阶对应于硅衬底的台阶，也就是说，每个硅衬底的台阶上沉积的铅原子层数严格一致。因为铅的电子波长仅有1.06纳米，这种高质量的薄膜对电子相干性是至关重要的。我们发现：当厚度小于21ML时只能得到稳定的奇数层薄膜，其中偶数层薄膜和厚度小于12ML的薄膜不稳定，形貌会变得粗糙。这种幻数层厚度来源于量子阱态形成的分立能级能强烈地影响薄膜的相对稳定性[4]。当厚度大于 21ML 以后，我们可以实现以上所提到的完全均一的逐层生长。

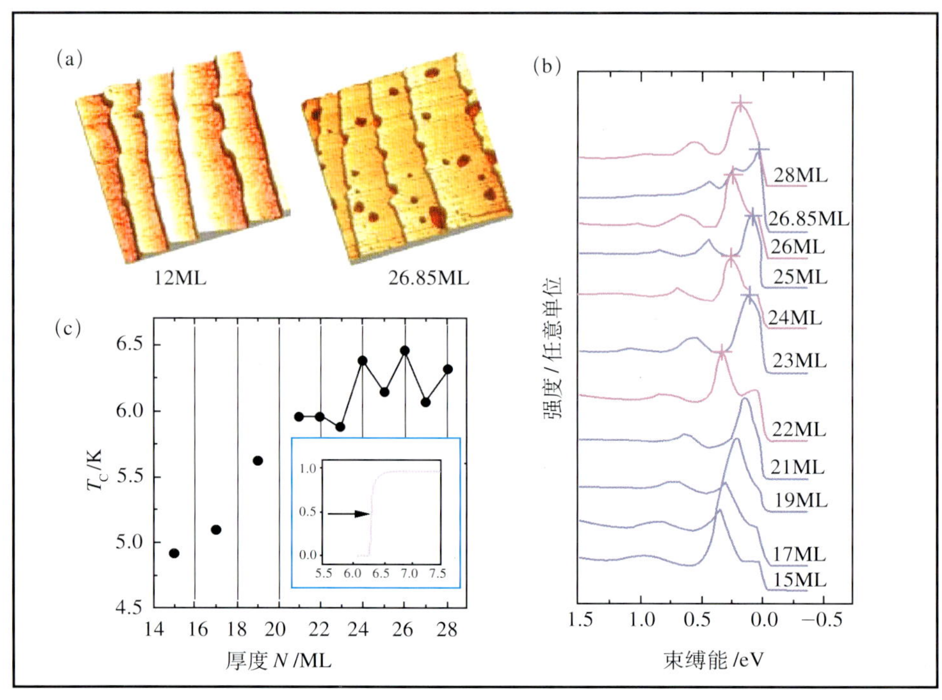

图 1

(a) 12ML 和 26.85ML 厚铅薄膜的室温 STM 像(2000nm × 2000 nm)。铅薄膜的生长是以 0.2ML/min 速率在 Si(111)衬底上进行的，生长时衬底温度为 145 K；(b) 温度为 75 K 时铅薄膜的垂直发射光电子能谱。"+" 号标出了最高占据的量子阱态峰（奇数层用蓝色表示，偶数层用粉红色表示）。E_F(0.0eV)为费米能级；(c) 超导转变温度 T_C（用黑色圆点表示）随薄膜厚度变化的关系曲线。我们可以看到，随着薄膜厚度的增加，T_C 并非单调变化而是呈现振荡行为。插图是对 28ML 厚的铅薄膜进行测量得到的电阻 - 温度关系曲线，图中箭头标出了 6.32K 发生超导转变时电阻的急剧变化情况

我们可以预期，在这种厚度完全均一的薄膜中，电子在垂直方向上的运动将被冻结在少数几个分立能级上（即量子阱态），而在水平方向的运动将是自由的。我们的确观测到了这种现象。对样品的原位测量得到的光电子谱的结果显示了明确的量子阱态峰，而且随着薄膜厚度每增加一个原子单层，峰位不断移动（图 1(b)）。对 26.85ML 厚的薄膜，虽然厚度仅仅轻微地偏离了理想的 27ML，其线形明显地显示了来自 26ML 的谱线的信息。因此，对量子阱态峰形的观测可以判断薄膜质量的优劣。图 1(b)中最有意思的结果是，随膜厚的增加，最高占据量子阱态的峰位（标记为 + 号）相对于费米能级（0.0 eV）随奇偶层的不同而呈现了振荡行为。由于体系的许多物理性质如超导等强烈地依赖于费米能级附近的电子态密度，从以上结果我们可以自然地想像到这些性质也会随薄膜厚度的变化出现类似的振荡现象。

图1(c)给出了超导转变温度T_C（标记为黑色圆点）与薄膜厚度的对应关系。在这里，我们定义转变温度是当薄膜电阻变为T=8K时正常态电阻一半时的温度，如图1(c)插图中的箭头所示。我们可以看到，随着薄膜厚度的增加，转变温度总体上有增加的趋势，这与常规二维超导体的行为是一致的。然而，当薄膜厚度大于21ML后转变温度出现振荡：偶数层转变温度较高，奇数层较低，振荡周期为2ML。我们也可以看到21ML之下转变温度的单调增加行为，这是因为偶数层的薄膜不稳定，无法得到均匀的偶数层薄膜的数据。

从20世纪60年代人们就已开始探索薄膜厚度对超导性质的影响，并从理论上预期了超导性质随薄膜厚度的振荡行为[7]，但由于材料质量问题，以上问题一直未能解决。我们的工作制备出了原子级平整的薄膜，观察到了超导温度的振荡行为，很好地解释了量子化能级与超导电性的一一对应关系，对该问题给出了确定性和定量性的证明。该工作把这类实验的精确度和完美性(sophistication)提高到了一个新的水平[8]。

量子阱态的形成显著地改变了薄膜费米面附近的电子结构，我们可以推测薄膜的许多其他的性质，例如功函数、摩擦力、热学性质、电子迁移率、居里温度（对磁性材料而言）和催化特性等都有可能像超导电性那样发生明显的变化[6]。

该工作与张艳锋、郭阳、鲍新宇、韩铁柱、刘洪、唐喆、沈全通、张立新、朱文光、王恩哥、赵忠贤、牛谦（美国得州大学奥斯汀分校）和邱子强（美国加州大学伯克利分校）等合作完成，得到了中国科学院、国家自然科学基金和国家科技部“973项目”的资助。

参 考 文 献

1 Chiang T C. Photoemission studies of quantum well states in thin films. Surf Sci Rep, 2000, 39：181~235

2 Paggel J J, Miller T, Chiang TC. Quantum-Well States as Fabry-P é rot Modes in a Thin-Film Electron Interferometer”. Science, 1999, 283：1709~1711

3 Zhang Z, Niu Q, Shih C K.“Electronic Growth” of Metallic Overlayers on Semiconductor Substrates. Phys Rev Lett, 1998, 80：5381~5384

4 Zhang Y F, Jia J F, Han T Z, et al. Band Structure and Oscillatory Electron-Phonon Coupling of Pb Thin Films Determined by Atomic-Layer-Resolved Quantum-Well States. Phys Rev Lett, 2005, 95：096802（1：4); Zhang Y F, Jia J F, Tang Z, et al. Growth, stability and morphology evolution of Pb films on Si（111） prepared at low temperature. Surf Sci, 2005, 596：L331~L338

5 Liu H, Zhang Y F, Wang D Y, et al. Two-dimensional growth of Al films on Si（1 1 1）-7 × 7 at low-temperature. Surf Sci, 2004, 571：5~11

6 Guo Y, Zhang Y F , Bao X Y, et al. Superconductivity Modulated by Quantum Size Effects. Science, 2004, 306：1915~1917

7 Blatt J M, Thompon C J. Shape Resonances in Superconducting Thin Films. Phys Rev Lett, 1963, 10：332~335

8 Chiang T C. Superconductivity in thin films. Science, 2004, 306：1900~1901

Superconductivity of Metal Thin Film Modulated by Quantum Size Effects

Jia Jinfeng, Xue Qikun

We show that by precise control of film growth in the ultimate atomic scale, one is able to grow atomically flat Pb films on Si substrate with an exact uniform thickness over macroscopic scales, and the superconducting transition temperature (T_C) of such films exhibits an oscillatory behavior as the film thickness is increased by one atomic layer at a time. We demonstrate that this non-monotonic dependence of T_C is a spectacular manifestation of the Fabry-Perot modes of electron standing waves in ultrathin films, known as quantum well states, which modulate the electron density of states near the Fermi level and electron-phonon coupling-the two factors influencing superconductivity transition. Our work has thus opened a door for quantum engineering of superconductivity and other properties of thin films.

中国科学院物理研究所薛其坤院士领导的研究小组在铅薄膜的电子结构研究方面取得了重要进展。他们在硅衬底上制备出了厚度在原子尺度上可控、宏观尺度上均匀的铅薄膜。该项工作在《物理评论快报》上发表，其对于理解半导体上的金属薄膜生长和电子结构，以及进一步研究其奇异的物理、化学性质具有非常重要的实验和理论指导意义。

4.3 紫外非线性光学晶体在超高分辨率光电子能谱仪上的应用

陈创天　刘丽娟

（中国科学院理化技术研究所）

1. 引言

自20世纪90年代初以来，我国在紫外非线性光学晶体方面，又陆续开发出新一代晶体，其典型代表是KBBF（$KBe_2BO_3F_2$）[1]，SBBO（$Sr_2Be_2B_2O_7$）[2]，KABO（$K_2Al_2B_2O_7$）[3]

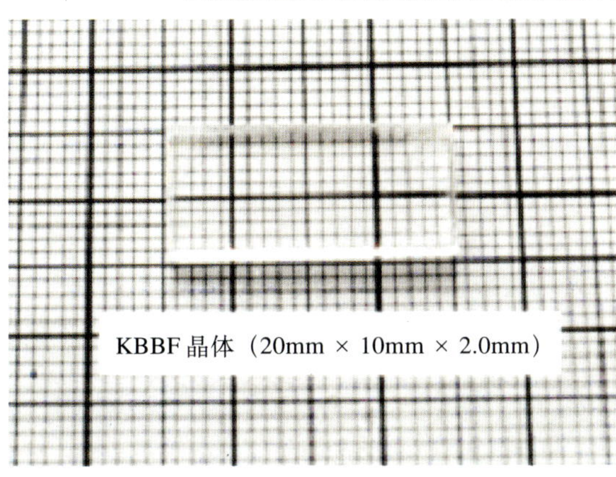

图 1　KBBF 单晶样品

等。其中，KBBF 晶体在深紫外谐波光产生方面具有最短的输出波长，此晶体可用直接倍频方法输出波长短于 170.0 纳米（相当于每个光子的能量为 7.29eV）的相干光[4]。图 1 是此晶体的块状单晶样品。由于 KBBF 晶体采用熔盐法生长，目前晶体的厚度约在 2mm 左右，因此，还不能对此晶体按照一定的方向进行切割。为此，我们提供了一种使用此晶体的棱镜耦合技术，其原理如图 2 所示。我们使用由 CaF_2 组成的两块棱镜并把 KBBF 晶体夹在中间，利用 CaF_2 和 KBBF 晶体的超光滑表面（其表面粗糙度小于 0.19 纳米）实现光学接触，同时由于 CaF_2 的折射率和 KBBF 晶体 O 光的折射率非常接近，于是当一束激光垂直入射到前棱镜后，光束就能未经任何折、反射而直接通过 KBBF，并从后棱镜出射。激光束在通过 KBBF 晶体时，在晶体中，激光束与晶片法线方向（即晶体的 Z 轴）之间的夹角 θ 就等于入射前棱镜的顶角。因此，假如我们要实现某一激光波长的倍频（$\lambda_\omega \to \lambda_{2\omega} = \lambda/2$），只

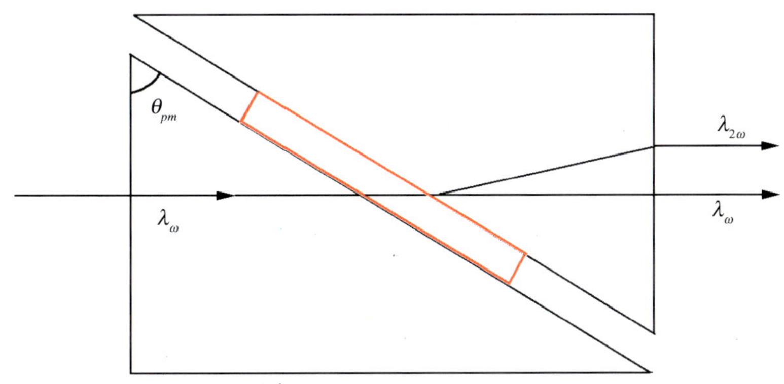

图 2　KBBF 棱镜耦合技术原理

要前棱镜的顶角等于KBBF晶体为实现从 $\lambda_{\omega} \rightarrow \lambda_{2\omega}$ 变换的相位匹配角 θ_{pm}，则当波长为 λ_{ω} 的激光束通过KBBF晶体时，部分基波光的能量就会转换为倍频光（即 $\lambda_{2\omega}$），并通过后面棱镜出射，由于后棱镜可作为色散棱镜使用，因此可实现基波光和倍频光的自动分开。使用KBBF晶体和这一棱镜耦合器件，已可使用简单的倍频技术，实现170.0纳米的相干光输出。

2. 光电子能谱仪

光电子能谱仪是目前测量固体中电子结构的主要工具之一，其原理是爱因斯坦在1905年提出的光电效应定律。光电子能谱仪一般有两种类型：一种称为积分模式，此能谱仪只能测定逃逸到真空腔中电子的能量信息；另外一种是角分辨模式，此类能谱仪不但能够测定出电子的动能，还能测定出电子的动量。显然后一种模式对了解固体中费米面附近的电子结构更加有用，当然，从技术上来说也更加复杂。

目前，光电子能谱仪所使用的光源有两类。一类是使用MgKα(1253.6eV)和AlKα(1486.6 eV)或者使用同步辐射光源(其特点是每个光子的能量连续可调，50～1000eV)，从而可得到固体中内壳层电子态讯息。但是它有一个明显的缺点，就是每个光子的能量分辨率很低，一般在10～100meV的范围，而且光子能量越高，其能量分辨率就越低，从而很难得到固体中费米面附近电子态的精确信息。

另一类光源是使用He灯的Iα线，每个光子的能量 $\hbar\omega = 21.218$eV，其能量分辨率目前已可达到1.2meV。因此，使用He灯作为光源的光电子能谱仪，测得的固体中价电子的位能精确度有很大的提高，是目前最通用的光电子能谱仪。但仍然存在两个缺点：

(1) 电子从固体中逃逸深度只有5～10 Å，因此所测得的电子结构只能是最表面层的电子结构特性，显然，这不适合我们对固体本征电子态性质了解的需要。

(2) 虽然He灯光电子能谱仪的能量分辨率比同步辐射光源的光电子能谱仪有很大的提高，但是作为探测固体能带结构中费米面附近的电子结构，其分辨率仍然不够。这是因为：固体的物理性质通常是由费米面附近、能量在几个 kT（k 为Boltzman常数，T 为绝对温度）范围内的价带电子所决定，例如在低温下，假定 $T = 10$K，此时 kT 的对应能量小于1.0meV，这意味着，为了探测材料的本征电子结构，实验仪器的能量分辨率必须接近甚至优于1.0meV。特别对于超导材料的研究，更是如此。例如按照低温超导体的BCS理论[5]，当一个超导体在超导态时，电子必须在费米能级附近形成库珀电子对，从而在费米面以下形成一个超导能隙，此能隙少于1.0meV。由于过去的光电子能谱仪能量分辨率均大于1meV，因此科学家们一直未能直接观察到库珀电子对的聚集态，也就是超导能隙。20世纪80年代以来发现的高 T_C 化合物超导体，其超导机制和金属超导体有很大的不同，化合物超导体有超导能隙，而且可能还存在能隙的各向异性特点，然而所有这些现象的观察均要求光电子能谱仪的分辨率优于1.0meV。因此世界各国的科学家为此做出了很大努力，但到目前为止均未成功。

要解决上述问题，关键是要解决光源问题。首先，我们必须要求这一光源至少是深紫外相干光源，因为根据现代固体量子理论，爱因斯坦光电效应定律可表达为下述方程：

$$\hbar = E_{kin} + W_s - \varepsilon_F$$

其中 $\hbar\omega$ 代表每个光子能量，$\omega = 2\pi\nu$（ν 代表入射光的频率），E_{kin} 代表电子挣脱固体表面后剩余的动能，W_s 代表电子挣脱固体表面所做的功。ε_F 就是电子在固体能带中的位能，也就是离固体费米表面的能量间距。计算表明，电子挣脱固体表面所做的功一般在3.5～4.0eV左右，再加上固体中价带电子的位能，对多数化合物超导体而言，此位能约在2.5～4.0eV左右。因此，入射到固体中的每个光子能量至少在7.0eV左右，才能使电子逃逸出固体表面，并被我们的能谱分析仪测量出。

其次，按照固体内电子逃逸深度的计算公式，当光子的能量在7.0～8.0eV（相当于光子的波长在177.3～155纳米）时，电子的逃逸深度可达到200 Å。因此，在这一光子能量下，电子接受一个光子能量后，就可在固体表面以下200 Å 深度范围内逃逸出固体表面，因此，此时的电子特性（包括能量、动量）就代表固体内部电子特性，也就是电子的本征特性。

最后，我们必须要求这一光源具有很好的相干性。因为根据公式

$\Delta\nu = c\,(\Delta\lambda/\lambda^2) \to \hbar\,\Delta\omega = 2\pi c\,(\Delta\lambda/\lambda^2)$，每个光子的能量精度和光束的线宽 $\Delta\lambda$ 成正比，而和波长平方成反比。因此，对一光波，其波长越长，在相同线宽条件下，每个光子能量精确度就越高。但是正如前面所述，由于光电子能谱仪的光子能量不应低于7.0eV，因此，所使用光源的波长应在真空紫外区，也就是应短于180纳米，否则过小的光子能量很难使固体中的价电子逃逸出固体的表面。于是为了进一步提高每个光子的能量精度，还必须要求光波的线宽 $\Delta\lambda$ 非常狭窄，例如，为了使每个光子的能量精确度优于1.0meV，就必须要求光波的线宽小于0.1Å，显然这只有相干光才能做到。因此，如何获得每个光子的能量在7.0～8.0eV左右，而相干光波的线宽小于0.1Å 的新型光源，就成为建造新一代超高分辨率能谱仪的关键部件。

3. 新型深紫外激光光源

基于上述超高分辨率光电子能谱仪对光源的严格要求，我们和日本东京大学物性所合作，使用KBBF晶体和棱镜耦合技术，并使用他们提供的Nd:YVO_4激光3倍频（$\lambda_{3\omega}$=355nm）

系统，在国际上首次实现了Nd：YVO_4激光的6倍频谐波光输出 $\lambda_{6\omega}=\lambda_{3\omega}/2=177.3\text{nm}$，并获得了3.5mW平均功率[6]（见图3），图4示出了在这一实验中所使用的光接触棱镜耦合器件。由于在实验中严格控制基波光的线宽，从而使这一光源的光子能量精度达到了0.26meV。

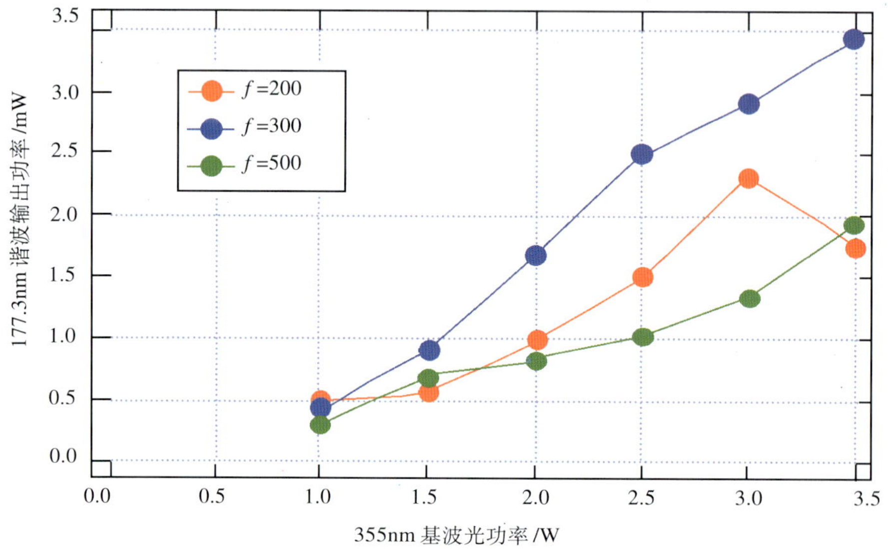

图3　KBBF 6倍频谐波光平均功率输出

图4　KBBF棱镜耦合器件

4.超高分辨率光电子能谱仪的建造

这台光电子能谱仪的核心部件，就是由我方提供的KBBF单晶和光接触KBBF棱镜耦合器件，并和东京大学Watanabe组合作提供狭线宽的Nd:YVO_4激光6倍频器件。在此基础上，在东京大学物性所建造了首台超高分辨率激光光电子能谱仪（图5），使用这台能谱仪，并通过测量金子在2.9K温度下的费米表面能量谱并进一步和金子费米面附近的Fermi-Dirac(F-D)函数的理论曲线进行比较，可实际测得此台光电子能谱仪的分辨率为0.36meV。这是到目前为止所有光电子能谱仪中分辨率最高的一台。同时，通过具体实验证明，这台能谱仪所测得的电子态密度是固体的本征电子态密度，和固体表面性质无关。因此，这台超高分辨率激光光电子能谱仪的建造成功，就为直接观察超导体在超导态时，在费米能级附近库珀电子对的聚集和超导能隙的形成提供了条件。

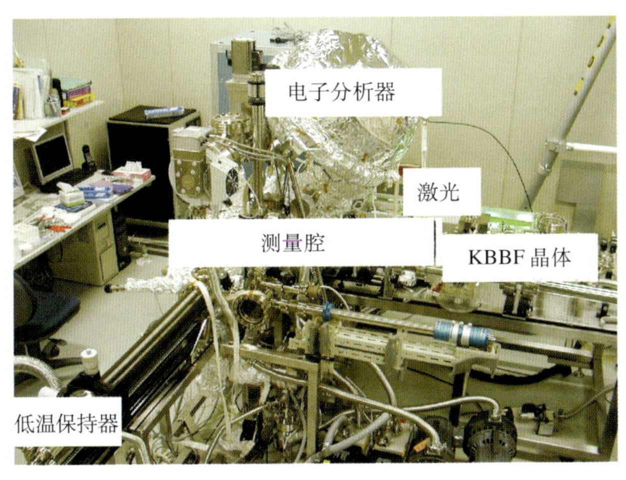

图5 超高分辨率激光光电子能谱仪

我们首先用$CeRu_2$化合物超导体作为此台光电子能谱仪的第一个测试样品，其主要原因是，由f电子所构成的$CeRu_2$超导电子态，其超导能隙低于1.0meV，因此，以前的光电子能谱仪测不出$CeRu_2$在超导态时形成的超导能隙。图6显示出$CeRu_2$单晶在8.0K（正常态）和3.8K（超导态）时，在费米能级附近的电子态密度分布的变化。这一能谱的分辨率为0.52meV。从图6中我们清楚地看出，当样品的温度从8.0K下降到3.8K时，在费米面能级以下，出现了一个很尖锐的超导电子聚集态，从而形成了一个超导能隙，这一能隙大约是1.35meV，也就是超导电子聚集态的能量大约低于费米能级（E_F）1.35meV。此图中高于费米能级的一个小峰是由于热引起少量电子从超导态激发而成。图6中的插图更清楚地指出了$CeRu_2$单晶从正常态到超导态时所形成的一个对称能隙，在此图中，我们已经把电子态F-D分布函数从图中移开，从而更加清楚地看出$CeRu_2$单晶从正常态（平行曲线）到超导态时所形成的能隙。

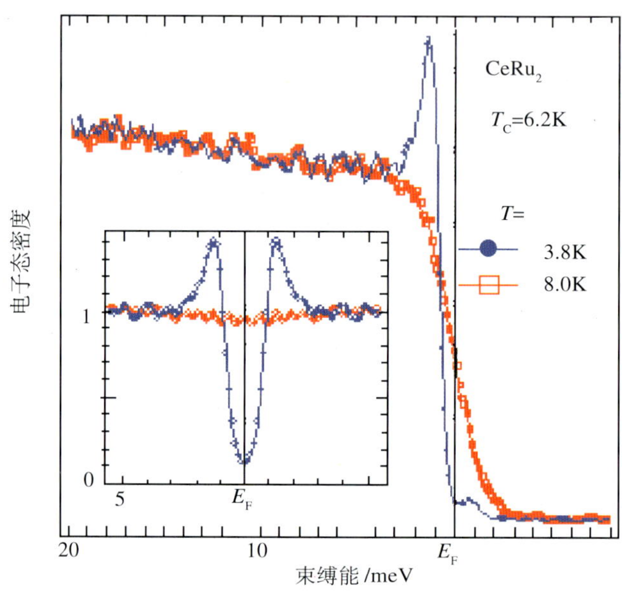

图6 $CeRu_2$单晶在8.0K（正常态）和3.8K（超导态）时，在费米能级附近的电子态密度分布；插图是$CeRu_2$单晶从正常态到超导态时形成的对称能隙图

这次由日本和中国科学家共同研制的激光光电子能谱仪，还只是解决了分辨率问题，因为这台能谱仪所获得的仅仅是电子的动能信息，实际上逃逸出固体表面的超导态电子，除了能量信息外，还有动量信息，也就是电子的$\vec{k}$信息。我们知道，对于化合物超导体（也就是一般所说的高温超导体）的一个重要特性是，它们在超导态时，不但形成超导能隙，而且由于部分局域化电子参与了外层自由电子的超导过程，因此表现出超导能隙各向异性的特点，也就是说化合物超导体的超导能隙大小和$\vec{k}$是相关的。因此，研究化合物超导体机理的科学家迫切地希望知道超导能隙和$\vec{k}$的依赖关系，从而可确定哪一类价带电子参与了固体超导过程的发生，这就要求进一步研制角分辨激光光电子能谱仪。目前，中国科学院物理研究所和理化技术研究所正在进行合作，希望能尽快研制出角分辨激光光电子能谱仪，并能测出和$\vec{k}$相关的各向异性超导能隙，这将为化合物超导体的理论解释提供非常重要的直接证据。

参 考 文 献

1 Chuangtian Chen, Yebin Wang, et al. J Appl Phys, 1995, (77): 2268
2 Chen C T, Wang Y B, Wu B C, et al. Nature, 1995, (373): 322
3 Hu Z G, Higashiyama T, Yoshimura M, et al. Z Kristallogr, 1999, (214): 433
4 Chuangtian Chen, Junhua Lu, et al. Opt Lett, 2002, (27): 637
5 Bardeen J, Cooper L, Schrieffer J R. Phys Rev, 1957, (106): 162; (108): 1175
6 Togashi T, et al. Opt Lett, 2003, (28): 254

A New Nonlinear Optical Crystal and Ultrahigh-Resolution Photoemission Spectrometer

Chen Chuangtian, Liu Lijuan

We review the basic principles and existing problems of the photoemission spectrometer (PES), and then describe an ultrahigh-resolution PES using the 6th harmonic generation of an Nd:YVO_4 laser as an optical source. With this new PES we successfully observed the superconducting electrons of $CeRu_2$ for the first time directly with a record high resolution of 0.36meV.

由中国科学院院士陈创天研究员和中国工程院院士许祖彦研究员共同领导的研究组和日本研究人员合作研制出能量分辨率优于1meV的超高分辨率光电子能谱仪，并首次直接观察到超导电子态。这一重大科学成果在《物理评论快报》发表。高分辨率光电子能谱仪的研制成功，使科学家有可能提出新的超导理论，以推动高温超导材料的发展。

4.4 新一代超短超强激光开拓与发展研究获得重大进展

徐至展 张正泉

（中国科学院上海光学精密机械研究所强场激光物理国家重点实验室）

新型超短超强激光的出现与迅猛发展，能为人类提供前所未有的全新实验手段与极端物理条件，引发原始科技创新，有力推动战略高技术的创新发展与相关国家重大目标的实现。超短超强激光科学技术是当前国际上现代光学乃至现代科学技术中一个非常重要的科学技术前沿领域。

20年来，由于啁啾脉冲放大（Chirped Pulse Amplification，简称为CPA）技术的提出和应用，小型化飞秒（即fs, 10^{-15} s）、太瓦（即TW，10^{12} W）甚至更高量级的CPA激光系统已在多个实验室内建成。由于原理上的根本限制，基于传统的以粒子数反转激光放大原理为基础的CPA超短超强激光技术存在许多难以克服的缺点和局限性，因而迫切需要探索和开拓能够持续创新发展超短超强激光科学技术的新原理、新方法。

基于啁啾脉冲放大（CPA）与光学参量放大（Optical Parametric Amplification，简称为OPA）相结合的光学参量啁啾脉冲放大（Optical Parametric Chirped Pulse Amplification，简称为OPCPA），是近年国际上正积极探索、开拓创新发展超短超强激光科学技术的全新原理。OPCPA充分发挥了CPA与OPA各自的优点，又能克服CPA技术存在的缺点和局限性。正如CPA技术在20世纪90年代给激光科学技术，特别是超短超强激光科学技术领域，带来革命性突破一样，OPCPA新原理也有可能为激光科学技术的发展开辟一个新时代，向超短超高超强(Ultrashort Duration，Ultrahigh Power，Ultrahigh Intensity)的更高层次的持续创新发展带来又一次革命性的推动。

利用并开拓OPCPA新原理，将可能突破CPA技术的理论极限与技术瓶颈，产生极短脉宽（10 fs级）、超高功率（>10 PW，1PW = 10^{15} W）级、超高强度（>10^{23} W/cm^2）、超宽频带（>100 nm）、可调谐和新波段及极高信噪比（>10^9）等前所未有优异性能的超短超强激光，为人类创立更强更快更高层次的强场超快极端物理条件和全新的实验手段，这无论在科学前沿上还是在高技术发展与应用上，意义都十分重大。

20世纪90年代以来，国际上少数发达国家的著名实验室，如英国卢瑟福实验室(RAL)、美国劳伦斯里弗莫尔国家实验室(LLNL)、日本大阪大学激光工程研究所(ILE)、俄罗斯科学院应用物理研究所（Institute of Applied Physics）等竞相开展OPCPA新原理的探索与研究，但突破难度大。OPCPA研究当时还处于在较低能量与功率水平的初级阶段，但显然蕴含着强大的生命力。

中国科学院上海光机所徐至展院士领衔的研究组把握本领域的发展趋势和国家需求，不失时机地提出申请并成功立项，迅速部署开展了该项研究，得到了国家“973计划”、国家自然科学基金、中国科学院知识创新工程重大项目等的重点支持。

本项目研究组瞄准光学参量啁啾脉冲放大（OPCPA）这一国际上尚处在初级阶段的开拓与发展新一代超短超强激光的全新原理，利用本实验室研究并发展的小型化高功率钕玻璃强激光技术和我国在优质非线性光学晶体（如LBO，BBO）等方面的传统基础与技术优势，重点开展高量级泵浦条件下OPCPA新原理的理论模拟与实验验证并进一步开拓发展，在此基础上研制基于OPCPA新原理的小型化10太瓦级超短超强激光装置，同时进一步探索基于OPCPA新原理实现100太瓦到2000太瓦（2PW）级超短超强激光系统的实施技术方案。

经过多年的艰苦努力，终于成功实现基础性原理探索与工程性技术实施的结合，在OPCPA新原理的实验验证和开拓发展，以及基于OPCPA的小型化超短超强激光系统的基础研究、关键单元技术与总体集成等方面取得了具有自主知识产权并创国际最高水平的系列重大创新成果。在新一代超短超强激光科学技术的开拓、发展与应用研究——小型化OPCPA（光学参量啁啾脉冲放大）超短超强激光装置研究中获得了重大自主创新突破，获得2004年度国家科学技术进步奖一等奖。

本项目研究组创造性地提出并实施了与国际同类研究不同的更为先进的总体创新方案，创建了世界上首台基于OPCPA新原理的小型化1064纳米波长10太瓦级新一代超短超强激光装置，于2002年3月获得高量级泵浦条件下OPCPA激光峰值输出功率最高（3.67太瓦）且对应脉冲宽度最短（155飞秒）的创国际最高水平的总体结果；2002年10月，总体性能又进一步突破并达到激光峰值输出功率16.7太瓦、脉冲宽度120飞秒的新的国际最高水平，远超过当时国际同类研究的最好结果(~1TW/300fs)。

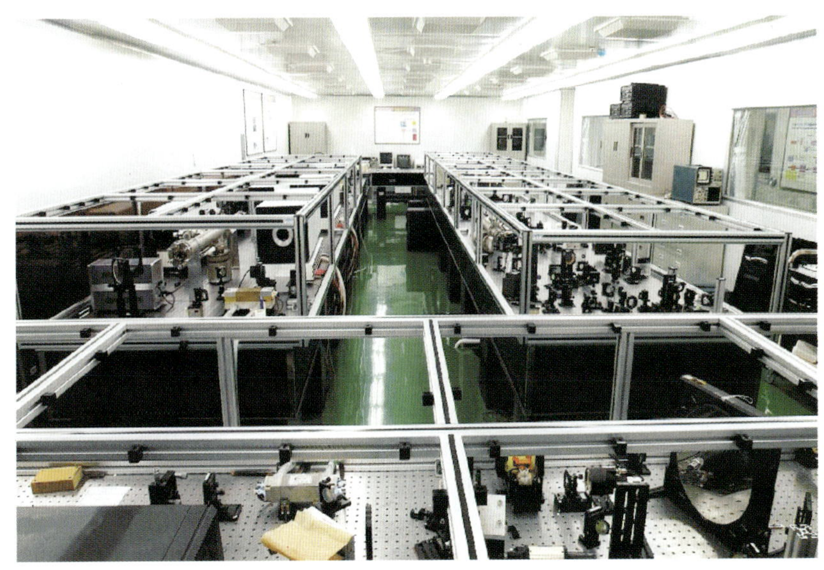

图1 上海光机所创建的世界上首台基于OPCPA新原理的小型化1064纳米波长10太瓦级新一代超短超强激光装置

本项目还首创并发展了基于OPCPA新原理的小型化超短超强激光系统开拓研究中涉及的关键创新科学技术，相应取得了国际领先水平的系列创新成果，如：首创OPCPA放大系统中泵浦光脉冲与信号光脉冲间精确时间同步的关键新技术，将其时间同步精度提高到小于10皮秒；首创飞秒激光脉冲注入再生放大器实现脉冲放大、时间和光谱整形的新技术；首次建成与高效率OPCPA放大系统有效匹配并精确时间同步的小型化纳秒级强激光泵浦源；首创OPCPA放大系统中光路精确对准和时间同步调节新技术等。

本项目还在高量级泵浦条件下的OPCPA新原理的理论模拟与基础实验中取得重要创新成果，如：成功解决高量级泵浦条件下获得宽带高能量转换效率OPCPA放大的关键科学技术问题，关键的末级宽带OPCPA放大器能量转换效率达到了25.5%；在设计并成功实施了小型化10太瓦级OPCPA超短超强激光系统创新方案，解决了基于OPCPA新原理的小型化超短超强激光系统研究与发展中涉及的关键创新科学技术问题的基础上，进一步提出并完成了发展100太瓦到2000太瓦（2PW）级OPCPA超短超强激光系统的实施技术方案等。

利用建成装置与开拓的创新科学技术，已开展了一系列有重要学术价值与应用前景的强场超快科学技术前沿研究，以及相关战略高技术与交叉前沿科学研究，取得了重要创新成果。

本项高难度研究取得的重大创新性成果已迅速得到国内外学术界的重视、承认与高度评价。本项目已在国内外重要学术刊物和国际重要学术会议上公开发表科技论文50多篇，并已授权与已受理发明专利10多项，特别是应邀在美国、加拿大、日本和俄罗斯等国举行的重要国际学术会议上发表了大会特邀报告10多篇。在本项目取得重大突破性总体成果之前，有关OPCPA的基础性研究工作就已得到国际学术界的高度重视，例如2001年一年就先后三次被邀在美国、日本和加拿大举行的重要国际学术会议上作特邀报告。

图2　项目首席科学家徐至展院士在OPCPA超短超强激光物理实验室

公开发表的论文迅速得到了国际同行的广泛重点引用，产生了重要的影响，特别是代表性论文已被国际OPCPA领域引用为该领域的经典文献。例如，2002年5月，在美国召开的著名的CLEO（Conference on Lasers and Electro-Optics）会议（国际激光与光电子学领域影响最大的国际学术会议）上，俄罗斯科学院科学家在大会报告中，总结了全世界OPCPA研究的现状，引用并列出了英国卢瑟福实验室、美国劳伦斯里弗莫尔国家实验室、日本大阪大学激光工程研究所、俄罗斯科学院应用物理研究所和中国上海光机所的OPCPA研究最新结果，结果表明上海光机所当时取得的研究成果（3.67TW/155fs）在总体性能指标上为世界第一。上述成果迅速发表在光学领域的国际权威杂志《Optics Letters》上（Multiterawatt Laser System Based on Optical Parametric Chirped Pulse Amplification. Opt Lett，2002，27：1135～1137）。

国际上最早提出光学参量啁啾脉冲放大（OPCPA）初步概念的科学家杜比提斯（A. Dubietis)等人，在2004年10月发表专题评论性论文（Progress in chirped pulse optical parametric amplifiers. Appl Phys B，2004，10（79）：693～700)，总结和评述了全世界OPCPA领域的研究进展。文中大量引用本项目取得的研究成果，特别是重点引用本项目相继达到的创国际最高水平的3.67太瓦与16.7太瓦的OPCPA激光系统，认为是10年来国际OPCPA研究领域中最杰出的实验成就，并是10年来建成的具有最高输出功率的OPCPA超短超强激光系统，充分肯定了我国在这一国际上重要的高科技前沿研究领域的领先地位。

本项研究取得的成果不仅是国际现代光科学与激光高科技领域的最新发展，也将为重大科学前沿、交叉学科领域与相关战略高科技的开拓创新提供全新实验手段与强有力推动，并为我国相关的国家重大科技计划或项目的部署与持续发展奠定重要的科学技术基础。

Significant Progress in the Exploration and Development of a New Generation of Ultra-Intense and Ultra-Short Pulse Lasers

Xu Zhizhan , Zhang Zhengquan

Ultra-intense and ultra-short pulse lasers can create new methods and extreme conditions for basic researches and important applications. Optical parametric chirped pulse amplification (OPCPA) is a novel concept for developing a new generation of ultra-intense and ultra-short pulse lasers with many advantages. The significant progress in OPCPA research has been achieved in China. With an advanced creative design different from those of other groups in the world, a compact 1064nm 10TW level laser system based on OPCPA was developed for the first time in the world, and a record of the most powerful output peak power (16.7TW/120fs) was achieved in 2002. A series of creative research results were obtained by means of the OPCPA laser system. The key scientific and technological issues about further development of OPCPA laser systems have been explored and resolved, and then the more powerful (such as 100TW to 2000TW level) OPCPA laser systems can be implemented based on our design.

2005年3月28日，2004年度国家科学技术奖励大会在人民大会堂隆重举行。由中国科学院院士徐至展领衔的研究组承担完成的“小型化OPCPA（光学参量啁啾脉冲放大）超短超强激光装置研究”项目，获得2004年度国家科学技术进步奖一等奖。该项目瞄准光学参量啁啾脉冲放大（OPCPA）这一国际上尚处在初级阶段的开拓与发展新一代超短超强激光的全新原理，成功实现基础性原理探索与工程性技术实施的结合，在基础研究、关键单元技术与总体集成等方面取得了具有自主知识产权并创国际最高水平的系列重大创新成果。该项成果被国际同行学术界认为是“10年来国际OPCPA研究领域中最杰出的实验成就”。

4.5 单分子选键化学获重大进展

——单分子“手术”开启分子磁性开关

赵爱迪　杨金龙　侯建国　朱清时

（中国科学技术大学合肥微尺度物质科学国家实验室）

原子和分子是构成物质世界的基本单元，在其尺度上对物质的研究成为整个物质科学研究的基础，具有重要而深远的意义。1959年，著名物理学家费曼教授就曾预言：物理学的规律不排除一个原子一个原子地制造物质的可能性。如果能够按照人类的意愿，在微观尺度上对单个的原子或分子进行操纵或装配，将极大地丰富人类改造物质世界的能力，使得设计和制造具有各种全新结构和功能的新物质成为可能。

1982年IBM公司的宾尼希（G. Binnig）博士和罗雷尔（H. Rohrer）博士[1, 2]发明了扫描隧道显微镜（STM），开创了单个原子与分子研究的新纪元。这一划时代的发明使得人类认识微观世界的能力得到了极大的提高，人类首次能够在真实空间“看到”和“感觉”到构成物质世界的基本组成——单个的原子和分子。近年来，扫描隧道显微镜在单分子科学领域逐渐显示出其强大的能力。20世纪90年代，美国华人科学家何文程教授(W. Ho)[3]等发展了利用扫描隧道显微镜对单个原子和分子的操纵能力，他们利用隧穿电流对单个分子实施“单分子手术”，通过对特定化学键的激发实现了单个分子的化学反应，并使用测定特定化学键的振动谱等方法确认和研究产物分子。这些研究结果展示了利用扫描隧道显微镜实施“单分子手术”这一崭新方法的巨大潜力，但数年来，下一步的目标，即利用单分子化学反应来实现特殊物理性质，却一直是未能实现的前沿难题。

磁性是物质最重要的物理性质之一。从古代的指南针到今天飞速发展的信息科学，磁性被广泛地应用于社会生活的各个领域。在过去的50年中，为了实现更大容量的信息存储和集成度更高的电子器件，人们制备和研究的凝聚态磁性物体，从块体的磁铁到薄膜、纳米晶、团簇，一直缩小到少量或单个的原子和分子。单个原子和分子范畴的磁性尤其让人感兴趣，因为其中的磁性仅仅由单个或几个原子外层非常少的未配对电子自旋提供，因此本质上是量子力学的。研究原子分子体系的磁性，不仅可以更深入了解量子态杂质的物理性质，还将为未来的基于单个自旋的量子信息和自旋电子学应用提供基础。尤其是分子体系，因其在结构上和电子性质上的多样性和灵活性，可以为量子自旋中心的“封装”提供有效的解决方案。

通过两年多的努力，我们将单分子化学与单个分子的磁性研究结合起来，通过对吸附于金属表面上的单个分子实行“手术”，在世界上首次实现了对单个磁性离子的自旋态控制。有关研究成果以“Report”形式发表在2005年9月2日出版的美国《科学》周刊上[4]。

在这一研究工作中我们选择了一种特殊的分子——钴酞菁（CoPc）作为研究对象。钴酞菁是一种仅1.3纳米大小的共轭大环平面分子，其中一个钴离子通过配位杂化相互作用被大环配位体包围在分子中心，构成一个非常典型的单原子“封装”体系（图1(a)）。这种金属酞菁分子具有高度的对称性和稳定性，它与金属卟啉分子，如人体内的血红素、植物体内的叶绿素（功能单元分别为铁卟啉和镁卟啉）等具有非常相似的结构和性质，构成一类重要的金属化合物，在光电器件、生物技术等方面具有广泛和重要的应用与研究价值。我们将少量的CoPc分子通过热蒸发的方法分散沉积在洁净的金表面上，利用低温超高真空扫描隧道显微镜系统地研究了该分子吸附于该表面的各种物理、化学性质。我们发现，在自由状态下具有磁性的CoPc分子一旦吸附到金属表面上，其分子磁性由于分子和衬底表面的相互作用而完全淬灭，因而不能直接做分子磁性器件用途。但是CoPc分子的大环配位体外端由四个苯环构成，我们通过针尖对分子施加特定能量和电流的隧穿电子去激发这些苯环上的碳氢键（图1(b)），可以逐个“剪裁”掉分子外围的8个氢原子，并使脱去氢原子的活性苯环基团与金属表面形成稳定的化学键，从而构造出新的人造分子结构。我们发现这一人造分子结构的中心钴离子的扫描隧道谱中显示出由于局域磁性杂质的存在所导致的近藤效应，即原先存在的展宽d轨道共振峰被一个钉扎在费米面能级上的非常尖锐的共振峰所取代（图2），其峰型、峰宽及其随温度的变化规律都表明这一强烈共振峰即为由于局域磁性杂质的存在所导致的近藤效应（Kondo effect）[5]。这一现象表明脱氢后的钴酞菁分子的钴离子存在局域磁矩，即分子的磁性得到了恢复。基于第一性原理的理论计算和分析也同时证明了新的人造分子结构中局域自旋的存在，并且通过理论模拟STM图像完全重现了实验的结果。

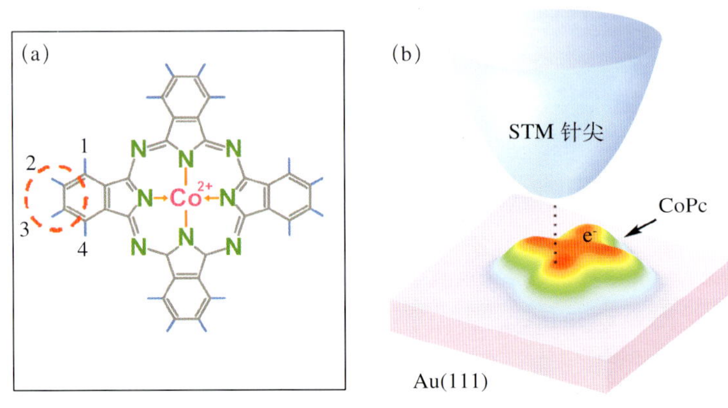

图1

（a）钴酞菁分子的结构示意图。外围共有4个苯环，其中每个苯环的4个氢原子中2、3两个将被脱去；
（b）用扫描隧道显微镜的针尖对吸附于金表面的钴酞菁分子施加特定能量和电流的隧穿电子使分子脱氢的示意图

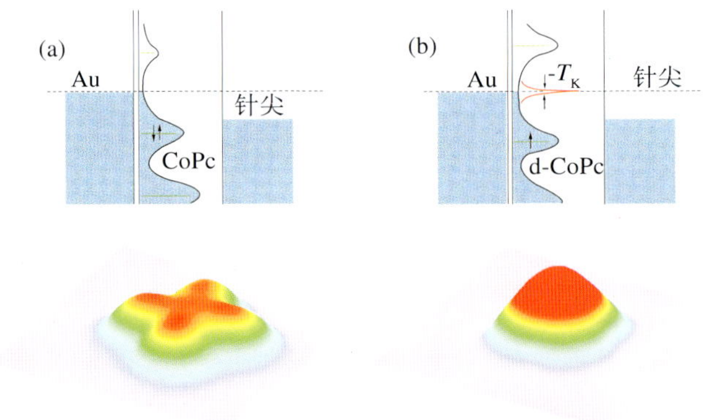

图2

（a）钴酞菁分子（下图）吸附到金属表面后，中心钴离子的扫描隧道谱中费米面附近仅有展宽的d轨道共振峰（上图）；（b）脱氢后的人造分子结构（下图）的中心钴离子的扫描隧道谱中出现一个钉扎在费米面能级上的非常尖锐的共振峰，标志着局域磁矩的出现（上图）

这一研究成果展示了如何在单个分子的内部实施化学反应并利用分子内部的化学反应来调节和控制分子中磁性金属离子的自旋态。这一成果为单分子功能器件的制备提供了一个极为重要的新方法，同时也揭示了单分子科学研究的新的广阔前景。《科学》周刊在同期“透视”栏目中请相关领域的美国科学家克罗米教授（M. F. Crommie）[6]以“在单个分子内部调控磁性”为题撰写专文介绍和评价这一研究成果。文中，他认为：“这一结果开辟了可能对未来的分子器件应用产生影响的分子内自旋行为的基础研究之路”，“其中心结论很有意思，因为文章阐明了人们现在能够通过单分子的操控来直接修改分子的结构，从而改变分子的磁性状态。在这之前虽然人们已经能够对单个分子的机械和电子性质进行调控，但这里作者们展示了如何改变单个分子的自旋属性，将（对单分子的）调控能力提高到一个新的台阶”。同时，克罗米教授还认为这一研究成果也有助于理解和认识复杂的分子-金属间相互作用：“这个实验漂亮地完备了（单分子）输运性质的测量，因为他们提供了直接的微观谱学证据，证明这种特定的、表征得很清楚的分子（与电极的）接触构造是如何导致了完全不同电子和自旋行为。”

参 考 文 献

1 Binnig G, Rohrer H, Gerber Ch, et al. Applied Physics Letters, 1982,(40)：178

2 Binnig G, Rohrer H, Gerber Ch, et al. Physical Review Letters, 1982,(49)：57～61

3 Ho W. The Journal of Chemical Physics, 2002,(117)：11033～11061

4 Zhao A D, Li Q X, Chen L, et al. Science, 2005, 309：1542～1544

5 Hewson A C. The Kondo Problem to Heavy Fermions. Cambridge：Cambridge Univ Press, 1993

6 Crommie M F. Science, 2005,(309)：1501～1502

Manipulating the Magnetism of an Adsorbed Magnetic Ion Through Its Chemical Bonding

Zhao Aidi, Yang Jinlong, Hou Jianguo, Zhu Qingshi

We report the magnetic moment of a single adsorbed magnetic atom can be manipulated by altering its chemical environment. Using a scanning tunneling microscope (STM) as a probe, we observed no Kondo effects when cobalt phthalocyanine (CoPc) was adsorbed on the (111) surface of gold. However, when we used the STM tip to dehydrogenate the Pc ligand, the local magnetic moment of the Coion was recovered, and it interacted with surface Au electrons to produce a Kondo effect with a high Kondo temperature.

中国科学技术大学合肥微尺度物质科学国家实验室侯建国院士、杨金龙教授和朱清时院士等在单分子选键化学领域获重大进展。他们在世界上首次实现了单个分子内部的化学反应，并利用局域化学反应改变和控制分子的物理性质，从而实现重要的物理效应，为单分子功能器件的制备提供了一个极为重要的新方法，揭示了单分子科学研究新的广阔前景。有关研究成果发表在2005年9月2日出版的美国《科学》杂志上。

4.6 深入地球内部的望远镜

——中国大陆科学钻探初步科学研究成果

许志琴

（中国地质科学院地质研究所）

上天、入地、下海，是人类挑战自然的三大壮举。从20世纪50年代开始，为直接获得地下深处真实的信息，人们通过科学钻探开启了宏伟的“入地”计划。中国“入地”计划的起点是中国大陆科学钻探（CCSD）工程。

中国大陆科学钻探（CCSD）工程是国家重大科学工程，也是当前正在实施的国际大陆科学钻探计划（ICDP）中的最深钻井（5000米）。中国大陆科学钻探井孔位于世界上规模最大的超高压变质带——大别-苏鲁超高压变质带南部的江苏省连云港市东海县毛北村，为国内外地学家公认的地学前沿——板块会聚边界深部动力学研究的最佳场所。中国大陆科学钻探工程于2001年6月25日正式开钻，2005年3月8日，钻井终孔深度达到5158米，超额完成既定的钻进目标。为实施此项重大科学工程，在井孔周围还建立了世界一流的科学钻探现场和深部物质研究平台。在国家科技部、国家自然科学基金委和国土资源部的资助下，一个由国内60多名科学家参与的多学科全方位的科学研究已经全面开展。国外近20个著名的科学家群体及实验室参加了合作研究。

一、中国大陆科学钻探的科学目标

中国大陆科学钻探工程的科学目标是通过对钻孔中获取的全部连续岩心、液态和气态样品及原位测井数据进行的全方位测量与综合研究，建立5000米孔深的各类多学科精细剖面，再造北中国板块与扬子板块会聚边界深部三维物质的组成和分布及三维结构构造；阐明板块会聚边缘的深部流体作用、壳-幔相互作用及地幔中物质循环和流变学；寻找超深地幔条件下形成的特征矿物，揭示超高压变质成矿机理；建立结晶岩地区地球物理理论模型和解释标尺；揭示超高压变质岩石的形成与折返模型及板块会聚边界的深部动力学机制。通过5000米深孔营造的特殊地下空间，研究现代地壳的物理、化学及生物作用，进行综合的地球物理测量，准确地监测现代地壳活动，完井后的5000米深孔将成为亚洲第一个大陆科学钻探深孔的长期观察实验站。

二、我国钻探技术史上新的里程碑

在坚硬的结晶岩中钻进5000余米，进行全孔定向连续取心，不仅在我国没有先例，在世界上也属于高难度钻井工程，目前世界上只有极少数国家完成了这样的工程。我国的钻探技术人员在科钻一井施工过程中，采用我国自己开发、研制的“液动锤+螺杆马达+金刚石取心钻进”先进钻探技术，克服了重重困难，解决了大量钻探技术难题，实现了高难度的钻进目标，取心率达86%，最长岩心达4.25米。中国大陆科学钻探运用中国自己开发的钻探技术，成功开发了一项具有国际水平的高科技钻探技术，是我国钻探技术发展的新里程碑。

三、科学研究的重要进展及重大发现

中国大陆科学钻探工程在获得主孔5 000米珍贵岩心和气流体样品的基础上，按照国际大陆科学钻探编录的科学原则及测试内容，完成了中国第一井的系列“金柱子”，在主孔5000米岩心的深度和方位准确归位的基础上，建立了5000米深度的岩性、地球化学、氧同位素、构造、矿化、岩石物性、P波和S波速剖面及反射系数剖面、地下流体及各类测井等精细剖面。揭示了50多种丰富多彩的岩石类型。揭示了重要的榴辉岩类的厚度超过1300米，在原定的金红石矿体下又发现了400米厚的达工业品位的新的金红石矿体。发现深部400米厚的金红石矿体，揭示巨量物质深俯冲，发现来自深地幔的新矿物，发现极端条件下形成的微生物，并培养出微生物活体，在深井中同步记录了2004年12月26日远距4100千米的印尼苏门答腊9.3级地震引起的深部地下流体异常。同时首次在国内完成了长井段岩心深度和方位测井归位，首次完成结晶岩区的三维地震探测，揭示了精细的地壳结构，初步提出新的大陆深俯冲与折返模式。

（一）钻孔岩芯、超高压变质带及大陆深俯冲研究重要进展

1. 巨量物质超深俯冲的证据

揭示了主孔5000米深度的各类岩石中均含有超高压矿物柯石英，在主孔附近的榴辉岩薄片中发现金刚石，结合区域大面积范围内普遍发现柯石英，证实了苏鲁地区2亿年前发生过巨量物质超深俯冲的壮观地质事件。

2. 超高压变质事件的精确定年

SHRIMP U-Pb定年结果表明，榴辉岩和片麻岩中的锆石核部记录了> 680 Ma的原岩形成年龄，含柯石英的幔部记录了227 ± 2 Ma的超高压变质年龄，而边部则记录了209 ± 3 Ma的退变质年龄，表明苏鲁地体在晚三叠纪发生超高压变质后，经历了一个快速抬升的动力学演化过程（折返速率为5.6 km/Ma左右）。

3. 三维的氧同位素异常体的初步厘定

通过系统的氧同位素分析，建立了CCSD主孔的氧同位素剖面，证明超高压变质岩的氧同位素成分异常存在明显的空间差异性，表明超高压变质岩原岩与高纬度大气降水的相互作用受通道式流体活动控制。同时，证明流体-岩石相互作用的最大深度可达3320米。在退变质作用过程中，超高压变质矿物与局部的外来流体发生了相互作用，致使其氧同位素出现不平衡。初步厘定一个三维的氧同位素异常体。

4. 超高压变质岩的原岩恢复及罗迪尼亚超大陆裂解事件的响应

基于岩相学和岩石化学研究，对CCSD主孔4000米以上井段的超高压变质岩的岩石原岩进行重塑。确定它们的原岩包括三种类型：即变质沉积-火山岩系（变质表壳岩）、变质的层状基性-超基性侵入体和变质花岗质侵入岩。确立南苏鲁超高压变质岩原岩（700~800Ma）形成于由大陆玄武岩、辉长岩、岩浆成因的地幔岩及花岗岩组成的被动大陆边缘的构造背景，为罗迪尼亚超大陆裂解事件的响应。副片麻岩的原岩时代可能为新元古代-古生代火山-沉积盖层。

5. 地幔新矿物的发现

在CCSD主孔橄榄岩岩屑(孔深603~683米）中，分离出一系列特殊的矿物，包括碳化物、自然元素、金属互化物、硫化物和合金，种类达50种以上。有些矿物具有球状外形，如自然铁、镍纹石、铁镍合金、磁铁矿等。其中根据成分分析、结构测试，在自然界首次发现铁磷合金矿物。上述新矿物的发现，对于深入研究地幔岩的成因机制及大

陆深俯冲过程中的壳-幔相互作用机理有着重要的科学意义。有关这些矿物的形成条件、产出状态以及与超高压变质作用相互间的成因关系的研究，目前正在进行中。

6. 榴辉岩脱水的高温高压流变学实验

榴辉岩脱水的高温高压流变学实验表明，榴辉岩矿物中结构水（OH）脱水而引起不稳定性，诱发断裂，可以引起高温地震，用以解释地幔转化带中深源地震的成因。该成果第一作者为章军峰博士，发表于2004年的《自然》杂志。

7. 大陆板片深俯冲的流变学

通过新的EBSD组构测试技术，获得卫星孔（CCSD-PP1）石榴石橄榄岩中橄榄石的以（100）[001]滑移系及低-中含水量为特征的"C"类组构，与著名的阿尔卑斯阿拉米橄榄岩可以对比，显示了大陆板片深俯冲中的橄榄石流变学特征。

8. VSP 地震剖面的建立及科钻剖面对地球物理的初步验证

首次开展结晶岩地区包括CCSD垂直地震剖面（VSP）测量和二维三分量（2D × 3C）多波地震剖面测量的三维地震探测，提供了精细地震和地质构造解释结果及波速模型；在国内首次利用科学钻探验证了结晶岩区地震强反射层与韧性剪切带和岩性界面有关。地震反射资料还揭示地幔中层状结构，地震层析资料揭示了苏鲁地体周缘的郯庐断裂和响水断裂均为超岩石圈（大于250千米）断裂。

9. 苏鲁高压－超高压挤出纳布体（推覆体）的确定

确立苏鲁高压－超高压构造格架为折返阶段产物。由高压变质叠置岩片、很高压变质叠置岩片、超高压变壳岩变质叠置岩片和超高压花岗质变质叠置岩片四个单元组成的板片结构，厘定11条大型韧性剪切带为岩片边界，确定板片上部逆冲、下部正滑的运动学及挤出的动力学机制。根据地球物理反射剖面揭示的苏鲁高压——超高压变质板片无根，为向上拱起受剥蚀的挤出纳布体（推覆体）。

10. 大陆板片多重性俯冲与折返的动力学模式及陆－陆碰撞深俯冲剥蚀模式的提出

根据南苏鲁高压变质岩石的峰期变质年龄大于258Ma，起始折返年龄为258~240Ma，高压变质岩石的折返年龄比超高压变质岩石早30~40Ma。说明北苏鲁超高压变质板片开始俯冲时，南苏鲁高压变质板片已开始折返。提出新的大陆板片多重性俯冲与折返的动力学模式。根据苏鲁超高压变质纳布原岩的同位素年代SHRIMPU-Pb测定，表明苏鲁超高压变质带的南、北带分别由两个不同时代的基底——扬子基底（700～800Ma）和胶辽朝变质基底（2400Ma）组成。并同时经历了220～240Ma的超高压变质事件，提出陆-陆碰撞的深俯冲剥蚀模式。

（二）现代地壳作用研究的重要进展

1. 地下微生物的重大发现，对生命科学的挑战

中美科学家联合采用了克隆技术和微生物培养技术，对500～2000米的岩石和500～3500米的泥浆进行了系统的研究，发现具有特殊性能的新家族细菌，并且已经培养出活体。

（1）在CCSD主孔3500米以上深度的岩石发现具有特殊性能的细菌，对它们的功能测试表明，在岩石中发现的微生物主要含有Proteobacteria，以硝酸盐还原菌为主，它们的生活习性为喜冷（4℃），喜碱性环境、喜盐、能吃硝酸盐进行生物活动，这些生活习性和现代的地热梯度不符，大致推算它们的生存环境可能为岩石矿物中的包体具有。岩石中的微生物较低，每克岩石中含10^3～10^4个个体。

（2）泥浆中主要含Proteobacteria、Baderoidefes、Gram-positive、Plancforny cefes和Candidafe等种类，微生物具有喜高温（68～90℃），厌氧，碱性，喜盐，以硫酸盐、三价铁还原菌和产甲烷菌为主。能摄取地下化学能（不像地表的光合作用），在无氧条件下能依靠金属元素和硫酸盐进行生命活动。这些菌种可能来自地下的流体。泥浆中微生物含量很高，每克含10^8～10^9个个体。

（3）在3910米岩心中培植成功微生物活体。生物培养结果显示，从泥浆中已经分离出了一些生物活体，其中主要的是几种高温的三价铁还原菌，这些菌能还原粘土绿泥石和蒙脱石中的三价铁。从岩石中已经培养出喜热的铁锰还原菌。由于这些菌的特殊性能（厌氧、喜高温和能还原三价铁），我们可以肯定这些种类是从地下深处来的。

研究表明，生命可以在地下深处缺氧、缺水、缺少太阳能的极端环境中生存，并且积极地参加新陈代谢活动。这一系列的重大发现是人类对生物科学的挑战，对地球上生物圈的形成和演化，以及和水圈、岩石圈的相互作用提供了第一手的丰富资料。新发现的微生物体内还具有特殊的生物组合，如耐高温的生物酶和蛋白质，这些对生物化学的研究和开发具有实用意义。

2. CCSD在线流体监测捕获与2004年9.3级苏门答腊地震相关的气体地球化学异常

中国大陆科学钻探工程在线流体地球化学监测在2004年12月10至2005年1月10日之间捕获到一段重要的气体地球化学异常。该异常从2004年12月24日晚上11点半开始到12月29日晚上7点半结束，其中在12月26日早上7点半到29日晚7点半这段异常非常特殊，表现出流体地球化学的剧烈变化。具体表现为流体组分从基本上不含Ar、He及N_2跳跃到富含Ar、但亏损He和N_2。该异常发生在2004年9.3级苏门答腊地震前

1个半小时。2004年苏门答腊地震沿东北方向激发了我国云南和广东等地的地震异常、地下水位变化和GPS所测速率的变化等一系列效应，CCSD现场位于该方向上，和大地震的动态激发具有方向性一致。推测2004年苏门答腊地震所产生的面波在CCSD现场激发的动态效应，导致库仑型失稳，增进深部岩石或破裂带的渗透率，释放富含Ar但亏损He和N_2的流体。该异常是世界上捕获到最远的地震远程激发效应，对于震源物理、工程地震的研究有重大意义。

The Telescope That Goes Deep into the Earth

—The Preliminary Research Achievements in China's Continental Scientific Drilling

Xu Zhiqin

In the present article, it is pointed out that China's Continental Scientific Drilling(CCSD) project is a key national scientific project, and also the deepest drilled well in the International Continental Drilling Program(ICDP) currently being implemented. The implementation of this project features an initiative in the history of geoscience in China. Then the orientation of scientific goals of, and the major progress and important discoveries in CCSD are summarized. It is also pointed out that CCSD employed self-developed drilling techniques to successfully exploi a world-level high-tech drilling technology, a milestone in the development of drilling technology in China.

2005年3月8日，中国大陆科学钻探工程“科钻一井”在东海县毛北村成功深入地下5000多米，标志着我国“入地”计划获得重大突破。通过这次科学深钻，我国科学家获得了一系列创新成果：揭示了板块会聚边界深部连续的物质组成，以及超高压变质区的深部物质组成；证明了地质历史上曾发生的板块携带巨量物质俯冲地幔深处的壮观地质事件，以及发生在700万～800万年前的重大裂解事件；标定了结晶岩地区典型的地球物理场；提出了地壳分层拆离的多重性和穿时性“深俯冲-折返”新模式。

4.7 《中国植物志》的编研与出版

陈心启

（中国科学院植物研究所系统与进化植物学重点实验室）

植物是国家的重要自然资源，而自然资源乃是发展国民经济的物质基础。早在19世纪英国就为其殖民地印度编纂出版《印度植物志》；法国在20世纪30年代也编纂出版了《印度支那植物志》。因为植物志既是植物的户口册，又是信息库，是开发、利用植物资源的必备参考书。它详细地记载了植物的科学名称、形态特征、系统位置、地理分布、生态环境、经济用途及物候期等重要的科学信息。

中国是世界上植物资源十分丰富的国家。花卉草木誉满全世界，曾被外人称为“园林之母”。早在17世纪中期，外国植物采集家就不远千里来到中国考察和采集植物。据统计，在新中国成立前，约有300余位外国人，从中国采集、带走的121万份植物标本，至欧洲、美国、日本等地进行研究，发表了数以千计的论著和命名了大量的中国植物。1886～1905年间，英国人甚至据此还发表了“中国植物名录”。当然，它与中国实际拥有的植物资源相比，相去甚远。

植物的命名是必须遵循国际命名法规和承认优先权的。因此，要研究中国植物和编写《中国植物志》，就必须首先了解浩如烟海的前人论著，和研究保藏于世界各国标本馆中的中国植物标本，特别是前人命名中国新植物的凭证，亦即模式标本。其次，要对国内各地区，特别是空白地区，进行反复的考察与采集，收集和积累必要的科学资料、信息和标本以供研究，还要充分了解邻近国家或地区的植物，以便进行对比研究。因此，编写植物志是一项难度很大的研究工作。正是由于这个原因，世界上有许多国家，至今仍未完成植物志的编纂工作。

图1 耗时46年完成的《中国植物志》

1. 80年不间断的考察、采集、研究

首先提出要编写《中国植物志》并进行开拓性研究的中国人是哈佛大学博士胡先骕。他从20世纪20年代就开始研究中国植物。在1934年中国植物学会第二届年会上，胡先骕首先提出“理应编纂《中国植物志》”的倡议。

与他同时代的植物学家钱崇澍、陈焕镛等人，也积极参与了编纂《中国植物志》这一系统工程的准备工作。钟观光是最早到野外采集标本的中国植物学家。他在全国十几个省区采集了15万多份植物标本。其次是秦仁昌、刘慎谔、王启无、蔡希陶、俞德浚等人。他们相继在全国各地，特别是植物丰富的川、滇地区进行考察与采集，为后人收集和积累了大量的科学信息与资料，包括约80万份珍贵的植物标本。与此同时，一些植物学研究机构成立了，许多老一辈植物学家也开始了专科专属的研究。其中尤其重要的是胡先骕、钱崇澍、陈焕镛等为有关图书馆购置的大量珍贵图书、文献，以及秦仁昌到欧洲许多标本馆拍摄的近2万张中国植物标本，包括许多模式标本的照片。这些都为编写《中国植物志》奠定了良好的基础。

《中国植物志》所包括的植物范围为维管束植物，也就是蕨类植物和种子植物。稻、麦、棉、花卉、林木和药材等，绝大多数都属于维管束植物。而其他部分的植物，如藻类、真菌、地衣、苔藓等则属于《中国孢子植物志》的范畴，目前也正在编写之中。中国的维管束植物有3万多种，分别归属于301个科和4000多个属之中。由于种类繁多，一位专家往往终身只能研究一个科或几个科，或甚至一个科中的某几个属，因此，《中国植物志》的编研，需要全国有关专家的积极参与和通力协作。其次，植物志编研工作有很强的知识积累性与继承性，每一个科、属的研究都离不开前人知识、经验和资料的积累。而且，不但要承前，还要启后，也就是说自身还要到野外进行反复考察，补充新信息和增加第一手资料。对于有些植物还需要进行栽培观察，有些问题甚至还需要借助于其他植物学分支学科的研究加以解决。因此，编写植物志需要较长的时间。实际上，从准备工作开始到编纂完成、出版的过程，也是不间断地进行考察、采集和研究的过程。甚至在完成、出版以后，还需要不断地进行修正与补充。因此，《中国植物志》的编研工作始于20世纪20年代，经历了80年的风风雨雨，并非是夸大其词的。

图2　野外考察

2. 46年的通力协作

新中国成立后，《中国植物志》的编研工作受到了很大重视。1950年8月在中国科学院召开的北京会议上，正式提出了编纂《中国植物志》的任务。1956年，中国科学院在制定科学发展远景规划中，《中国植物志》被正式列入项目之中。1959年5月，由钱崇澍、胡先骕等26位植物学家联名在《科学报》上倡议编写《中国植物志》，10月获批准，成立了《中国植物志》编辑委员会，由中国科学院领导，挂靠于北京的植物研究所。任命钱崇澍、陈焕镛为主编，秦仁昌为秘书。并在当年出版了首卷《中国植物志》(全书第二卷，蕨类，作者：秦仁昌)，此后在1961与1963年又分别出版了两卷。后来由于众所周知的原因，停顿了10年之久。但在1973年以后逐渐恢复工作，相继由林镕、俞德浚、吴征镒等人担任主编。自1978年以后加快步伐，终于在2004年完成了126卷册的全部出版工作，2005年完成了总索引的编制与出版。

从《中国植物志》编辑委员会成立和首卷《中国植物志》的出版，到2005年全部完成出版，总共经历了46年。其间参加编研的专家共有312位，绘图人员164位。因此，可以说《中国植物志》是他们通力协作、拼力奋斗46年的成果。在126卷册中，以各卷册第一位卷编辑所从属的单位统计，完成数量最多的前三位为中国科学院植物研究所(42卷册)、昆明植物研究所（17卷册）和华南植物研究所（17卷册）。其次为江苏植物研究所（6卷册）、西北高原生物研究所（3卷册）、西北植物研究所（3卷册），以及南京大学、中山大学、四川大学以及其他科研单位与大学等。

在126卷册中，119卷册（亦即占95%）是在1978年以后完成、出版的，62卷册（约占50%）是在20世纪90年代以后出版的。因此可以说，如果没有国家改革开放的政策，要完成《中国植物志》也是不可能的。

3. 我国生物学领域的重大学术成就

《中国植物志》共含80卷126分册（1959～2004）和中、拉名称总索引一册（2005)，内容包括国产及归化的维管束植物31 142种，分别归属于301个科的3408个属之中。全书计有5000多万字，图版9000余幅。不论在收集的种类、图版和篇幅上均远远超过目前世界上已出版的最大型植物志《苏联植物志》(1934～1956，含25卷)。

《中国植物志》编研的重要特点是，紧密结合自身的野外调查与考察工作。新中国成立以后，由中国科学院或以中国科学院及其下属研究所为主体，组织了多次大型的全国性调查考察队，如黄河中游水土保持考察队（1954～1957)、中苏联合考察队（1953～1957)、中科院甘青综合考察队（1955～1958)、中科院新疆综合考察队（1956～1959)、全国野生经济植物资源普查（1959)、南水北调综合考察队（1959～1961)、全国中草药资源普查（1970～1980）、青藏综合考察队（1973～1976）、横断山地区综合科学考察队（1981～1983）、重要地区野生生物资源考察与评价（空白与薄弱地区补充调查采集）（1987～2000）等。而地区性的调查考察则范围更广。总计全国采集到的植物标本达1700万份，这在世界采集史上是罕见的。在这个基础上，使得《中国植物志》有了极其丰富的第一手资料，包含了大量的新信息、新内容，因而有很高的科学价值。

编写《中国植物志》的另一特点是，一部分科、属曾结合形态、解剖、孢粉、细胞和其他植物分支学科来研究其系统位置或分类问题，发表了大量的相关专著和论文，获得了国家自然科学多项奖励，其中包括国家自然科学奖一等奖一项，二等奖多项，其学术水平得到了公认。因此，《中国植物志》应是我国生物学领域的重大学术成就。它不仅是世界上已出版的植物志中种类最多、篇幅最大、图版最多的一部巨著，也是第一手资料十分丰富的高水平专著，其影响力和重要性是世界性的，已经引起了国际学术界和社会的广泛关注。

Flora Reipublicae Popularis Sinicae, Its Compilation and Publication

Chen Xinqi

The Flora Reipublicae Popularis Sinicae is a Chinese flora dealing with ferns and seed plants. It comprises 80 volumes or 126 fascicles, with its first volume published in 1959, the last volume in 2004 and a general index in 2005. There are altogether 31 142 species recognized, belonging to 301 families and 3408 genera. It was written by 312 botanists and its over 9000 illustrations were prepared by 164 artists. The 17 millions of specimens on which it was based were mostly collected by Chinese botanists from 1953 to 2000. It is an important achievement in biological sciences of China.

《中国植物志》是由我国四代植物学家辛勤耕耘和通力协作、跨越半个世纪的集体结晶。这部旷世巨著记载了中国3万多种植物，包括9000多幅图版，共计5000多万字，126卷册，是关于中国维管束植物的全面、系统、科学的总结。作为我国宏观生物学领域最重大的学术成就，《中国植物志》的全部出版为合理开发利用植物资源提供了极为重要的基础信息和科学依据，对陆地生态系统研究将起到重大促进作用，对国家和全球的可持续发展将做出重大贡献并产生深远影响。

4.8 线粒体呼吸链膜蛋白复合物II的晶体结构

孙 飞 徐建兴 饶子和

（清华大学结构生物学实验室，中国科学院生物物理研究所）

线粒体作为细胞器，是真核细胞活动的主要供能单位，一般分布在细胞功能旺盛的区域；像心肌细胞、肾脏细胞、肠表皮细胞等大量耗能细胞中，线粒体的含量非常高。线粒体是细胞发生呼吸作用的主要场所，包括柠檬酸循环和氧化磷酸化两个过程。线粒体氧化磷酸化的电子传递链(又称呼吸链)位于线粒体内膜，由四个分子量很大的跨膜蛋白（复合物Ⅰ、Ⅱ、Ⅲ和Ⅳ）和介于Ⅰ、Ⅱ和Ⅲ之间的辅酶Q及介于Ⅲ和Ⅳ之间的细胞色素c来完成。呼吸链的功能是进行生物氧化，并与称为复合物Ⅴ的ATP酶偶联，共同完成氧化磷酸化制造生物能量分子ATP的功能。

至今只有少数几个物种中分离的复合物Ⅳ和复合物Ⅲ的晶体结构得到了解析。1995年，Tomitake Tsukihara等首次获得了细胞色素c氧化酶晶体的高分辨率数据，电子密度图清楚地显示了各个金属结合中心[1]；1997年，Di Xia等基于2.9埃的衍射数据，解析了牛心线粒体复合物Ⅲ的部分结构[2]；1998年，Zhaolei Zhang等解析了鸡心和牛心的线粒体复合物Ⅲ结合抑制剂时的结构，发现铁硫蛋白外部结构域有两种位置，提出了醌的氧化和细胞色素c_1的还原是通过铁硫蛋白外部结构域的运动来完成的[3]；同年，So Iwata等报告了牛心线粒体复合物Ⅲ 11个亚单位的完整晶体结构，电子传递核心区域的电子密度清晰可辨，不同晶型中的铁硫蛋白有不同的构型，进一步解释了电子传递的机制[4]；1998年，Shinya Yoshikawa等人分别解析了细胞色素c氧化酶的氧化态、还原态、叠氮化钠结合态、一氧化碳结合态的晶体结构，指出了质子泵位点和氧还原质子化位点的关键氨基酸[5]。

线粒体复合物Ⅱ又称为琥珀酸泛醌氧化还原酶（线粒体SQR），作为琥珀酸脱氢酶，它催化三羧酸循环中琥珀酸到延胡索酸的氧化，同时，琥珀酸的氧化与线粒体内膜中辅酶Q的还原通过电子传递所耦合，电子通过一系列包埋在该复合物中的电子传递体FAD,[2Fe-2S],[4Fe-4S],[3Fe-4S]及血红素来完成了从琥珀酸到辅酶Q的传递。线粒体复合物Ⅱ属于琥珀酸泛醌氧化还原酶家族，这个家族中的酶通常包含一个水溶性的具有催化活性的异二聚体及一个完整的跨膜部分。根据跨膜部分组成蛋白的数目及包含血红素的数目，这个家族的酶可以分成A～E五类。线粒体复合物Ⅱ属于C类型，包含一个血红素分子和两条穿膜蛋白（CybL 和 CybS）。此前，线粒体复合物Ⅱ的精细结构一直没有得到解析。而关于琥珀酸泛醌氧化还原酶的结构研究则在原核生物中取得了一些进展， Tina M. Iverson 等于 1999 年解析大肠杆菌 QFR(含有四个亚基)的 3.3 埃结构[6]；同年 11 月，C. Roy D. Lancaster 等解析了 *Wolinella succinogenes* 中 QFR(含有三个亚基)的 2.2 埃的结构[7]；2003 年，So Iwata 领导的小组获得了大肠杆菌 SQR2.6 埃的晶体结构[8]。人们只能用这些原核 SQR（QFR）的结构作为模型来研究线粒体复合物Ⅱ。

人类有很多疾病，如嗜铬细胞瘤、副神经节瘤和李氏症等，均与线粒体复合物Ⅱ的翻译提前中止或氨基酸突变相关，这些疾病多表现为活性氧自由基引起的神经性紊乱，而活性氧自由基的产生与电子在线粒体复合物Ⅱ中传递的泄漏有关。关于这些疾病产生的分子机理研究需要以复合物Ⅱ的三维精细结构为基础。

鉴于线粒体复合物Ⅱ晶体结构解析的重要而深远意义，我们历时三年以猪心为原材料从中提取线粒体复合物Ⅱ，并解析了该膜蛋白复合物 2.4 埃的结构及其与抑制剂 3- 硝基丙酸盐（NPA），2- 噻吩甲酰三氟丙酮(2-TTFA)的复合体 3.5 埃的结构，填补了线粒体呼吸链结构生物学研究的一个空白[9]。

整个复合物Ⅱ看上去像一个字母q的形状，有一个亲水的头部和一个穿膜的尾巴。通过分析穿膜螺旋，我们发现在该复合物尾部分布了 5 个带电的氨基酸和 2 个极性的氨基酸，表明并证实了复合物Ⅱ是一个穿膜蛋白复合物。此外，通过分析该复合物在晶体中的排列，我们推测它在线粒体内膜上是以单体形式发挥功能的，这一点与复合物Ⅲ的二体功能单位是不同的，也与原核生物 SQR 的二体 / 三体化现象不同。

基于 2.4 埃高分辨率的结构，我们仔细分析了各个组成单位亚蛋白的结构，并研究了它们的相互作用和接触面，发现 CybL 的 N 端有一个亲水的 α 螺旋，位于线粒体基质中，与铁硫蛋白相互作用，这种相互作用占了跨膜部分与铁硫蛋白相互作用的 40%，说明该螺旋在复合物Ⅱ的组装及跨膜部分与铁硫蛋白的识别中具有重要的作用。

除了对各个电子传递体（FAD, [2Fe-2S], [4Fe-4S], [3Fe-4S] 以及血红素分子）进行精确定位外，我们在该结构跨膜区靠近线粒体基质一端的口袋 Qp 中，发现了一些电子密度，认为是所结合的辅酶 Q 的头部结构，这一点被与抑制剂结合的复合体结构所证明，在该结构中，2-TTFA 恰好结合在口袋 Qp 中，同时，我们还发现了第二个 2- 噻吩甲酰三氟丙酮的结合位点，位于跨膜区靠近线粒体膜间隙一端的口袋 Qd 中，这个发现具有全新的意义，表明复合物Ⅱ可能存在新的醌结合位点。

通过比较线粒体复合物Ⅱ的结构和大肠杆菌 SQR 的结构，我们证明了电子传递体的氧化还原电位是受其周围的氨基酸环境调制的；此外，线粒体复合物Ⅱ和大肠杆菌 SQR 具有相似的亲水头部，但是跨膜部分却有很大的差别，从而解释了用大肠杆菌 SQR 的结构作为线粒体复合物Ⅱ模型的局限性。

利用线粒体复合物Ⅱ的结构对已知与人类疾病相关的该复合物突变位点进行了精确定位，发现这些突变位点均位于电子传递体或辅酶Q结合位点的周围，它们的突变或影响了电子传递体的结合，或影响了辅酶Q的结合，从而导致电子传递的中断，逃逸到线粒体基质中或线粒体内膜中，经过一系列下游途径导致疾病的产生。因此，线粒体复合物Ⅱ的结构解析为研究与该复合物相关的人类线粒体疾病提供了一个真实可用的模型。

线粒体膜蛋白复合物Ⅱ是世界上获得的为数不多的膜蛋白结构中的一员，也是我国继去年生物物理所获得的菠菜捕光蛋白复合物Ⅱ之后的第二个膜蛋白结构[10]，这标志着我国结构生物学的研究跨入了世界前列。

参 考 文 献

1 Tsukihara T, Aoyama H, Yamashita E, et al. Structures of metal sites of oxidized bovine heart cytochrome c oxidase at 2.8 Å. Science, 1995, 269：1069～1074

2 Xia D, Yu C A, Kim H, et al. Crystal structure of the cytochrome bc1 complex from bovine heart mitochondria. Science, 1997, 277：60～66

3 Zhang Z, Huang L, Shulmeister V M, et al. Electron transfer by domain movement in cytochrome bc1. Nature, 1998, 392：677～684

4 Iwata S, Lee J W, Okada K, et al. Complete structure of the 11-subunit bovine mitochondrial cytochrome bc1 complex. Science, 1998, 281：64～71

5 Yoshikawa S, Shinzawa-Itoh K, Nakashima R, et al. Redox-coupled crystal structural changes in bovine heart cytochrome c oxidase. Science, 1998, 280：1723～1729

6 Iverson T M, Luna-Chavez C, Cecchini G, et al. Structure of the Escherichia coli fumarate reductase respiratory complex. Science, 1999, 284：1961～1966

7 Lancaster C R, Kroger A, Auer M, et al. Structure of fumarate reductase from Wolinella succinogenes at 2.2 Å resolution. Nature, 1999, 402：377～385

8 Yankovskaya V, Horsefield R, Tornroth S, et al. Architecture of succinate dehydrogenase and reactive oxygen species generation. Science, 2003, 299：700～704

9 Sun F, Huo X, Zhai Y J, et al. Crystal structure of mitochondrial respiratory membrane protein complex II. Cell, 2005, 121：1043～1057

10 Liu Z, Yan H, Wang K, et al. Crystal structure of spinach major light-harvesting complex at 2.72 Å resolution. Nature, 2004, 428：287～292

Crystal Structure of Mitochondrial Respiratory Membrane Protein Complex Ⅱ

Sun Fei, Xu Jianxing, Rao Zihe

On July 1st, 2005, "Tsinghua-Institute of Biophysics" Joint Research Group published their important research about Crystal Structure of Mitochondrial Respiratory Membrane Protein Complex Ⅱ. Here we present a brief introduction concerning the scientific background, significance and also the main creative results of this research.

由饶子和院士领导的清华大学-中科院生物物理研究所联合研究小组在世界上率先解析了线粒体膜蛋白复合物Ⅱ的晶体结构，这是线粒体结构生物学和细胞生物学的一个重要进展，该项研究成果发表在2005年7月1日的《细胞》杂志上。

4.9　哺乳动物基因突变和转基因技术的新方法

丁　昇　吴晓晖　许　田
（复旦大学发育生物学研究所）

人类基因组计划发现哺乳动物有大约30 000个基因，对这些基因功能的认识是当前国际竞争的焦点。由于传统基因功能研究方法如基因剔除和化学诱变等技术要求高、时间长、费用大的缺陷，30多年来人们仅对约10%哺乳动物基因功能有所了解。复旦大学发育生物学研究所的科研人员将一种源于飞蛾的*piggyBac*（*PB*）转座因子用于小鼠和人类细胞的基因功能研究，在世界上首次创立了一个高效实用的哺乳动物转座因子系统，为大规模研究哺乳动物基因功能提供了新方法。该成果于2005年8月12日以封面文章形式发表在国际顶级生命科学杂志《细胞》上（图1）[1]。这是我国科研成果首次登上该杂志的封面，相关技术已申请国际专利。

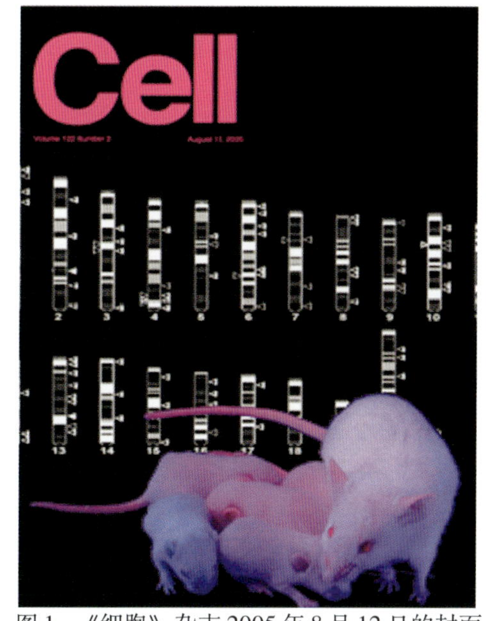

图1　《细胞》杂志2005年8月12日的封面

转座因子是一类可以进入基因组内不同位置的基因载体，占人和小鼠基因组序列的40%以上，在进化中有重要作用。自麦克林托克(Barbara McClintock)[2]从玉米中发现第一个转座因子以来，转座因子已成为很多生物宝贵的遗传分析工具。科学家利用它们插入基因导致突变以了解基因功能，也利用它们培育转基因生物。在原核生物中，利用转座因子进行的突变研究发现了在有害微生物致病时起重要作用的基因[3]。在昆虫中，运用P因子（一种转座因子）的转基因和插入突变技术大大推动了果蝇遗传学的发展[4]。包括P因子在内的许多转座因子在其天然宿主以外的生物体中没有活性，说明转座过程涉及一些宿主因子。

小鼠是目前研究哺乳动物基因功能和疾病机理最重要的模型。小鼠和人的解剖结构和生理活动基本相同，绝大多数人类基因在小鼠中也存在对应基因。*Tc1/Mariner*家族的几种转座因子已在小鼠中进行了尝试。一种利用比较系统发育学手段人工合成的*Tc1*类转座因子*Sleeping Beauty* (*SB*)被证明在小鼠和人的细胞中具有活性[5]。它和*Minos*等*Tc1*类转座因子也在小鼠体内进行了插入突变测试[5,6]，但由于新插入位点集中在原始位点周围、转座效率低、携带DNA长度有限等原因，这些转座因子并没有得到广泛应用。

由许田博士和吴晓晖博士共同领导的研究小组立志于改变哺乳动物遗传学的研究现状。在摸索多种新型小鼠转基因和插入突变方法失败后，他们终于成功地将改造的*PB*因子应用于哺乳动物。*PB*因子来源于飞蛾甘蓝尺蠖(*Trichoplusia ni*)[7]，此前已成功用于黑腹果蝇等10多种昆虫及疟原虫(*Plasmodium falciparum*)和涡虫(*Girardia tigrina*)中[8]。研究小组发现*PB*因子可在人和小鼠的细胞株中高效导入基因并稳定表达（图2），为体细胞遗传学研究和基因表达提供了一个高效、便捷的新系统。他们进一步发现可用*PB*因子培育转基因小鼠（图3），为小鼠及其他哺乳动物建立了新的转基因技术体系。与传统的转基因技术相比，利用*PB*进行转基因的优势在于：①转基因以类似于内源基因的单拷

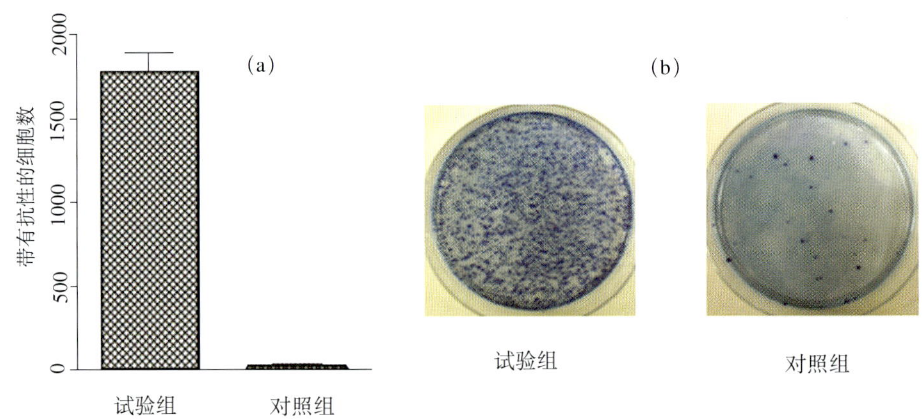

图2　*PB*转座因子在哺乳动物细胞中的高效转座

(a) 小鼠胚胎干细胞中，含有*PB*转座因子的试验组使药物抗性转基因整合效率提高了50倍；(b) 试验组和对照组示例

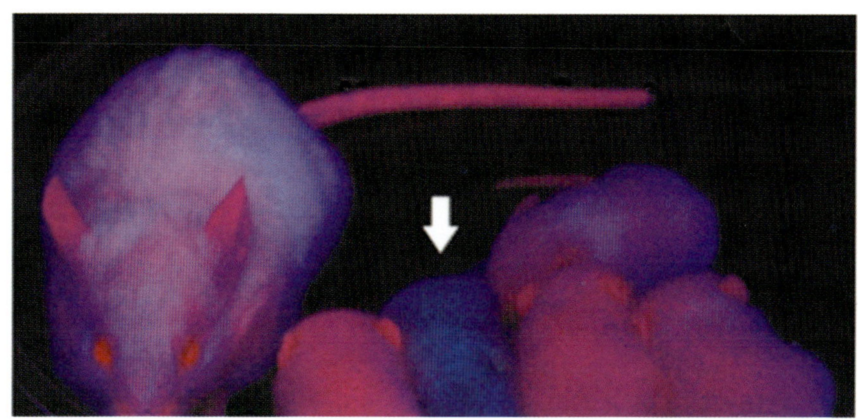

图 3 用 *PB* 转座因子培育的转基因小鼠。箭头所示小鼠为不带转基因的阴性对照

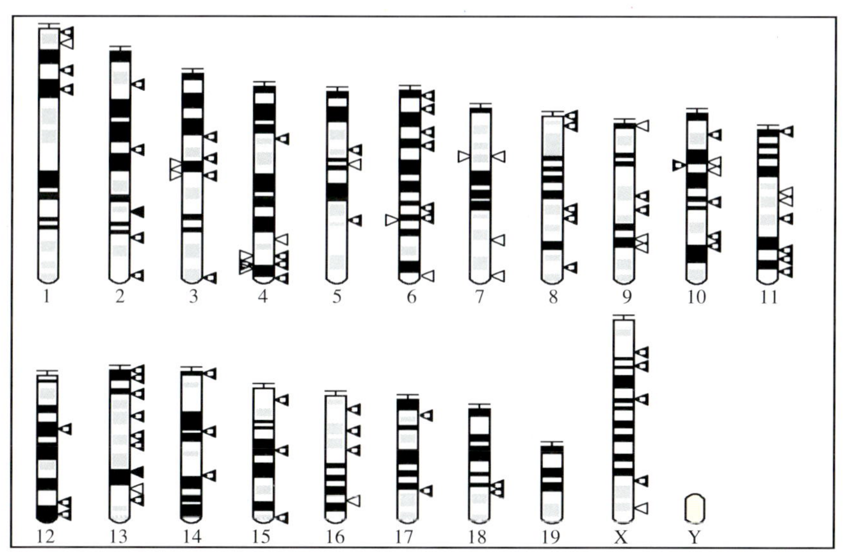

图 4 *PB* 转座因子的插入位点广泛分布于小鼠的基因组上

贝形式整合；②转基因载体可同时携带多个基因；③ *PB* 允许转基因长期稳定表达；④转基因整合效率高；⑤可用非损伤性的可见标记代替 PCR 等传统方法跟踪转基因，经济高效；⑥易于确定整合位点。

更令人兴奋的是，研究组发现 *PB* 不仅可高效、广谱地插入小鼠基因组并使基因失活（图 4），而且其精确切离的特性也可用于复活被插入的基因。研究组培育了携带转座酶的小鼠。它们与携带 *PB* 的小鼠交配后能源源不断地产生不同基因突变小鼠。据此研究组在不到一年内培育出约1%小鼠基因的突变品系（图5），从而使在小鼠等哺乳动物中高效、大规模了解基因功能成为可能。

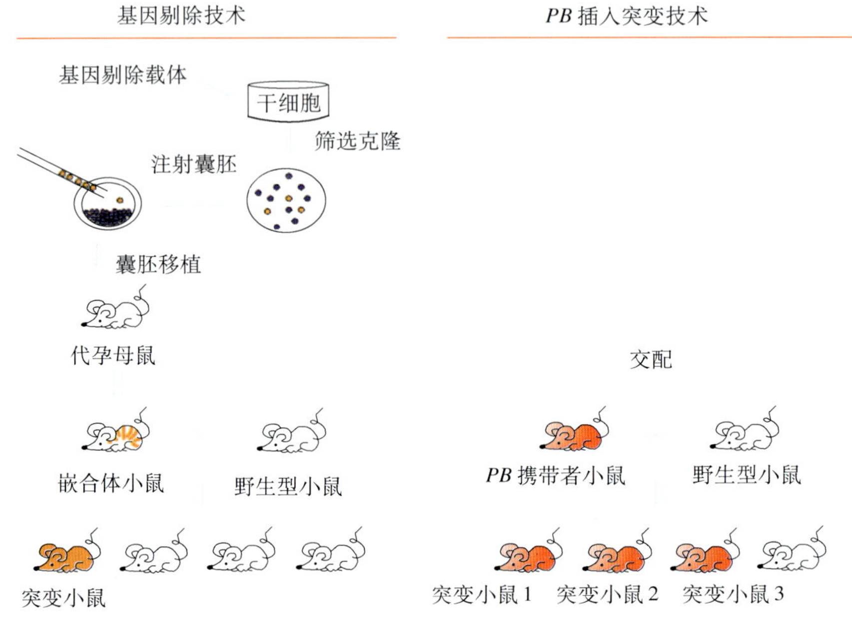

图5　与基因剔除相比，*PB*插入突变技术产生基因突变小鼠流程简单，效率高

新方法简便高效，提供了大规模研究小鼠等哺乳动物基因功能的解决方案。它可在大范围内快速寻找疾病相关基因，建立多种疾病模型，寻找疾病机理及药物靶点，从而发展创新的治疗手段和药物，并为人类疾病的基因治疗提供了新途径。新方法还可以用于鉴定并研究具有重要生物学功能的基因，并改良经济动物。相关研究成果得到了国际生物医学界的广泛关注。《细胞》杂志审稿人评价这项工作“是里程碑式的发现，将可能在世界范围内改变小鼠遗传学研究，并具有用于人类基因治疗的前景”。

参　考　文　献

1　Ding S, Wu X, Li G, et al. Efficient transposition of the *piggyBac* (*PB*) transposon in mammalian cells and mice. Cell，2005,(122)：473～483

2　McClintock B. The origin and behavior of mutable loci in Maize. Proc Natl Acad Sci U S A, 1950,(36):344～345

3　Hutchison C A, Peterson S N, Gill S R, et al. Global transposon mutagenesis and a minimal Mycoplasma genome. Science，1999,(286)：2165～2169

4 Spradling A C, Rubin G M. Transposition of cloned P elements into Drosophila germ line chromosomes. Science, 1982,(218): 341～347
5 Ivics Z, Hackett P B, Plasterk R H, et al. Molecular reconstruction of Sleeping Beauty, a Tc1-like transposon from fish, and its transposition in human cells. Cell, 1997,(91): 501～510
6 Zagoraiou L, Drabek D, Alexaki S, et al. In vivo transposition of Minos, a Drosophila mobile element, in mammalian tissues. Proc Natl Acad Sci U S A, 2001,(98): 11474～11478
7 Cary L C, Goebel M, Corsaro B G, et al. Transposon mutagenesis of baculoviruses: analysis of Trichoplusia ni transposon IFP2 insertions within the FP-locus of nuclear polyhedrosis viruses. Virology, 1989,(172): 156～169
8 Handler A M. Use of the piggyBac transposon for germ-line transformation of insects. Insect Biochemistry & Molecular Biology, 2002,(32): 1211～1220

A New Method for Insertional Mutagenesis and Transgenesis in Mammals

Ding Sheng , Wu Xiaohui , Xu Tian

The lack of an efficient insertional mutagenesis and transgenesis tool in mammals preverted people from studying the functions of most mammalian genes. Dr. Tian Xu and Dr. Xiaohui Wu's group at the Institute of Developmental Biology and Molecular Medicine, Fudan University has recently modified *piggyBac* (*PB*), a transposon originally identified in moth, and tested its ability to transpose in mammalian systems. *PB* elements carrying multiple genes can efficiently transpose in human and mouse cell lines and also in living mice. Meanwhile, *PB* permits the expression of genes it carried. These data make *PB* an efficient system not only for somatic cell genetics, but also for transgenic studies in mice and other mammals. Furthermore, *PB* could effectively transpose into the mouse genome at diverse sites, preferably transcription units, make it an attractive choice for a highly efficient, large-scale functional genomic studies in mice and other mammals.

2005年7月25日，解读基因“里程碑式”的新方法在复旦大学诞生。该校发育生物学研究所科研人员通过研究，在世界上首次创立一个高效实用的哺乳动物转座因子系统，为大规模研究哺乳动物基因功能提供了新方法。该成果被国际顶级生命科学杂志《细胞》作为封面文章发表。《细胞》杂志审稿人评价该成果“是里程碑式的发现，将可能在世界范围内改变小鼠遗传学研究，并具有用于人类基因治疗的前景”。

4.10 果蝇的跨视觉和嗅觉模态的学习记忆的协同共赢和传递效应

郭建增 郭爱克

（中国科学院上海生命科学研究院神经科学研究所，
中国科学院生物物理研究所脑与认知科学国家重点实验室）

在现实生活中，人们经常会谈到“协同”、“合作”、“共赢”。国际权威学术期刊《科学》(2005年7月8日)发表了中国科学院上海生命科学研究院神经科学研究所和中国科学院生物物理研究所“学习与记忆”实验室的最新成果：《果蝇跨模态学习的相互作用》[1]。向人们讲述了果蝇在视觉和嗅觉记忆之间的协同双赢和相互传递的故事。它介绍了“多模态学习长记性”：在一定的时间、空间条件下，果蝇的视觉和嗅觉两个模态的学习记忆之间，可以通过协同机制达到非线性的放大，而不是对两个模态的各自的学习记忆作简单的线性叠加。

我们生命体在自然演化的历史长河中，被“武装”了视觉、听觉、嗅觉、味觉、触觉、痛觉等不同的感知觉通道或称作模态。这些模态就是我们脑与环境进行信息交换的界面和通道。显然，这些感觉通道或模态，不应该是孤立地工作的，它们之间必定有合作竞争，也存在相互抑制。有些场合会“所嗅即所看”[2]，有时会“所听即所看”[3]。这涉及神经科学界常讲的跨模态信息的“整合”、“匹配”、“传递”、“捆绑”、“协同”等，是脑与认知科学的热点问题之一[4]。

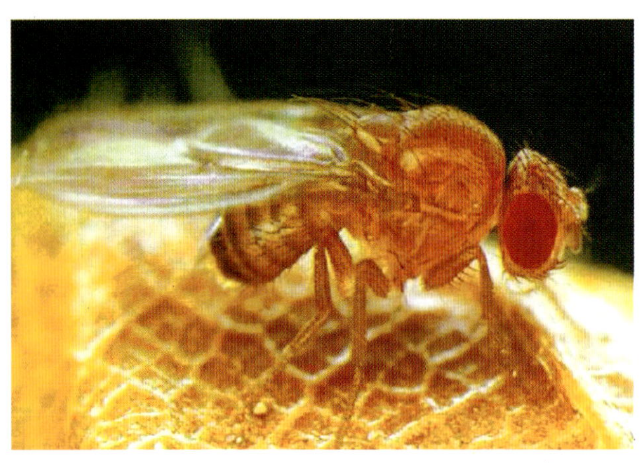

图1 果蝇（引自：P Lawrence. The Making of a Fly）

果蝇有非常精细的视觉系统和高灵敏的嗅觉系统[5]（见图1～3）。我们在经典的视觉飞行模拟器上[6]，“嫁接”了气味调控系统（见图4），在国际上率先在视觉飞行模拟器上，实现了对个体果蝇的嗅觉操作式条件化：在飞行模拟器上，训练单只果蝇记住两种不同的气味

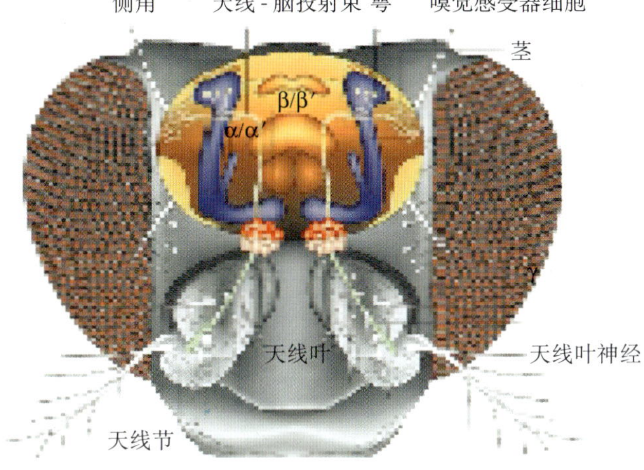

图2 果蝇的视觉系统和嗅觉系统（引自：Heisenberg. Nature Reviews, 2003）

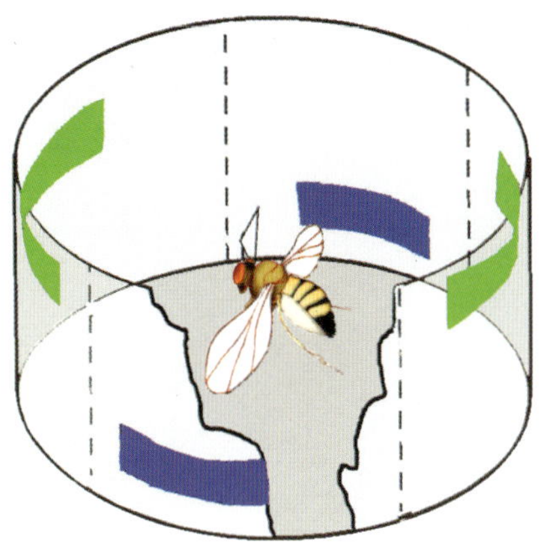

图3 飞行着的果蝇及其视觉环境

3-octanol(OCT, 三辛醇) 和 4-methylcyclohexanol(MCH, 四甲基环己醇)所分别代表的飞行方向，哪种气味所代表的飞行方向是“危险”的，即会受到红外光 (λ =10 060 nm) 的热惩罚；哪种气味所代表的飞行方向是“安全”的，即不会受到惩罚。气味(OCT)与(MCH)的浓度可连续变化，果蝇对气味（OCT）与（MCH）是没有偏好的。另一方面，视觉输入是在每个90° 象限的仰角不同的水平条带。仰角不同的高、低条带重心之间的垂直距离就作为视觉模式变量（见图3、图4）。嗅觉气味(OCT)与(MCH)的呈现分别与视觉上/下条带做固定搭配。这样一来，视、嗅操作条件化就可以在同一台飞行模拟器上同步实施或各自独立地单独进行。

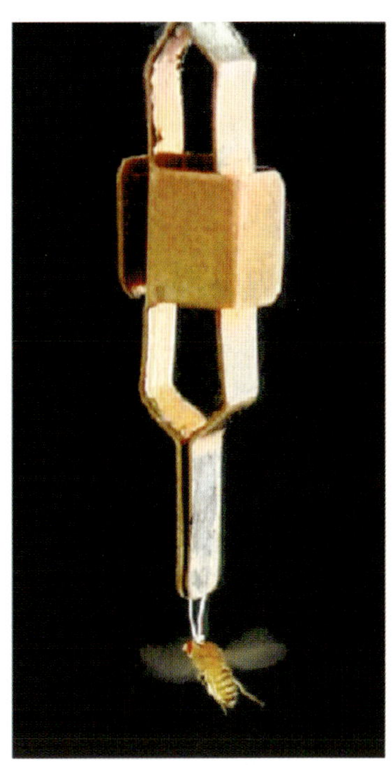

图4 果蝇在飞行模拟器上飞

我们将单独的视觉(高、低条带重心的垂直距离)和嗅觉 (MCD和OCH的浓度)的输入衰减到单独都不再能引起具有统计学意义的学习、记忆效果，将其定义为视觉和嗅觉学习记忆阈值：视觉阈值为白色上、下水平条带的最小垂直角距离，嗅觉阈值为气味（OCT）与（MCH）的最低浓度。我们将视、嗅的阈值信息，同步地提供给单只实验果蝇，实施双模态共操作条件化。在检测共操作条件化记忆指数时，发现二者之间的“弱-弱”联合，竟然能导致跨模态的学习记忆的非线性放大。通俗地讲，达到了“1 + 1>2”的非线性“协同共赢”的增强效果。我们还发现，尽管接近阈值的单模态操作条件化训练不会导致有统计学意义的记忆生成，但在双模态共操作条件化之后，视觉和嗅觉的单模态的记忆各自都分别形成了有统计学意义的记忆。通俗地讲，它们各自都从协同中受益了。这表明双模态之间不仅实现了“协同共赢”，而且还体现了“互利互惠”。

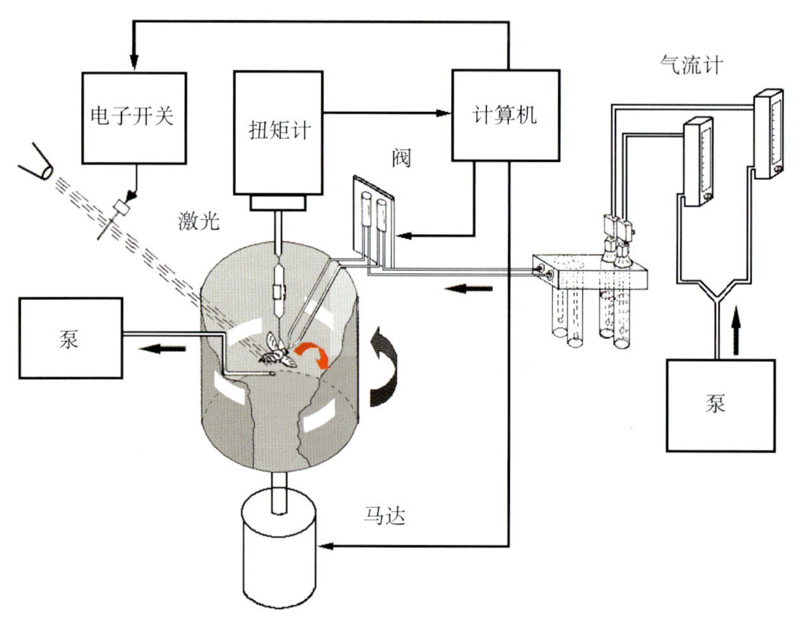

图5　视觉/嗅觉飞行模拟器

我们进一步发现，在两个模态之间，记忆可以传递：在“预操作条件化”的范式中，同时给个体果蝇提供高于阈值的固定搭配的气味和图形信息。让单只果蝇在这样的视/嗅模态共存的环境中，经历16分钟不受惩罚的定点飞行，然后单独对视觉模态进行操作式条件化10分钟，但是在记忆检验阶段，单独检验未条件化的嗅觉模态的记忆。发现嗅觉模态的记忆也“伴随”而生。反过来，我们同样地证明了记忆信息可以从被条件化的嗅觉模态向未被条件化的视觉模态发生传递。

我们的实验还严格证明了，视/嗅双模态之间的“协同共赢”、“互利互惠”和“相互传递”都对视/嗅双模态信息输入的时间一致性有严格的要求。目前，我们正在深入探索协同共赢和传递的神经机制。

我们期望，将果蝇作为研究学习记忆的模式生物，在人类揭示智力本质，探索“智与愚”的生物基础的科学活动中将会有所作为。多模态记忆协同对我们如何生成概念、达到

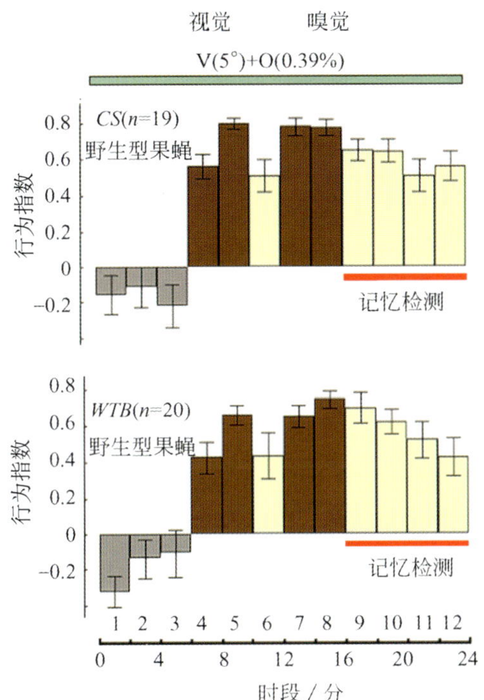

图 6　视觉和嗅觉双模态的记忆协同放大（见 9～12 时段的记忆指数，浅绿色）

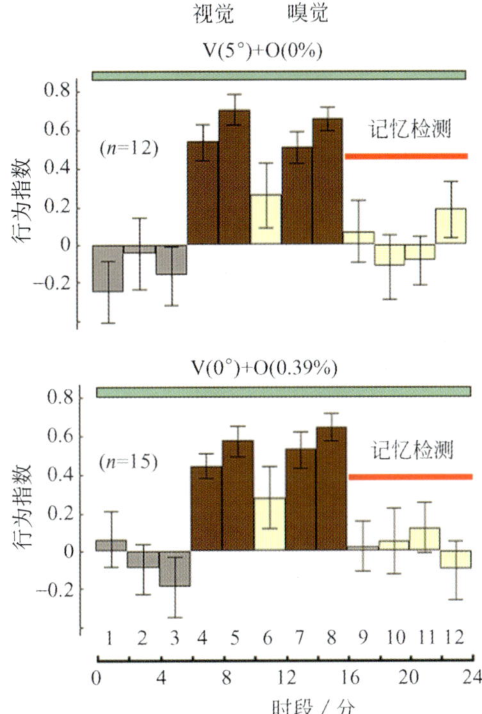

图 7　视觉或嗅觉单模态条件化的记忆指数为零（见 9～12 时段，浅绿色）

对客观事务的完整认知、推理、问题求解和“个性与共性”的关系都有重要的认知意义。我们相信，人们一旦揭示了果蝇多模态综合的神经计算过程，也必将会对当今的人工智能世界里的多智能体系统（Multi-Agent Systems，MAS）为代表的分布式人工智能（DAI）的研究，以及“基于自然法则的智能处理”和“自然计算”的研究有启发意义。

参 考 文 献

1　Jianzeng Guo, Aike Guo. Crossmodal interactions between olfactory and visual learning in *Drosophila*. Science ,2005,（309）：307～310

2　Jay A. Gottfried and Raymond J.Dolan. The nose smells what the eye sees：crossmodal visual facilitation of human olfactory perception. Neuron, 2003,（39）：375～386

3　McIntosh A R, Cabeza R E, Lobaugh N J. Analysis of neural interactions explains the activation of occipital cortex by an auditory stimulus. J Neurophysiol, 1998,(80)：389～391

4　Gemma A Calvert. Crossmodal processing in the human brain：insights from functional neuroimaging studies. Cerebral Cortex, 2001,(11)：1110～1123

5 Shiming Tang, Aike Guo. Choice behavior of *Drosophila* facing contradictory visual cues. Science, 2001,(294): 1543～1547

6 Martin Heisenberg, Reinhard Wolf, Bjoern Brembs. Flexibility in a single behavioral variable of *Drosophila*. Lern Mem, 2001,(8): 1～10

Crossmodal Interactions Between Olfactory and Visual Learning in *Drosophila*

Guo Jianzeng, Guo Aike

Different modalities of sensation interact in synergistic or antagonistic manner during sensory perception, but whether there is also interaction during memory acquisition is largely unknown. In *Drosophila* reinforcement learning, we found that conditioning with concurrent visual and olfactory cues facilitated memory acquisition near the threshold level that was ineffective for unimodal conditioning and that this bimodal conditioning reduced the threshold for unimodal memory retrieval. Furthermore, bimodal preconditioning followed by unimodal conditioning with either visual or olfactory cue led to crossmodal memory transfer. Thus crossmodal memory acquisition exists in *Drosophila* and interactions between sensory modalities may play an important role for learning in a natural environment.

2005年7月8日，国际权威学术期刊《科学》发表了中国科学院上海生命科学研究院神经科学研究所、中国科学院生物物理研究所郭爱克院士和中国科学院上海生命科学研究院神经科学研究所郭建增博士的果蝇学习与记忆的最新研究成果——“果蝇跨模态学习的相互作用”。这是一项揭示在一定的时间、空间条件下，果蝇在视觉和嗅觉不同模态之间的学习与记忆的协同双赢和相互传递的、具有重要应用意义的科学发现。

第五章

Future Perspectives of Physics

5.1 量子场论

吴岳良　黄庆国
(中国科学院理论物理研究所)

20世纪物理学有两个最重要的发现，即相对论和量子力学。这也是现代物理学所依赖的两大支柱。而量子场论又是两者的成功结合，即：

量子场论＝量子力学＋相对论

量子场论成功描述了自然界四种基本相互作用力中的三种作用力：电磁相互作用，弱相互作用，强相互作用，即除了引力相互作用。为此，对量子场论做出重要贡献而获得1999年诺贝尔奖的特霍夫特在2004年中国科学院理论物理研究所前沿科学论坛上特别强调：

量子场论＝基本粒子物理＝高能物理

量子场论中基本的物理自由度是以粒子能量和运动的形式出现，它把波粒二象性统一起来描述。在定域量子场论的框架下，各种相互作用都不是瞬时发生的，而是通过一些传播子来传递。在微扰量子场论的计算中，相互作用总是发生在一些点上。对于任何一个洛伦兹观测者而言相互作用都是发生在时空中一个确定的点上。而量子力学表明无限小的距离意味着无穷大的能量，这也使得在计算物理量时常常得到无穷大的结果。但是物理中的可观测量必须是有限的。这个困难曾一度使得量子场论几乎被抛弃了。为了克服这个紫外发散的困难，人们发展了正规化和重整化理论。一个理论是否可重整，曾经成为判断所构造的量子场论是否自洽的重要判据之一。杨-米尔斯规范场理论也是在特霍夫特和沃特曼证明了是可重整之后才被广泛使用的，他们也因此获得了诺贝尔物理学奖。基于对称性和规范理论，温伯格、萨拉姆和格拉肖建立了弱电统一模型，即成功地把电磁相互作用和弱相互作用进行统一描述。在包括了强作用后，此模型被称为粒子物理标准模型，其规范群是 $SU(3)\times SU(2)\times U(1)$。标准模型与20多年来所做的各种实验相一致，这也是称之为标准模型的一个重要理由。

根据重整化理论的思想，粒子物理学家进一步发展了有效量子场论，这时，可重整性就变得不那么重要了。但作为基本量子场论，可重整性仍然是一个重要的判据条件。有效量子场论的一个基本想法是：在构造一个量子场论时并不一定要求这个量子场论是可重整的，有效的概念就在于这样的量子场论只能刻画某个特征能标以下的物理。在有效场论中，那些不可重整的项的效应总是被所关心的能标与其对应的特征能标之比所压低。然而，尽管对任意给定的能标，有效理论都可以达到一个给定的精确度，但是当我们要求有效理论的精度或者所考虑的能标不断增加的时候，我们必须考虑越来越多的压低项，这也就要求我们对高能标的物理有越来越多的了解，甚至导致新的理论的建立。

显然，在有效场论的意义下，没有任何理由把爱因斯坦的广义相对论看做是一个量子引力理论。那些曲率的高次项和更高阶导数项应当是可以出现的，只是这些项被接近普朗克能量标度的特征能标的指数次幂压低了。当然，这些项在远低于特征能标下的效应是可以忽略的。

然而，标准模型的幺正性要求黑格斯粒子的质量不能超过大约 1 TeV。如果标准模型是在普朗克能标以下的有效理论，那么黑格斯粒子的质量的量子修正远远大于其物理观测到的值，这要求对标准模型里的参数做极为精细的调节，即所谓的规范等级问题，这是很不自然的。人们发现，超对称可极大地改变这种状况。超对称预言任何玻色子都有其相对应的伙伴费米子，而玻色子和其相应的伙伴费米子有相互抵消量子涨落的效应。然而，实验上从没有发现过已知粒子的超对称伙伴粒子。相信超对称的大多数物理学家认为那是因为超对称伙伴粒子太重的缘故，超出了现在的实验探测能标。人们期待能在高能量的大型强子对撞机 LHC 对撞机上发现超对称伙伴粒子。对撞机计划在 2007 年运行，到时候不管能否找到超对称粒子，都将给粒子物理理论提出挑战。

标准模型中另一个难题是强相互作用在低能时所谓的夸克色禁闭。描述强相互作用的规范对称群是 SU(3)，称为量子色动力学。强相互作用在高能标下表现出渐进自由行为，可用微扰展开的办法来描述。而在低能标下强相互作用呈现出强耦合，这时微扰展开的办法失效。那么，如何定量地解释色禁闭成了本世纪一个需要解决的重要问题。这个问题还被认为是这个世纪七大难题之一，解决这个问题的奖金是 100 万美元。

到目前为止，我们还完全没有理解引力的量子理论。也许有人认为，可以让标准模型和爱因斯坦引力理论在各自成立的领域内应用就行。但是宇宙学的发展却不可避免地将他们联系起来。比如极早期宇宙尺度很小，从而有很明显的量子效应出现，而且那时宇宙的密度又很大，因而引力效应也相当显著。大多数物理学家很难相信我们对宇宙最深层的认识的理论基础是由两个虽然有力然而却搭配不起来的数学框架拼接起来的。英国牛津大学数学教授彭罗斯指出：“毫无疑问地，量子理论对小尺度上的物理提供了一个十分精确的描述，但是却不能给我们一个正确的描述宇宙的图景。理论中所包含的佯谬似的解释表明量子理论在大尺度上的失败也许是不可调和的，必须有革命性的改变才能构造起一个合理的框架。”为此，理论物理学家发展出超弦理论。弦有很多不同的简谐振动模式，而不同的振动模式就对应着不同的基本粒子。在弦的这些振动模式中自然存在一个自旋为二、静止质量为零的状态，这就是引力子。超弦理论是具有超对称性的弦理论，超对称成为超弦理论的一个自然要求。如果超对称伙伴粒子真的发现了，那对超弦理论来讲可能也是一个令人振奋的间接证据。超弦理论被认为是描写量子引力理论的最有希望的候选者，它提供给我们研究新的基本理论的一个可能途径，但要取得成功，还有许多重大的困难和细节需要21世纪的理论物理学家用心去思索。弦理论可看做是量子场论发展的一个重要方向，不管成功与否，都会激发我们最终寻找到一个更基本的理论，正像弦理论本身也是在量子色动力学（QCD）弦的启发下发展而成的一种理论。

深刻理解量子场论中出现的无穷大，深入探讨物质的基本组元和夸克禁闭，发展自洽的量子引力理论，将是量子场论要研究的重要方向，这些问题的解决必将给量子场论及人们对物质时空的观念带来革命性的突破。

参 考 文 献

1 Polchinski J. M Theory：Uncertainty and Unification. hep-th/0209105

2 Weinberg S . 1996. What is quantum field theory and what did we think it is? hep-th/9702027 (Talk presented at the conference：Historical and Philosophical Reflections on the Foundations of Quantum Field Theory, at Boston University, March 1996)

3 Witten E. Comments on string theory. hep-th/0212247 (Based on a lecture presented at the Sackler Colloquium on Challenges to the Standard Paradigm)

4 Witten E. 1996. Reflections on the Fate of Spacetime. Physics Today, 4：24

5 Wu Y L. 2003. Symmetry Principle Preserving and Infinity Free Regularization and renormalization of quantum field theories and the mass gap. Int J Mod Phys, A18：5363～5419; WU Y L . 2004. Symmetry-preserving Loop Regularization and Renormalization of QFTs. Mod Phys Lett, A19：2191

Quantum Field Theory

Wu Yueliang, Huang Qingguo

Quantum field theory (QFT) as a consistent theory of quantum mechanics and relativistic theory has been successfully applied to describe the three basic forces among all of the element particles we know. One of the key elements in the triumph of quantum field theory was the development of regularization and renormalization theory. Renormalizability is an important criterion for an underlying QFT. Although the QFT is a successful quantum theory, nevertheless, the quark confinement of nonperturbative

QCD and quantum theory of gravity as well as the divergence appearing in QFT are still the mysteries in modern physics. Superstring theory is regarded as a possible candidate for correctly describing quantum gravity. A new accelerator LHC which is going to operate around 2007 will bring some new challenges to particle physics.

5.2 对称性和守恒定律

吴岳良　马永亮
（中国科学院理论物理研究所）

对称性和对称破缺在自然科学的研究中起了非常重要的作用。无论物质科学还是生命科学，无论化学还是物理，无论粒子天体物理还是固体凝聚态物理，无论极小粒子还是极大宇宙，现实世界存在着在各种层次上的对称性和对称破缺，即在各个层次上都呈现出各自特有的基本规律。其实，我们周围的自然界本身就充满了各种对称性，例如：许多动物的左右对称性、太阳的转动对称性、海星的五重对称性和雪花的六重对称性等。然而，不同种类的粒子、不同种类的相互作用乃至我们生存的时空和物质世界，以及整个复杂纷纭的自然界——包括人类自身——又都是对称性破缺的产物。对称性破缺对于认识自然界具有重要意义，已成为具有普适性的重大科学问题。

杨振宁先生曾指出："20世纪物理学的主旋律是量子化、对称性和相因子。"李政道先生多次强调指出："21世纪物理学的挑战是夸克禁闭，对称和对称破缺。"周光召先生曾多次谈到："对称性和对称破缺是世界统一性和多样性的根源。"

物理学中的对称性是指一个系统的一组不变性。数学上，利用群论来研究对称性。物理学的重要任务之一就是揭示宇宙世界所具有的各种类型的对称性。在粒子物理学中，可以说，对称性决定了相互作用。爱因斯坦的狭义相对论就是由Poincare群结构所决定的描述时间与空间对称性的理论。时间延缓与长度收缩可以由对称性和四维不变量来理解。在粒子物理标准模型中，四种基本力由规范对称性描述 $U(1)\times SU(2)\times SU(3)\times SO(1,3)$。当确定了对称群与相互作用的强度以后，力的所有行为特征基本就确定了。如电磁相互作用，它是由U(1)对称性决定的规范理论，U(1)对称性可想像为一个在平面上转动的圆的对称性。

对称性导致守恒律，如：为何过去和现在事物运动的规律是相同的，那是因为运动规律在时间平移的变动中能够保持不变，也就是它具有时间平移的对称性。时间平移对称性导致能量守恒定律。守恒定律在物理中占有非常重要的位置。很长时间内物理学家认为对称性和守恒定律是最美的，也是绝对的，不会受到破坏。自然界出现的非对称现象不反映事物运动的基本规律。根据对称原理，构造具有更大对称性的所谓大统一理论，如：SU(5)、SO(10) 等。最近理论研究发现，世界的基本结构和相互作用可能都来源于某种高维时空的局域对称性。

1956年，李政道先生和杨振宁先生发现在微观世界中，左右镜像对称遭到弱相互作用的破坏，从此，科学界才认识到，一些基本规律在一定条件下也存在对称破缺。1964年，Cronin 和 Fitch 又进一步发现了 CP 对称性（指正粒子－反粒子、左右镜像反演的联合对称性）的破坏，并荣获了1980年的诺贝尔物理奖。由于CP 对称性涉及空间和物质的基本对称，CP 对称性和它的破缺一直是粒子物理学家探索自然界基本规律的前沿领域。而Cronin 和 Fitch 所发现的CP 破坏是由中性 K 介子和它的反粒子之间的混合所引起的，通常被称为间接 CP 破坏 （用 ε 描述）。这样的间接 CP 破坏既可以由弱相互作用引起，也可由新的超弱相互作用引起。为区分弱相互作用与第五种超弱相互作用，必须测量由衰变振幅引起的直接CP 破坏，用比值 ε'/ε 来描述，因在超弱相互作用模型中 $\varepsilon'/\varepsilon=0$，而在弱相互作用模型中 $\varepsilon'/\varepsilon\neq 0$。测量和计算这个比值 ε'/ε 不仅对研究直接 CP 破坏有着重要意义，而且对探索自然界新的作用力和理论，以及 CP 破坏的起源起着关键性的作用。1964 年后，实验和理论物理学家开始致力于对直接 CP 破坏进行研究。在欧洲和美国专门建立了两个K 介子工厂。目前正在运行的美国和日本的两个B 介子工厂，继续对B 介子衰变中CP 破坏进行研究。在粒子物理发展史上，很少为探测一个物理现象专门建造这么多大型实验装置，并坚持了几十年的研究，有的实验精度达到了千万分之一。由此不难看出研究CP 破坏的重要性。“北京组”对探索了近40年的直接CP破坏给出更精确和自洽的理论预言，与欧洲日内瓦核子中心和美国费米国家实验室两个重要实验之后发表的最终实验结果一致，排除了第五种纯超弱相互作用理论。同时对与直接CP破坏相关联的困扰了粒子物理学界近50年的所谓 $\Delta I=1/2$ 同位旋选择规则给出了自洽的理论解释。最近，美国SLAC和日本KEK在两个B 介子工厂上，也观察到了B 介子衰变中的直接 CP 破坏。理论研究还发现，CP 对称性自发破缺的双 Higgs 二重态模型具有丰富的 CP 破坏源，并且新的 CP 破坏源可导致一系列新物理效应。

弱相互作用中的左手SU(2)_L 对称性必须是破缺的，这样才能解释粒子物理弱电统一模型中的中间玻色子和物质基本组元夸克和轻子质量的产生，以及夸克之间的相互转化。如果没有对称破缺，宇宙到处充满了无质量的以光速运动的粒子，可以想像，这样的世界会变得很单调。但标准模型中预言的Higgs 粒子还没有找到，对称破缺机制并没有得到验证，这成为当今粒子物理面临的最大挑战之一。因此，尽管这一理论到目前为止获得了巨大的成功，但是理论本身也还存在许多亟待解决的问题，例如理论的平庸性问题、黑格斯场是否存在的问题、费米子质量的起源问题等，这些都是日前粒子物理理论需要回答的前沿问题。这也是欧洲日内瓦核子中心正在建造的LHC对撞机要寻找的答案。

在强相互作用中，由于组成质子和中子的两种夸克质量很小，量子色动力学具有很好的整体手征对称性SU(2)_L × SU(2)_R。但这样的手征对称性必须是破缺的，否则质子和中子的质量也将很小，不可能形成我们现在的世界，包括我们人类自身。研究表明，手征对称性破缺是一种动力学引起的自发对称破缺，且最轻的标量介子九重态对应于复合的Higgs粒子。但如何把手征对称性破缺与夸克禁闭联系起来仍需要进行深入研究，这成为量子色动力学在量子水平上要解决的三大问题“能隙起源，夸克禁闭，手征对称性破缺”。

总之，对称性、守恒定律和对称性破缺在物理学，尤其是在粒子物理学中，起着越来越重要的作用。李政道先生把对称和对称破缺作为21世纪科技所面临的四大问题中的第一个问题，他指出：“第一个问题，宇宙有三种作用：强作用、电弱作用、引力作用。这三种作用的基础都是建立在对称的理论上的。可是实验不断发现对称不守恒，为什么我们的理论，尤其是在20世纪50年代发现宇称不守恒以后似乎应越来越不对称，但实际不然，理论越来越对称，而实验越来越多地发现不对称。”

参 考 文 献

1 Dai Y B, Wu Y L. 2005. Dynamically spontaneous symmetry breaking and masses of lightest nonet scalar mesons as composite higgs bosons. Eur Phys J, C39：s1～s8

2 Gross D J. 1995. Symmetry in physics：wigners's legacy. Phys Today, 48N12：46

3 Li T D.1988. Symmetries, Asymmetries and the World of Particle. Washington：University of Washington Press

4 Weinberg S. 2004. The making of the standard model. Eur Phys J, C34：5

5 Wu Y L. 2001. New prediction for the direct CP-violating parameter ε'/ε and the ΔI=1/2 rule . Phys Rev, D64：016001

6 Wu Y L, Wolfenstein L. 1994. Sources of CP violation in the two-higgs doublet model. Phys Rev Lett, 73：1762

7 Yang C N. 2003. Thematic melodies of twentieth century theoretical physics: quantization, symmetry and phase factor. Intern J Mod Phys, A19：3263～3272

Symmetry and Conservation Laws

Wu Yueliang, Ma Yongliang

Symmetry has played crucial roles in physics. Searching for possible symmetries of nature and conservation laws becomes one of important tasks. The progresses and perspectives of symmetry and symmetry breaking are analyzed in CP violation, chiral dynamics of strong interaction and electroweak interaction. It is seen that symmetry and symmetry breaking mechanism is not only the thematic melodies in the twentieth century, but it remains one of the important challenges faced in the twenty-first century.

5.3 统一场论和超出标准模型的新理论

吴岳良 钟 鸣
(中国科学院理论物理研究所)

创立一个统一理论来描述自然界中全部基本粒子和所有的基本相互作用一直是物理学家的一个美好愿望，吸引了一代又一代的优秀物理学家顽强地探索着。到目前为止，人类探测到的自然界中的基本相互作用力有四种——引力、电磁力、弱力和强力。四种力作用强度千差万别，作用范围也不一样。爱因斯坦在他生命的后30年里用大部分时间去寻找一种用纯几何描述的统一场论来说明引力和电磁力不过是同一个大的基本理论的不同表现，他坚信：宇宙所依赖的基本原理应该是简单的。爱因斯坦没能实现他的愿望，因为在他那个年代人们对自然力和物质的基本特性知之甚少，当时强和弱相互作用力还没有被人们理解。

电弱统一理论和量子色动力学 (QCD) 一起构成了粒子物理的所谓标准模型。标准模型成功地解释所有直到100GeV 能量量级的现象并被高能物理实验以越来越高的精度检验，但是人们远没有满足于它的成功，它更倾向于被认为是某个更基本理论的有效理论。并且很可能在 TeV 能标附近存在新物理。它的缺陷正如它的奠基者之一温伯格(Weinberg)指出的那样:“首先，标准模型描述电磁力和强弱核力，却遗漏了另一个力，那个我们事实上最早认识的力，引力。这可不是心不在焉的小疏忽。我们已经看到，用标准模型里描写其他力的语言(即量子场论的语言)来描写引力，存在难以克服的数学障碍。第二，强核力虽然包含在标准模型里，却似乎跟电磁力和弱核力大不相同，不像一幅统一图画的一部分。第三，虽然标准模型用统一的方法处理了电磁力和弱核力，但那两种力存在显然的区别 (例如，在通常条件下，弱核力比电磁力弱小得多)。我们大概知道电磁力和弱核力之间的区别是如何产生的，但我们还没有完全认识那些区别的根源。最后，除了统一四种力的问题以外，标准模型表现的许多特征不是 (像我们喜欢的那样) 由基本原理决定的，只是根据实验得来的。这些明显随意的特征包括一张粒子表，大量的常数 (如质量比)，还有那些对称性。我们很容易想像，标准模型这些特征中的任何一个或者全部，都可以是另外的样子。”温伯格所指出的标准模型的四个缺陷从侧面表达了我们对苦苦追寻的万物之理的基本特征的期待，更从理论的逻辑结构的角度指出我们要超越标准模型的强烈愿望。

目前，粒子物理和宇宙学面临的挑战又进一步要求我们发展超出粒子物理和宇宙学标准模型的新理论模型，揭示极小粒子与极大宇宙间的内在联系和统一规律。而构造统一理论首先要求我们回答一些基本问题，如：什么是自然界最基本的组元、什么是自然界最基本的力、自然界的基本对称性是什么、为什么我们生存的时空是四维、为什么我们生存的物质世界宇称（左右镜像反演）不守恒、为什么只有三代夸克和轻子、CP破坏的起源是什么、质子是否是稳定的、暗物质粒子是什么、暗能量的本质是什么等。

从20世纪70年代初期开始，人们进行了许多尝试来统一电弱相互作用和强相互作用以便得到粒子物理的大统一理论。寻找大统一理论的途径是找到一种具有更大对称性的规范群，使得SU(3)，SU(2)和U(1)成为它的子群。大统一理论的一个主要特点是将三种用规范理论描述的力统一在一起。大统一理论的一个重要预言是轻子和夸克之间可以相互转变，从而导致质子的衰变。SU(5)大统一理论是乔治(Georgi)和格拉肖(Glashow)在1974年提出来的。SU(5)是能容纳标准模型中三种规范相互作用最小最简单的统一规范群，但这个模型被现有质子寿命的实验所排除。另一个看起来更自然一点的是SO(10)大统一理论。每一代标准模型的所有夸克和轻子被整整齐齐地放进SO(10)的一个16维不可约表示。在所谓的“跷跷板 (See Saw) ”机制里，右手旋量中微子的质量跟普通中微子的质量成反比关系，从而可以解释中微子的质量为什么如此小。另外，对于自然界物质的基本组元，若我们相信自然界遵循简单、经济和美的规律，那么物质基本组元所有独立自由度的存在都应该有它的作用，且所有独立自由度之间都应该存在某种关联，而不是孤立地存在。根据这样的假设，可得到具有更大对称性的统一模型，还可回答通常大统一理论不能解释的一些基本问题。

大统一的规范对称性破缺标度比电弱对称破缺标度大14个量级，这两个能量标度如此悬殊！这就是著名的“规范等级”问题。一直以来，粒子物理学家对这个问题迷惑不解，想了一些办法去理解它，其中较有吸引力的是超对称理论。超对称的出现还复活了一度沉寂下来的对大统一模型的研究，各种大统一模型经超对称扩充后发展成为超对称大统一模型。超对称大统一模型预言的质子寿命，在实验值的许可范围内。并且有的超对称大统一模型还可以对标准模型中的10多个参数给出自洽的预言。另一种解决“等级”问题较有影响的方法是引进额外维度。如果存在大的平坦额外维度，自然界中只有一个基本能标——电弱能标，四种相互作用在此处统一。标准模型粒子存在于被称为“膜”的普通三维空间中，而引力的媒介粒子——引力子却能在普通三维和额外的高维空间中传播。从高维时空来看，这个理论不存在“等级”问题，四维时空中的大能标从高维时空导出时被大尺度的额外维度升高了。更有意义的是，它预言在1 TeV能量量级，可有两个额外维度的尺度在毫米量级，这在不久的将来可被实验探测。另外一种可能性是小的卷曲额外维度模型。这个模型存在一个以指数形式卷曲的额外维度，大的指数因子来源于一个三维膜对额外维度的引力扭曲，标准模型粒子存在于另一个三维膜中，大能标通过这个指数因子和电弱能标联系起来而被抬高，从而解释了“等级”问题。近几年来，额外维度被广泛地应用到大统一理论的研究中，进一步丰富了大统一模型。

人们普遍认为，20世纪的物理学是建筑在相对论和量子理论基础之上，并在量子场论的框架内狭义相对论非常成功地和量子力学结合。然而，描述引力的广义相对论在现有的理论框架内却跟量子力学格格不入。这两者的不协调意味着在物理学的核心处存在着深刻的矛盾。任何一个成功的统一理论必须消除这一矛盾。经过近20年的努力，物理学家们发现超弦理论很可能是一个关于引力的量子理论框架。而所谓的M理论可能是一个超统一理论的候选者，但M理论本身是什么，现在并不清楚。

探索四种基本相互作用力的统一和起源，追寻宇宙的基本定律是人类的共同愿望。在这过程中，人类不断地解放思想，丰富精神，创造出文明。人类一直在眺望未来，让我们满怀信心地期待在21世纪奇迹的出现。

参 考 文 献

1 Arkani-Hamed N, Dimopoulos S, Dvali G.1998. The hierarchy problem and new dimensions at a millimeter. Phys Lett, B429：263；2002. Large extra dimensions：a new arena for particle physics. Physics Today，2：35；Randall L, Sundrum R. 1999. A large mass hierarchy from a small extra dimension. Phys Rev Lett, 83：3370

2 Chou K C,Wu Y L. 1996. CP violation, Fermion masses and mixing in a predictive SUSY SO（10）×(48)× U(1) model. Phys Rev, D53: R3492

3 Georgi H, Glashow S L. 1974. Unity of all elementary-particle forces. Phys Rev Lett，32：438

4 Georgi H, Quinn H R, Weinberg S. 1974. Hierarchy of interactions in unified gauge theories. Phys Rev Lett, 33：451

5 Schwarz J H, Seiberg N. 1999. String theory，supersymmetry，unification，and all that. Rev Mod Phys, 71：S112

6 Weinberg S. 1994. Dreams of a Final Theory：The Scientist's Search for the Ultimate Laws of Nature. Vintage Books；Greene B. 1999. The Elegant Universe：Superstrings, Hidden Dimensions，and the Quest for the Ultimate Theory. Vintage Books

7 Witten E. 2002. Quest For Unification. hep-ph/0207124（Based on Heinrich Hertz lecture at SUSY 2002 at DESY，June 2002）

8 Wu Y L. 2005. Stability of Proton and Maximally Symmetric Minimal Unification Model for Basic Forces and Building Blocks of Matter. hep-ph/0505010

Unification Theory and New Physics Beyond the Standard Model

Wu Yueliang, Zhong Ming

From the shortages of the standard model of particle physics, we briefly outline the possible difficulties and new approaches for a unified description of the four basic forces of nature. It is pointed out that the present challenges faced in particle physics and cosmology further require us to develop new models and more fundamental theories, and to explore the possible correlations and unification laws for the very small and very large scale physics.

5.4 量子色动力学研究展望

马建平

（中国科学院理论物理研究所）

一、现　　状

夸克和胶子是基本粒子，它们组成了现在已观察到的各种强子。人们较熟悉的强子是质子和中子。质子和中子可组成各种原子核，进而形成我们现在已发现的各种形态物质的基本结构。强相互作用泛指夸克之间、强子之间和原子核之间的相互作用。

经过30多年的科学实践，人类已确立夸克之间的相互作用是由一种非阿贝尔群规范场论所描写，即量子色动力学——Quantum Chromodynamics，简称QCD。而强子之间和原子核之间相互作用也应该从QCD导出。开展对QCD的理论研究和实验研究，将导致我们对各种形态物质的基本构造有最终的理解和认识，并使得我们能够利用QCD对大量的、丰富多彩的强子物理现象，从地球上的核物理现象到早期宇宙的物质形态，从物质微观结构到宇宙尺度的星系结构有定量的理解和定量的预言，并最终去发现和确立自然界的基本规律。

30多年的科学研究进展，使强相互作用的研究，尤其是对QCD的研究，已经形成一个庞大的学科方向或已成为一个单独的学科，即强子物理。过去QCD在描写强相互作用中取得了巨大的成功，使得我们对QCD的理论研究已不再是去检验QCD理论的正确性，而是如何去理解这一理论及利用这一理论就自然现象得到更多的定量描述和定量预言。

在过去的30年里，强相互作用和量子色动力学的理论研究有着迅猛的发展。首先，人们发现了量子色动力学具有渐进自由的特性，既夸克之间的相互作用在夸克之间的距离变小时，相互作用变弱。正是基于这一特性，人们可以利用QCD理论框架中独特的因子化手段，对有大动量转移的碰撞过程可直接从QCD出发做出许多理论预言。这些理论预言都陆续被实验证实。因此，当初发现渐进自由特性的三位科学家戴维·格罗斯(D.J. Gross)，戴维·玻利泽(H. D. Politzer)和弗兰克·维里茨克(F. Wilczek)获得了2004年度诺贝尔物理学奖。

其次，人们发展和利用了有效理论，即重夸克有效理论和非相对论量子色动力学，在对含有重夸克的强子和重夸克偶素的研究取得了巨大的成功。这些有效理论是直接从量子色动力学导出的。因此，利用这些有效理论所得出的研究结果是不依赖于各种具体模型，并使得实验上与含有重夸克的强子和重夸克偶素相关的观察量直接与强相互作用的基本理论QCD相联系。这是利用QCD描写强子结构上取得的重要进步。

另外，人们发展了利用数值模拟量子色动力学的方法，既格点量子色动力学。这几乎是唯一能够从第一原理出发去计算和定量预言QCD的非微扰性质的理论方法。在过去10年，随着计算机计算能力的飞速增加，各种模拟手段的改进及格点手征费米子问题的解决，使得格点量子色动力学的预言能力大大地加强。同时，各种过去无法计算的非微扰物理量也可以被预言。

但是，在我们面前仍有许多问题甚至是一系列根本问题未能得到解决，如夸克禁闭、强CP破坏、强子结构、手征对称性的自发破缺等。由于人类在对相对论量子场论QCD的非微扰求解中遇到了巨大困难，及在自然界未发现单独存在的夸克和胶子，使得这一系列问题困扰人类多年，并对最终理解自然及物质结构形成了巨大挑战。如：夸克禁闭和强子结构的问题，它们不是一个能简单理解为类似于在非相对论量子力学中的二体或多体束缚态问题。在相对论量子场论QCD的理论框架内，一个强子或质子是由不固定数量的夸克和不固定数量的胶子组成。另外，由于夸克禁闭的存在，使得我们不可能像对氢原子那样，将一个夸克或一个胶子从强子中分离出来去单独研究。因此对强子结构乃至物质结构的最终理解，需要我们对夸克禁闭做出理论解释和从理论上对束缚态做出新的描写。而正是这一系列未解决问题的存在，正有力地促进着该学科的发展，而这一点在过去的科学研究发展中已得到了证明。

二、展　望

随着理论研究的不断深入和实验手段的不断进步，可以期待对量子色动力学及物质基本结构的研究在如下几个方面取得新的突破：

1. 夸克禁闭

一个非常奇特的事实是，组成各种强子的夸克和胶子不能从强子中分离出来，形成自由的夸克和胶子。这就是著名的夸克禁闭难题。人们需要从量子色动力学出发去解释夸克禁闭，这不仅需要大量的理论研究工作，尤其是对量子场论的非微扰技术的研究，而且需要实验上对整个强子谱有全面的了解。

2. 强子谱

近年来，各种迹象表明，各种不同于已发现的强子的强子，既奇异强子，可能存在。有些奇异强子已经被证实。如何从量子色动力学出发解释这些奇异强子，或预言这些奇异强子性质，已成为量子色动力学研究的一个重要课题。另外，量子色动力学预言的胶球迄今未被发现。实验上，人们正在积极地寻找这些奇异强子和胶球。理论上，各种研究正在很活跃地展开。

3. 核子结构

核子，如质子，是由夸克和胶子组成。当质子运动时，夸克和胶子会集体带着一部分质子的动量沿着相同方向运动。过去的实验和理论使得人们可以去推断带着部分质子动量的夸克或胶子在质子中的密度，从而建立质子或强子的一维结构图像。而最近的理论研究和实验进展表明，人们有可能建立质子或强子三维结构图像，从而对物资微观结构带来更深刻的理解。这一可能的进展也将会对质子自旋的来源给出解释。

4. 原子核结构及相互作用

理论上，人们应该能够利用量子色动力学来研究原子核结构及核之间的相互作用。实际上，这将面临着大量的困难。但是，基于有效场论技术，结合量子色动力学的非微扰研究，如格点量子色动力学，将使人们能够对原子核结构及核之间的相互作用做出预言。将来的发展将有可能使有关原子核结构及核之间的相互作用的现象得到基于夸克和胶子为基本动力学自由度的解释。

5. 手征对称性的自发破缺

量子色动力学在夸克质量趋于0的极限下，具有手征对称性。普遍认为，该对称在夸克质量趋于0的极限下依然是一个自发破缺的对称。手征对称性的自发破缺对于轻介子的存在，它们之间及轻介子和核子之间的相互作用都有着根本的重要作用。但是手征对称性的自发破缺依然没有在量子色动力学的理论框架内得到解释。最近的研究表明，手征对称性的自发破缺极可能与夸克禁闭有着深刻的联系。这需要理论研究和实验探索去进一步验证。

6. 格点量子色动力学

格点量子色动力学的研究及计算机技术的发展，将使得人们把许多过去无法计算和解析研究的问题，通过计算机数值模拟来加以研究。随着理论研究的深入，尤其是最近有关格点手征费米子的理论研究进展及计算机技术的发展，格点量子色动力学的研究将会提供更可靠的理论结果，以使人们更好地理解量子色动力学及非微扰现象，例如强子谱，手征对称性的自发破缺，以及各种包含非微扰物理的量子色动力学跃迁矩阵元等。

7. 量子色动力学的精确计算

由于渐进自由的特性，人们可以利用微扰计算从量子色动力学得到理论预言。这对于解释现在所有加速器上的实验结果有着十分重要的意义。例如：对于在两个B介子工厂上开展的B物理研究及大型强子加速器如美国的Tevatron,欧洲的LHC等。对于量子色动力学的精确计算研究不仅是计算技巧的问题，也是对物理现象是否有全面理解的问题。过去，人们发展了微扰论重求和技术，解释了大量的物理现象。随着被研究的物理过程的数目的增加，新的量子色动力学计算技术是迫切需要的。随着研究的不断深入，将会有越来越多的从量子色动力学得到的理论定量结果去全面解释实验结果。

8. 极端条件下的物质结构

在高温高密的条件下，夸克和胶子将会形成等离子状态，既夸克胶子等离子态。实验上，大型加速器如美国的RHIC正在开展大量的研究工作。理论上，急需从量子色动力学得到准确的预言去验证夸克胶子等离子态的存在。这里，需要对有限温度量子场论及非平衡态量子场论的研究。在此方向上，理论和实验的研究工作正在发展，可以期待在不远的将来，对极端条件下的物质结构有突破性的进展。

9. 量子色动力学与宇宙

量子色动力学的研究对于研究早期宇宙和高能天体物理是至关重要的。在宇宙形成初期，所有的物质都处在高温状态。这时，夸克和胶子以等离子状态存在。随着宇宙演化，温度下降，夸克和胶子才演化成今天被观察到的核子或强子。而这一演化是宇宙学十分关注的问题，也是只有通过研究量子色动力学才能解答的问题。另外，高温量子色动力学的研究对于理解中子星及超新星的物理性质起着关键作用，因为这些星体物质的状态方程应服从量子色动力学。现在，这些相关的研究方向已成为“热点”，新的研究成果会不断出现。

三、小　　结

根据20世纪的学科进展，使量子色动力学的研究正面临突破性进展。这些的进展，有可能导致前述一系列根本问题中的全部或部分得到解决。对量子色动力学的研究不仅能使我们解决强相互作用中的各种问题及最终解释物质结构，而且还有如下两方面的重要意义：

（1）强相互作用的研究牵涉到很多非微扰问题及非微扰求解的研究。而非微扰问题及非微扰求解一直是科学研究中没有得到最终解决的问题。在其他学科非微扰问题同样在阻碍着这些学科的发展。因此，对强相互作用及量子色动力学的研究将会使我们对非微扰问题及非微扰求解取得重要甚至突破性的进展，而这些进展将会使其他学科受益。

（2）在基本粒子物理中的一个重要研究方向是标准模型中电弱部分的精确检验及发现其可能的新物理。但是，强相互作用几乎无所不在，而电弱相互作用和可能的新的强相互作用都比较弱，电弱相互作用的物理效应及可能的新物理效应是很弱的效应，而这些效应往往被淹没在很强的强相互作用效应中。如果对强相互作用现象没有充分的了解和精确描述，那么精确检验发现可能的新物理也无从谈起。因此，从精确检验标准模型和探测新物理的意义上而言，强相互作用及量子色动力学的研究是必要的。

参　考　文　献

1　Key Issues in HadronicPhysics. http://xxx.lanl.gov/pdf/hep-ph/0012238. The white paper for NSAC, US

2　Wilczek F. 2000. What QCD tell us about Nature-and why we should listen. Nucl Phys, A663：3

The Future of Quantum Chromodynamics

Ma Jianping

The strong interaction is responsible for the structure of hadrons, and especially for the structure of proton and neutron, which are built with the fundamental particles — quarks and gluons. Quantum Chromodynamics(QCD) is a nonabelian quantum gauge field theory which is believed to be the correct theory for the strong interaction. Since QCD is very difficult to be solved completely, we are still far away to understand the structure of matter, e. g., the problem of quark confinement. This fact stimulates many activities in this research field and it is one of the most active research fields of fundamental science. In this review the most possible progresses in the near future, which can be break-through and fundamental, are discussed.

5.5 量子光学进展与展望

郭光灿 陈平彤
（中国科学院量子重点实验室）

2005年，近代量子光学的奠基人、美国哈佛大学著名物理学家格劳伯(Glauber)教授荣获了诺贝尔物理学奖，这是量子光学界的重大盛事，它深刻地反映出量子光学在当代科学发展中发挥着相当重要的作用。众所周知，100年前爱因斯坦在普朗克量子论基础上提出“光子”概念，诞生了“量子光学”。然而在相当长的时间内科学界仍主要运用经典理论来研究光学现象，直到1963年才出现重要转折。为解释著名的光强度干涉的HBT实验，格劳伯发表了“光学相干性的量子理论”论文[1]，重新点燃人们运用量子理论来研究光学现象的热情，这标志着近代量子光学时代的到来。随后光与物质相互作用的全量子理论逐步建立起来，并揭示出诸如压缩态、亚泊松分布和反聚束效应等诸多非经典效应，量子光学学科进入蓬勃发展的新阶段。20世纪90年代量子信息、玻色－爱因斯坦凝聚等新的学科分支的出现和发展，极大地丰富了量子光学的研究内容。21世纪，量子光学继续朝着学科的纵深发展，在实验和理论研究上不断取得重要突破，成为当前物理学科发展的主流之一。格劳伯教授荣获诺贝尔物理学奖更预示着量子光学有着广阔的发展前景。

本文将从量子信息、玻色－爱因斯坦凝聚和量子调控三个方面来展望量子光学的发展。

一、量子信息

量子信息是量子力学与信息科学交叉融合的新兴学科，目前已成为世界关注的热门研究领域。量子信息以量子态作为信息载体，信息的产生、存储、传送和检测等均必须遵从量子力学的规律。量子信息可以突破现有信息技术的物理极限，开拓出新的信息功能，为信息科学的持续发展提供新的原理和方法。例如，量子密码可确保保密通信的绝对安全性，量子计算机具有电子计算机难以比拟的存储和处理数据的能力等。

量子密码的研究已取得重大突破，在光纤量子密钥分配方面，瑞士科学家在日内瓦湖底实用光纤上实现67公里的量子密钥分配；我国科学家解决光纤传输的稳定性问题，在北京—天津之间125公里实用光纤中实现量子密钥分配[2]；德、英科学家在自由空间中实现了23.4公里的量子密钥分配。目前量子密码研究方向是低误码率、高比特率、网络化和远程传输，以及研究可控单光子源和红外单光子探测技术等。

量子因特网是基于量子纠缠的量子通信网络，它具有独特优点，目前仍然处于单元技术的基础研究阶段，距建立示范性实验装置还有相当长的路要走。最近，“量子中继”这一关键技术的研究取得重要进展，量子中继是解决纠缠度随传输距离指数衰减的有效办法，但它涉及纠缠的纯比、交换和存储等。我国年轻学者段路明教授提出运用原子系综实现量子中继的方案[3]，引起科学界的高度兴趣。世界多个著名研究组正致力于在实验上实现此方案，已在两个冷原子系综之间观察到了纠缠[4]。

量子计算机的研究仍然处于基础阶段，寻找物理上可扩展的具有容错能力的“量子芯片”是世界各国科学家当前奋斗的方向，迄今尚未取得重要突破。目前主要研究兴趣是固态量子计算和基于量子光学的量子计算两个方向。

二、玻色－爱因斯坦凝聚

在20世纪20年代爱因斯坦就首先预言，由玻色粒子构成的气体系统当温度降到临界温度T_C以下时，大量粒子将会凝聚到基态，这就是所谓的玻色-爱因斯坦凝聚（BEC）。温度T为系统中质量为m的粒子可看做是量子力学的一个波包，波包的空间展开近似为一个德布罗意波长$\lambda_d=(2\pi\hbar^2/mkT)^{1/2}$，其中$\hbar$、$k$分别是普朗克常数和玻尔兹曼常数（$\lambda_d$反映了粒子的空间不确定程度）。德布罗意波长随温度的降低而增长，当温度降到临界温度以下时λ_d大于粒子间的平均距离，粒子间的波包开始重叠，粒子变得不可区分。如果系统由玻色子组成，这时系统将发生量子相变——许多粒子处在同一量子态，形成BEC。原理上形成BEC相当简单，只要将玻色气体冷却到波包开始重叠就可以。但从BEC开始提出到1995年第一次观察到钠原子的BEC现象[5]，整整相隔了70年！其中最重要的原因是，为了避免在低温时气体粒子变成通常的液相和固相，要求气体极其稀薄，这就使得发生BEC的温度相当低。正因为这个原因，以前很多人曾怀疑BEC能否在实验上实现。直到激光冷却技术的成功才使实现BEC成为可能。

BEC是最迷人的量子力学现象之一，它的发生不需要粒子间的相互作用，是一种纯粹的宏观量子力学现象。由于第一次观测到BEC而获得诺贝尔奖的Wolfgang Ketterle教授认为[6]，BEC是许多宏观粒子现象的核心，可以给出量子漩涡、量子长程关联等的微观图像。量子漩涡是在旋转BEC凝聚体时产生的一种量子现象。当我们旋转BEC凝聚体时，由于粒子的角动量必须是量子化的，凝聚体将产生许多量子漩涡。Ketterle教授在他获诺贝尔奖后的演讲中提到，这种量子化的漩涡在超流和超导中都扮演了重要的角色。另外，通过一些办法可以使一个BEC凝聚体的两部分产生干涉，这种干涉是一种有静止质量的物质波的干涉，特别是如果凝聚体中的粒子数很大时，这种干涉可看成是宏观的物质波干涉，并反映了粒子间的长程关联。这种干涉还导致了原子激光的产生。原子激光有点类似于光学激光，当某种原子的物质波通过某BEC凝聚体时，凝聚体中的某些原子和入射原子一起输出，而且所有输出的原子处在同一量子态。

BEC作为一种独特的物质存在状态，已引起了人们极大的兴趣。展望BEC的未来让人激动、让人振奋。首先，BEC的实现目前只在囚禁原子气体和液氦中成功，难以得到实际应用。固体中的激子(exciton)及由光与物质相互作用产生的极化子（polariton）具有玻色子性质，但实现其BEC还有很多问题需解决。探索新的BEC系统是一个富有挑战性的工作，一个新的BEC系统的实现不仅伴随着技术的重大进步，也伴随着对物理世界基本问题的更深层认识。

三、基于量子光学的量子态控制

基于量子光学的量子态控制是一个令人激动的富有挑战性的领域。一方面量子态控制技术的实现为量子信息等新概念技术的实现提供了新的思路，另一方面量子态控制能探索新的物理现象、促进一些更基本物理问题的解决。广义上，量子态控制是指实现量子态的控制演化，目前主要指光子、原子、离子态和量子点等之间的相互转换和相互操作。激光冷却和电磁感应透明是量子态控制的重要基础。

激光冷却的实现有华人科学家朱棣文[7]的杰出贡献（获1997年诺贝尔物理学奖）。这个技术目前已得到广泛的应用，其原理可以简单归结为：由于多普勒（Doppler）效应，入射到被冷却物质的激光在被散射后发生蓝移，这使被散射的光子带走了比入射的光子更多的能量，导致物质冷却。

电磁感应透明是量子光学的新进展[8]，其原理是选择一种原子，它具有两个几乎简并的低能级和一个高能级，原子能较长时间地处在低能级态（例如磁场中电子的不同自旋态可以构成原子的两个低能级）。当一个信号光与一个控制光使原子分别从两个低能级态共振耦合到高能级态时，由于两种跃迁的相干性，在一定条件下能使原子不发生从低能级到高能级的跃迁，光不被原子吸收，这就是所谓的电磁感应透明（EIT）。在理想的EIT，光在原子中的折射率为1，这时光在原子介质中的相速度仍为c，但其群速度可减少到每秒几米，甚至接近于零。由量子光学理论可推得，此时光子态完全映射到了长寿命的低能级原子态。必要时又可通过对操控光束将原子态可逆地转换为光子态。为了提高信噪比还可用此方法将光子信号储存在原子系综中。

与EIT的原理类似的现象还有，电磁感应吸收、负折射率、群速度超光速等非线性现象。这些现象本质上都是具有相干能级的原子与光子作用引起的原子能级间的相干跃迁，是量子力学基本原理直接或间接的推论。可以想像，当入射光子数和原子能级的个数更多时，在一定条件下发生的这种干涉现象还可能更复杂，更让人感到“惊奇”。

总之，由于激光冷却、囚禁并操作原子和离子技术的实现，玻色－爱因斯坦凝聚、量子信息、电磁感应透明、原子激光等量子光学的进展，及光子本身的优势（传输速度快、光子态易于测量）使得量子光学在验证和探索基本物理原理、制备和操作量子态等技术方面已经并将继续展示巨大的力量！

参 考 文 献

1 Glauber R J. Phys Rev, 1963, B1：2766
2 Mo Xiaofan, et al. Optics Letter, 2005, 30：2632
3 Duan L M, et al. Nature, 2001, 414：413
4 Chanelieve T, et al. Nature, 2005, 438：833
5 Davis K B, Mewes M O, Andrews M R, et al. Physics Reviev Letters, 1995, 75：3969
6 Ketterle W. Reviews of Modern Physics, 2002, 74：1131
7 Chu S. Reviews of Modern Physics, 1998, 70：685
8 Lukin M D. Reviews of Modern Physics, 2003, 75：457

Progresses of Quantum Optics

Guo Guangcan, Chen Pingxing

Quantum information, Bose-Einstein condense and electromagnetically induced transparency have become important of modern quantum optics. In this paper we summarize some views on progress of these three fields from well known institutes or specialists abroad.

5.6 激子和相关现象

李树深　夏建白

（中国科学院半导体研究所）

本征固体材料中的电子结构由能带理论决定。在基态情况下，电子占据的最高能带为半满带时的固体材料称为金属；相反，电子占据的最高能带为满带时的固体材料称为绝缘体或半导体。绝缘体与半导体之间没有确定的界线，一般来说，半导体的禁带宽度较小，而绝缘体的禁带宽度较大。半导体或绝缘体中的电子由满带（也称为价带）跃迁到较高的空带（又称为导带）时，电子在价带中留下的空位称为空穴。空穴带正电，大小与单个电子的电量e相等。空穴通过库仑相互作用与跃迁到导带中的电子组成的联合体称为激子。在某些材料中，激子可以形成双激子，或称为激子分子。激子密度增大时，激子波函数之间的交叠加大，激子特性消失，电子和空穴形成电子－空穴等离子体，称为电子－空穴液体[1]。

激子分为夫伦克耳（Frenkel）激子与瓦尼尔－莫特（Wannier-Mott）激子。夫伦克耳激子通常出现在绝缘体内，它的尺度较小，基本分布在一个原子大小范围之内，与单个原子中电子激发类似。理论处理上需要考虑晶胞范围内的具体材料结构。瓦尼尔－莫特激子通常出现在半导体内，它的尺度较大，一般在几个纳米到几十个纳米范围内。理论上研究瓦尼尔－莫特激子大多采用有效质量近似。但由于半导体材料内价带结构的复杂性，理论上研究瓦尼尔－莫特激子态也相当复杂。到目前为止，研究瓦尼尔－莫特激子的多体理论仍然作有效质量各向同性的近似，甚至相当多的理论结果还是定性的结论。

早在20世纪30年代，科学家就对激子开始了研究。20世纪60年代以前，人们对激子的研究主要集中在理论方面。激光技术发明以后，大大促进了人们对激子的实验研究。特别是近年来飞秒激光技术日益完善，大大促进了人们对激子超快相干过程的研究。20世纪70年代以前，人们对激子的研究仅限于体材料。随着低维材料生长与加工技术的进步，20世纪的最后20年，低维材料中激子特性的研究成为主流[2]。

近年来，信息产业迅速发展，已经成为支柱产业之一。光电子是信息产业中的重要领域。在有源发光器件中，激子发光占据重要地位。器件应用的牵引作用，也极大地促进了人们对激子的广泛研究。

未来重要研究方向及其可能进展展望：

1. 新型人造微结构中激子及其线性和非线性光学性质

受各种波长发光器件（特别是半导体激光器）需求的市场牵引，近20年来，人们对多种半导体材料（包括低维复合材料）进行了广泛研究。理论与实验取得了基本一致的研究成果。预计在未来10～20年时间范围内，随着纳米加工技术的进一步提高，各种新型微结构将会源源不断地涌现出来。这些新型人工微结构中的激子线性和非线性发光特性的研究仍将是热点研究内容之一。理论与实验的紧密结合，将对新型发光器件的研制提供有力保障。

2. 激子动力学及其相干过程

对不同种类与结构的材料，激子寿命在皮秒到微秒的范围内。在激子形成后，激子的动力学行为是目前到未来若干年内热点研究课题之一。利用超短脉冲技术，人们可以对特定结构内激子态进行有效调控[3]。制备各种理想激子态，并对其进行相干控制，是人们多年来的追求目标，对基础和应用研究都有重要意义。

3. 激子在固态量子信息中应用

量子信息是近年来发展起来的新型交叉学科，它是将20世纪取得巨大成就的经典信息理论与量子力学相结合后的产物。固态量子信息是量子信息未来的发展方向，是量子信息走向实用化的必然目标。人们设想激子态可以作为量子信息的有效载体。通过不同激子态之间的纠缠，可以对激子携带的量子信息进行交换、传递和处理。人们已经对单个量子点中不同磁激子之间用光激发诱导实现了激子之间的量子纠缠[4]。距离相近的两个量子点可以形成所谓的量子点分子，在这种结构中激子的纠缠特性已经有了理论研究[5]。用光学方法，人们已经对单个量子点内双激子进行了量子逻辑门操作[6]。但无论从理论或实验角度来看，激子在固态量子信息中的应用研究还刚刚开始。

4. 激子的玻色－爱因斯坦凝聚

原子的玻色－爱因斯坦（Bose-Einstein）凝聚已经在1995年实现。但实现固体中准粒子的玻色－爱因斯坦凝聚是科学家多年来的追求目标。激子玻色－爱因斯坦凝聚的理论与实验研究已约有40年的历史。从实验角度看，研究激子玻色－爱因斯坦凝聚的实验装置比较简单，主要采用光学方法。实验过程中样品温度较高，导致实验成本较低。

虽然电子与空穴均是自旋为半整数的费米子（Fermion），但激子可以看成是由电子和空穴组成的复合玻色子（Boson）。与原子相比，激子具有较小的有效质量。理论上推算，实现激子的玻色－爱因斯坦凝聚的温度大约在1K左右，比原子实现玻色－爱因斯坦凝聚的温度（在μK量级）高3～5个数量级。所以，研究固体中激子的玻色－爱因斯坦凝聚可以省去复杂的激光冷却装置。但由于激子寿命较短，在激子还来不及降温形成玻色－爱因斯坦凝聚态以前，就可能通过电子与空穴的复合发光而消失。早期对激子的玻色－爱因斯坦凝聚研究主要集中在氧化亚铜（Cu_2O）晶体中。近年来，随着纳米加工技术的不断提高，人们可以设计特殊的人工微结构，在外场的调制下，有效提高激子的复合寿命[7]。

对低维半导体结构中的激子的玻色－爱因斯坦凝聚研究是未来的研究热点之一。关于固体中激子的玻色－爱因斯坦凝聚现象还有许多争论，理论方法还在发展中。随着量子信息研究热潮的兴起，人们提出激子可以作为固态量子信息的载体之一，低维半导体中激子玻色－爱因斯坦凝聚提供了固态量子信息处理的理想基态。

参 考 文 献

1 李正中 . 固体理论 . 北京：高等教育出版社，2002，369～389

2 夏建白，朱邦芬 . 黄昆审订 . 半导体晶格物理 . 上海：上海科学技术出版社，1994，83~107

3 Bonadeo N H, et al. Coherent optical control of the quantum state of a single quantum dot.Science, 1998, (282)：1473

4 Chen Gang, et al. Optically induced entanglement of excitons in a single quantum dot. Science, 2000, (289)：1906

5 Bester G, Shumway J , Zunger A. Theory of excitonic spectra and entanglement engineering in dot molecules. Phys Rev Lett, 2004, (93)：047401

6 Li Xiaoqin, et al. An all-optical quantum gate in a semiconductor quantum dot. Science, 2003, (301)：809～811

7 Butov L V , Gossard A C, Chemla D S. Macroscopically ordered state in an exciton system. Nature, 2002, (418)：751

Exciton and Related Phenomena

Li Shushen, Xia Jianbai

In this article, we prognosticate the possible hot research subjects about excitons in 10 to 20 years are the following: 1. Linear and non-linear optical process of excitons in the new artificial microstructures; 2. Excitonic dynamics and coherence process; 3. Exciton applying in solid state system quantum information; 4. Excitonic Bose - Einstein condensation.

5.7 表面物理学的回顾与展望

张广宇　王恩哥

（中国科学院物理研究所）

物体的表面，简单地讲指的是分隔物体与周围环境（例如：空气或真空）的少数几个原子层。除了传统研究中体材料与外界接触时的各种表面现象外，近年来低维体系和纳米材料已经成为表面物理领域内的重要研究对象。例如，外延薄膜的性质和它的表面及薄膜与基底的界面密切相关。同样，对于由少数原子组成的纳米结构，表面原子占有总数增大，对于这一类系统，也必须考虑表面效应的影响。

由于长期以来得不到清洁的表面，表面物理的研究一直进展很慢。随着20世纪六七十年代的超高真空技术和表面探测技术（例如俄歇电子谱、X射线光电子谱、紫外光电子谱、二次离子质谱、高分辨电子能量损失谱等等）的成熟，薄膜生长及表面和界面物理的研究开始蓬勃地发展起来[1]。作为凝聚态物理的一个分支，表面物理与其他研究领域（例如：薄膜物理、原子团簇物理、电化学和纳米科学技术等）有着密不可分的联系。其中，表面分析技术、分子物理、粒子束光学、真空技术、计算机模拟等是表面物理的基础；而表面刻蚀与保护、半导体技术和器件开发则是表面物理的延伸[2]。

早期表面结构的研究是利用扫描电子显微术或通过分析衍射数据这些间接手段实现的。然而，随着研究的不断深入，这种技术越来越显示出其局限性。很明显，如果我们可以在实空间对物质表面直接获得原子分辨像的话，会极大地促进和加深我们对表面的理解。这是促使扫描探针显微术发展的原因。扫描探针显微术（SPM），其中主要包括扫描隧道显微镜（STM）和原子力显微镜（AFM），被认为是表面物理研究30年来最为重要的实验发明。至今，扫描探针显微术已经成为直接决定固态表面之原子结构和电子特性的主要实验方法。许多独特的扫描探针显微技术也开始发展起来。例如：中国科学院物理所在陈东敏、梁学锦和薛其坤的主持下，设计和建造了一台同时可以在极低温和强磁场下工作的双探针扫描隧道显微镜。利用这种扫描隧道显微镜，科学家们已经实现了对单个原子个体和集体的可控迁移。这样理论上讲，我们可以在固体表面上制造任何我们想要的结构。这种技术被称之为“自下而上”的技术，就是以原子、分子为基本单元，根据人们的意愿进行设计和组装，从而构筑成具有特定功能的材料或器件。而传统的半导体工艺是一种“自上而下”的工艺，即通过微加工或改进材料，不断在尺寸上将人类创造的功能产品微型化。

在过去的十几年里，在薄膜物理领域取得了很多重要进展。这包括表面薄膜生长控制技术的完善，以及薄膜生长中表面原子的动力学规律的研究[3]。例如，分子束外延技术。分子束外延系统的本底真空高于10^{-8}Pa。在如此高真空下，生长过程中的表面污染处于次要地位。在这种条件下，虽然生长速率很低，但是可以更好地实现对生长过程的控制。到目前为止，已经完善和发展了许多传统的薄膜生长方法，例如分子束外延、化学气相沉积、溅射等技术。同时，也发展了许多独特的生长技术。例如：脉冲激光沉积技术——这种技术的优势在于制备复杂材料薄膜（如超导薄膜）方面；离子束辅助沉积技术——这种技术的优势在于制备不依赖于衬底的具有确定晶向的薄膜。另外一个重要的进展是表面薄膜生长的实时监控技术。例如，用中子源原位研究化学气相沉积过程。这些原子尺度上对薄膜生长的研究也促进了在原子尺度上对薄膜生长的控制，从而制备出许多新奇的材料结构和器件。随着对薄膜生长过程研究的深入，对薄膜生长的有效控制也越来越成功，进而实现了对薄膜性质的操纵。例如，中国科学院物理所薛其坤和赵忠贤等人在Si衬底上制备了原子级平整的Pb膜，并实现了对超导转变温度的调制。如何获得大小一样，并且排列整齐的量子点阵，一直是人们十分关心的问题。中国科学院物理所薛其坤小组在硅(111) − 7 × 7再构表面上，利用自组织技术生长出多种大面积全同有序的量子点阵列。这种材料被国际专家称为一种新的物质形态。

固体表面上薄膜或团簇的生长过程是一个非平衡态过程，归根结底是表面动力学和热力学的竞争过程。只有充分了解这种竞争机制，才会实现对薄膜的生长及其物性进行精确控制。目前实验和理论上已经在薄膜生长的动力学过程上做了大量的探索，包括研究表面台阶上吸附原子的扩散、沿台阶方向的扩散、围绕表面三维岛的扩散、三维岛的形核和三维岛的稳定性问题，以及层间原子的输运等。实验数据与理论计算的吻合极大地提高了我们对表面动力学过程的理解。最近几年，中国科学院物理所王恩哥的课题组与同事合作，在这个领域作了许多有趣的工作。利用第一性原理蒙特卡罗模拟的方法，他们系统地研究了表面上小系统的形成、演化、稳定性及退化机制等方面的问题，并发现了表面原子的向上扩散运动。实验技术的进步对理论研究给出了强有力的支持。我们知道，不同于传统的场电子发射显微镜，扫描隧道显微镜可以在大面积上获得原子分辨像，受限制的因素也大大减少。原子跟踪的扫描隧道显微镜在这方面更进一步，因为它在成像时可以跟踪原子或晶粒在表面上的迁移。

经过了30多年的持续发展，表面物理已经成为一门比较成熟的学科。根据美国物理学会的统计，1985年的美国物理年会（APS）中大约有14%的议题集中在表面物理研究领域；即使在高温超导研究蓬勃发展的1990年，表面物理研究领域的议题也占15%。科学的发展是无止境的。挑战越大，机遇也越大。纳米材料和技术的快速发展和美好的前景令人瞩目。而随着物质的尺寸越小，它表面的原子数相对于总原子数会更大。也就是说，表面所起的作用会越来越大。这样看来，表面物理研究的潜力是极其巨大的。

美国表面物理专家E. W. Plummer指出[2]：在过去的几十年中，表面物理的研究可以归结为技术驱动型研究。长期以来，人们努力地发展实验上和理论上的技巧，并且认为只有当实验探测或理论计算作的越来越好才会有出路。所以我们总是在重复的做一些问题，不断地提高它的精确度。实际上，这是一个陷阱。在将来，我们必须实现由技术驱动型研究到物理驱动型研究的转型。在力求把研究作得更加深入和细化的同时，我们应该更注重探索表面物理的最基本和最本质的内在规律。

作为凝聚态物理学领域的一个重要分支，如何将表面物理研究融入到凝聚态物理的其他领域是我们目前最关心的问题。现阶段凝聚态物理部分重要的研究方向可能包括：

1. 纳米科学技术

纳米材料与结构吸引人的地方是因为由于材料尺寸的限制而导致的新的量子化行为。一般来说，当材料的尺寸或晶粒尺寸、畴尺寸变得和材料本身的一些特殊的物理长度（例如：平均自由程、磁畴、声子相干长度等）相当时，那么相应的物性会发生很大变化。但是我们对这些现象并没有足够的经验或物理直觉，尤其对于电子体系。这些在纳米尺度上发生的物理、化学或生物的现象是我们需要研究的一个新体系。而这个体系具有其内在的一套物理规律，我们需要去发掘相应的理论描述和实验技巧。

2. 复杂材料体系

近年来获得诺贝尔奖的工作有两个是与人造半导体多层膜联系的，即整数和分数量子霍尔效应研究；另外还有关于复杂的过渡金属氧化物体系——高温超导的研究和关于C_{60}的发现。这些工作给我们一个明确的提示：人工制备的复杂材料体系是目前凝聚态物理领域内的重要研究方向之一。复杂材料体系包括两方面：①利用简单材料相互作用去实现新的物理现象或组装成新的器件。②利用新工具、新思想，以及物理、化学、材料科学的新进展，按照特定性质在原子量级上设计制备复杂结构。我们的最终目的就是可以利用加工一个的原子来改变世界。目前的研究重点包括人工合成的有序结构、越来越小的电路、磁存贮器件、复合材料、有机复合材料、掺杂的过渡金属氧化物、自组织纳米结构、分子电子学等。

3. 功能材料

对于物理学家来说，一种材料是否有用，是否能实现某一特定的功能是我们最关心的问题。表面物理学在功能材料的探索方面是非常有潜力的。

参 考 文 献

1 Hans Lüth. Surfaces and Interfaces of Solid Materials. Berlin：Springer, 1996

2 Plummer E W, et al. The next 25 years of surface physics. Progress in Surface Science, 2001, (67)：17～27

3 王恩哥 . 物理学进展 , 2003, (23)：1～61; 2003, (23)：145～191

Reviews and Prospects of Surface Physics

Zhang Guangyu, Wang Enge

In this paper, we have reviewed the recent years' advances and looked forward to the future developments about surface physics. A strategy for research of future surface physics must undergo a revolution from the technique-driven to the science-driven discipline. As a branch of condensed matter physics, surface physics should play a key role in bonding itself to the related field of condensed matter physics, especially to the nanoscience and technology, complex material system and functional materials.

5.8 超导科学研究现状和展望

闻海虎

(中国科学院物理研究所超导国家重点实验室)

超导现象自1911年被发现以来，它就以独特的魅力持续不断地吸引着广大科学家的关注，这不仅因为它包含有很多新奇量子现象和规律，同时又具有很多潜在的应用。实现室温超导是人们梦寐以求的事情。超导领域的研究一直围绕四个主要方面进行，它们分别是新超导材料的探索、超导机理研究、超导体的宏观量子相干特性研究，以及基于超导现象的其他应用研究。超导研究能够一直保持活力，每当有新的超导材料被发现，总会激起一轮新的研究热潮，如此一波接一波地推动超导材料向更高的超导临界转变温度迈进。尽管人们对21世纪什么学科将起主导作用仍然存在争议，然而室温超导的发现无疑会给人类社会带来革命性的变化。而恰恰是在过去近20年中，人们通过对高温超导机理的研究，逐渐感悟到室温超导并不存在理论上的障碍。

一、超导发现和发展历程

1911年，荷兰莱顿大学的卡墨林－翁纳斯(Kamerlin-Onnes)小组发现将汞冷却到−268.98℃时，汞的电阻突然消失，他们把这种处于超级导电状态的导体称为超导体。从此，凝聚态物理研究掀开了新的篇章，人类从此认识了物质的一种奇妙而全新的状态——超导态。卡墨林－翁纳斯由于发展液氦低温技术和发现超导现象而荣获1913年的诺贝尔奖。

然而人们要揭开超导神奇面纱却花去了整整46年的时间。直到1957年，美国的三位物理学家巴丁(Bardeen)、库珀(Cooper)和施里弗(J.R.Schrieffer)认识到电子之间借助于晶格振动(即所谓电－声子耦合)而发生吸引相互作用，并形成电子对(即库珀对)，从而创立了著名的BCS理论。这个理论预言这些电子对在一定温度之下凝聚到一个新的低能态——超导态，并出现电阻为零和抗磁性等宏观相干特性。迄今为止，在所有材料的超导态，载流子均是以库珀对的形式来实现的，尽管库珀对的形成可以有多种原因。巴丁、库珀和施里弗因为创立这个伟大的理论而获得了1972年的诺贝尔物理学奖。

与美国科学家齐头并进的还有苏联的科学家。首先京茨堡(Ginzburg)和朗道(Landau)从朗道的二级相变理论出发，引入波函数作为超导的序参量，建立了描述超导电性的唯

象理论 (GL 理论)，获得巨大成功。1957 年阿布里科索夫 (Abrikorsov) 基于 GL 理论，对不同种类的超导体性质进行研究，预言了磁通量子化、单根磁通线结构和磁通晶格点阵等重要概念，这些都被后来的实验所证实。京茨堡和阿布里科索夫教授的工作大大促进了超导体在产生强磁场方面的应用（如核磁成像和超导核聚变装置），因此获得 2003 年度的诺贝尔物理学奖。

在超导被发现后的75年时间里，超导转变温度仅仅被提高到23.2 K，基本上都是在单元素金属和多元合金中实现超导的。1986 年 10 月，瑞士的科学家缪勒 (K. A. Müller) 和柏诺兹 (J. G. Bednorz) 在研究氧化物导电陶瓷材料 LaBaCuO 时发现在 30 K 以上有超导迹象[1]。他们因为这个重要发现而获得1987年的诺贝尔物理学奖。随后，在世界上展开的对高温超导体的追逐中，科学家们已经制备出多系列近百种超导体。中国科学家和美国科学家同时独立地发现了液氮温度（77.3 K）以上工作的钇钡铜氧超导体。氧化物超导体的转变温度已经高达 130 K 以上（高压下可达 160 K），在某些方面的应用已经崭露头角。

氧化物超导体中的库珀对形成机制是摆在当今凝聚态物理学家面前的最重要课题之一。超导态尽管仍然是库珀对的凝聚而出现的，但众多实验表明，它主要诱因可能不是通过电子－声子耦合所致。常规超导体与高温超导体的一个显著差别是前者在正常态，其行为能够用现有的固体物理的知识来理解，超导转变能够用 BCS 理论描述。然而对于高温超导材料随着温度的变化，描述正常态特性的所谓费米面会不断演变，出现所谓的赝能隙[2]。目前的研究表明，高温超导体的正常态是极不寻常的，可能要从全新的视角去审视这个问题。正常态的赝能隙的起因也许对理解高温超导机理至关重要。这是一个历史性的难题，因此强烈呼唤知识的创新。正因为这个原因，世界上一些杰出的物理学家在此领域中不断追求，如诺贝尔奖获得者安德森（P. W. Anderson）（1976 年获奖），劳弗林（B. R. Laughlin）（1997 年获奖），阿布里科索夫（A. A. Abrikorsov）（2003 年获奖）等仍然活跃于高温超导机理的研究。这种电子强关联效应在其他过渡金属化合物系统中也广泛存在，形成了一个全新的前沿领域：非常规电子态领域。铜氧化合物超导体的发现为此提供了极好的研究对象，构成了目前凝聚态物理领域里的一个核心的问题。

二、新超导材料探索和新时期超导研究的特点

人们对新超导材料的探索从未停止过。2001 年 3 月，日本科学家报道二元材料二硼化镁在 39K 左右表现出超导特性[3]。这个发现迅速激起了全世界范围内又一轮新的研究热潮。对二硼化镁超导体性质的研究进展非常迅速，对二硼化镁超导体机理的认识也不断深化，研究已经发现二硼化镁超导体是通过电子－声子耦合而出现超导的。二硼化镁

超导体在应用上的契机更让人激动，首先这个超导体在20K左右的温度，在10万倍于地球磁场的情况下可以承载很大的超导电流而且能耗极低，因此极有可能被开发成医用核磁成像的磁体；其次，二硼化镁材料的价格很低，而且远比陶瓷特性的氧化物高温超导体容易加工成型；此外，二硼化镁超导体容易制备出超导量子干涉器件用于微弱电磁信号的检测，在大地探矿、医疗仪器、环境和军事方面具有广泛应用前景。

与此同时，人们也不断地探索具有新超导机制的材料。譬如，人们发现在一些弱铁磁性材料中可以发现超导[4,5]，这些材料包括$ZrZn_2$, UGe_2等一些所谓重费米子材料。另外，人们在Co的氧化物中发现超导[6]。一些有机材料中也已经发现高于10 K温度的超导体，其机制也不能简单地用电子－声子耦合机制来理解。观察其相图，不难看出众多的超导体具有共同特征：超导相总是与另外一个在更宽温度范围内出现的竞争相在量子临界点附近共存。这个竞争相包括电荷密度波相，自旋密度波相，反铁磁相，甚至是弱铁磁相。这个特点启示我们超导也许具有一个统一的图像，基于电－声子耦合的BCS图像可能只是一种特例。

新时期超导研究在观念上已经发生了重大转变。从探索新超导材料的角度看，人们从单纯地在电－声耦合图像下追求超导温度的提高，逐渐转变到重视新机制所导致的超导现象。氧化物高温超导体机理的研究对这种转变起到了重要推动作用。而这种转变具有重大的意义：首先它大大拓展了人们寻找新超导体的范围，从原先的导电金属及合金向其他导电性能不一定太好的化合物（如过渡金属氧化物、有机材料、重电子材料、有机导体等）延伸，而且从理论上说，没有理由寻找不到室温超导体。对新型超导机制和非常规电子态的理解将拓展固体物理的知识范畴，促进科学的发展。全球在新型超导体探索方面的追逐已经慢慢拉开了序幕。日本组织了庞大的全国性探索队伍，在此领域中进行探索。可以预期，日本科学家会在不远的将来找到新型超导体。中国科学家在过去近10年的研究中，通过不懈的努力，在高温超导和非常规电子态方面做出了一些有影响的工作，他们无论是对物理的理解，还是样品的质量和实验手段方面都有了长足的进步。相信在未来的10～20年中，中国科学家一定会发现具有重要科学意义和应用价值的新型超导材料。

三、对超导应用的展望

超导处于大规模应用的前夜。未来10年是超导产业开始角逐和竞争的关键时期。在应用材料方面，已经能够制备出较长尺寸（几百到几千米长）的高温超导导线（包括Bi系带材和Y系涂层导体）、百米级的二硼化镁超导导线、2～3英寸大小的钇钡铜氧高温超导薄膜等。超导材料的应用大致可分为两大类：即强电应用和弱电应用。强电应用包括稳定电网的设备如超导限流器和变压器、磁体和储能系统，以及大电流输运等；弱电应用有微弱磁信号探测、心磁和脑磁分布、大地探矿、效能更好的滤波器用于通信业和国防目的，以及其他微波器件等。在磁体技术成熟后可以用于超导核磁成像、磁悬浮列车、超导电机等。超导磁体在医学上的重要应用是核磁共振成像技术等，新一代二硼化镁材料的研究进展让人们看见了非常廉价和容易运行的新一代核磁成像磁体，这将是一个有巨大市场前景的产业。超导技术作为21世纪的战略高技术，将会实现大规模的应用。

参　考　文　献

1　Bednorz J G, Muller K A. Phys Z, 1986, (64)：189~194

2　Timusk T, Statt B. Rep Prog Phys, 1999, (62)：61~122

3　Nagaatsu J, Nakagawa N, Muranaka T , et al. Nature, 2001, (410)：63~65

4　Pfleiderer C, Uhlarz M, Haydeń S M. Nature, 2001, (412)：58~61

5　Saxena S S, Agarwal P, Ahilan K. Nature, 2000, (406)：587~590

6　Takada K, Sakurai H, Takayama-Muromachi E. Nature, 2003,（422）：53~55

Superconductivity: A Hot Research Area

Wen Haihu

In this article we briefly review the developments of science and technology of superconductivity in past century. It contains four parts: Ⅰ. Developments of the conventional superconductors; Ⅱ. Developments of copper oxide high temperature superconductors; Ⅲ. Exploration of new superconducting materials and the new features in the research on superconductivity; Ⅳ. Developments on the applications of superconductors. Since the superconductivity phenomenon is induced by the quantum condensation of large number of electrons, it nicely demonstrates the quantum mechanics principles in condensed matter. In addition the superconductivity has potential applications in many aspects. It will certainly continue to be a hot research area in 21st century.

5.9 发展磁记录信息存储的核心技术

蔡建旺　成昭华　詹文山

（中国科学院物理研究所磁学国家重点实验室）

当互联网、数字技术全面进入人们工作和生活的各个方面，从家用数字产品到电子商务，从办公室的各式电子文档到影音文字俱全的数字图书馆，从公用的数据资源库到个人的数据资料档案，这些爆炸式增长的电子化信息在10多年前都还无法想像，但它们成了当代社会最显著的特征，信息技术（IT）则成了引领世界前进的旗舰，它代表着一个国家的技术水准。对于信息技术来说，毋庸置疑，离开了信息的存储，它便无从谈起，因而在飞速发展的信息技术中，信息存储技术是不可或缺的支柱。虽然目前有多种信息存储技术方式，但在信息面密度和存取时间等方面的综合能力上，硬盘磁存储是所有其他技术无法匹敌的，为当前所有先进电脑数据存储的关键部分，全球年产值超过1000亿美元。

1. 磁记录信息存储的基本原理与现状

硬磁盘由磁记录介质和读写磁头两部分组成（见图1）。磁记录介质利用介质中磁性微区的不同南北极方向（即磁化方向）来存储信息；而磁记录读写头实则为一对换能器：写入磁头利用安培定律，通过绕有线圈的高磁导率极片，将电信号转化为信号磁场，通过该磁场改变介质微区的南北极方向将信息写入；读出磁头早期利用法拉第电磁感应定律，自1991年始，利用磁性功能材料的电阻对外磁场敏感的物理效应（即磁电阻效应），感知存储了信息的介质微区的磁场方向并将它转换为电信号，从而将信息读出。在过去半个世纪的岁月里，硬磁盘记录密度提高了8个数量级，占主导地位的是记录磁头技术方面的突飞猛进，其中最为突出的是巨磁电阻（GMR）读出磁头及进一步的隧穿磁电阻（TMR）读出磁头的引入和发展，其次是磁记录介质一代又一代地升级演变。

巨磁电阻效应指磁性纳米金属多层膜的电阻在磁场作用下发生巨大改变的现象[2]，通过自旋极化电子的量子散射过程实现，该现象发现于1988年。自1990年代末开始，硬盘记录密度几乎一年翻一番便是这一新发现的物理效应全面应用于硬磁盘读出磁头的结果，成为纳米科学从物理发现到大规模产业化最为成功和最为迅速的典范。磁性隧道结的室温隧穿磁电阻效应（TMR）是继GMR效应之后(7年之后)在凝聚态物理方面的又一个重大发现[3]，其不同于GMR金属多层膜的地方在于分隔磁性功能层的中间导体

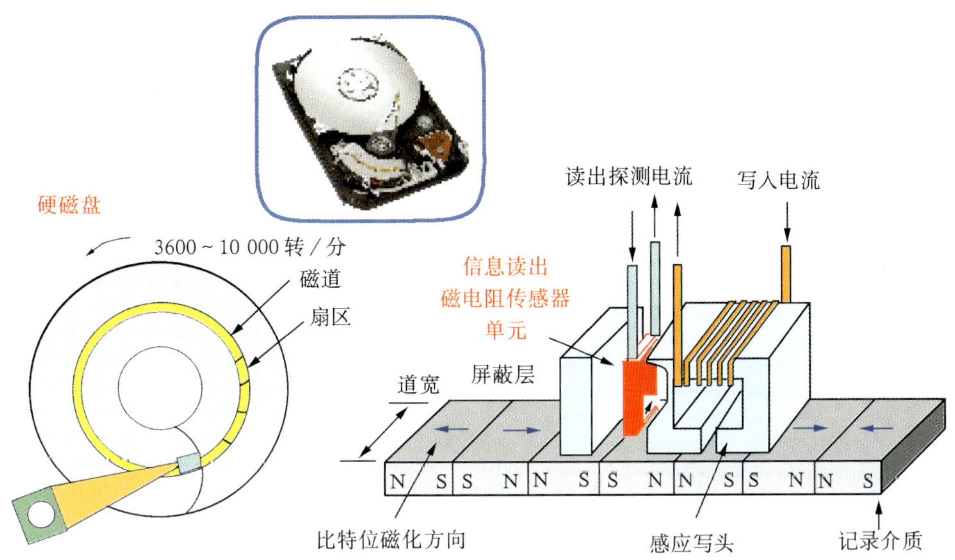

图 1　Seagate 公司 2005 年生产的 5000Gbytes 硬磁盘照片（上）及硬磁盘信息存储原理图(引自[1])

层由绝缘层取代，隧穿磁电阻效应通过自旋极化电子的量子隧穿过程实现。由于隧穿磁电阻效应比目前巨磁电阻效应要大得多，且在磁头结构中磁性隧道结拥有更大的可发展物理空间，目前磁性隧道结已经开始接替 GMR 自旋阀，担负起下一代更高记录密度硬盘读出磁头的核心角色。

另一方面，作为信息载体的传统纵向磁记录介质薄膜，其厚度目前已薄化至10纳米左右，晶粒尺寸则细化至 7 纳米左右，以保证足够的信噪比，但如此细小的晶粒对目前的磁记录介质材料来说已经接近超顺磁的极限。超顺磁性乃由于磁性颗粒的尺度太小，其磁各向异性能（颗粒体积与磁各向异性常数的乘积）接近或甚至小于热扰动的能量，以致热扰动可以改变其磁化方向。自然，处于超顺磁的磁性材料无法再记录信息，这是物理规律所设置的定则，可以说，成熟的纵向记录介质材料的应用目前几乎发展到了极至。由于垂直记录对介质层厚度的要求有所富余，在超顺磁对记录密度的限制上，垂直记录密度原则上可以比纵向记录大2～4倍，垂直磁记录在许多年研发的基础上最终走出实验室，开始大规模工业生产。

2. 磁记录信息存储未来发展所依赖的关键技术

显然，硬盘磁存储技术在可以预见的未来依旧是信息存储的霸主，人们有理由相信磁记录信息存储密度在 10 到 15 年内再度提升数百倍，而人类的数字生活也再度从量变到质变。当然，这一发展过程对材料、物理、工程技术等多方面的要求将挑战人类的智慧和极限。记录比特大小目前大致为41纳米×160纳米，记录密度的进一步提高意味着更小的记录比特尺寸。对于记录磁头来说，需要更高磁电阻效应的材料以保证它足够的灵敏度和信噪比，同时，传感单元的尺度朝远小于100纳米方向进一步减小，另外，为了制备适合于读头的磁隧道结材料，要求厚度只有3～5个原子层的绝缘层在数英寸大小的范围保证结构完美、均匀，这些对高科技产业是空前大挑战，更是目前全世界研究部门的攻坚课题[4]；而新的高磁电阻材料是未来希望的保障，为此，新的高自旋极化度薄膜材料、新的物理效应的理论预言与实验探索，各种各样的与自旋极化输运相关的物理现象的本质研究是关键的铺路石。

对于记录介质来说，由于超顺磁性对记录密度所设定的极限，整个磁记录技术的未来走向第一次从根本上由磁记录介质决定。应该说，垂直磁记录介质的进一步研究是保证磁记录密度持续发展的最根本基础。以光刻和物理或化学自组织方式制备的纳米级磁性颗粒规则排列的磁点阵（见图2）是未来磁记录介质的一个发展方向。将规则磁点阵的每个磁性颗粒点作为一个记录比特，这样的记录介质不存在与多晶比特相联系的随机噪音，所以无论是纵向还是垂直方式，都能将超顺磁性对记录密度的限制再次提高一个数量级。这方面的研究涉及材料学、物理学和化学及技术层面的许多棘手问题，目前看起来甚至令专业人士都还觉得不可思议，但并不是没有可能。信息记录的终极未来或许得由原子力显微镜（AFM）或扫描隧道显微镜（STM）为基础的原子工程来完成，尽管现在这听起来颇有些科幻小说的色彩，但这一天并不是无限遥远。

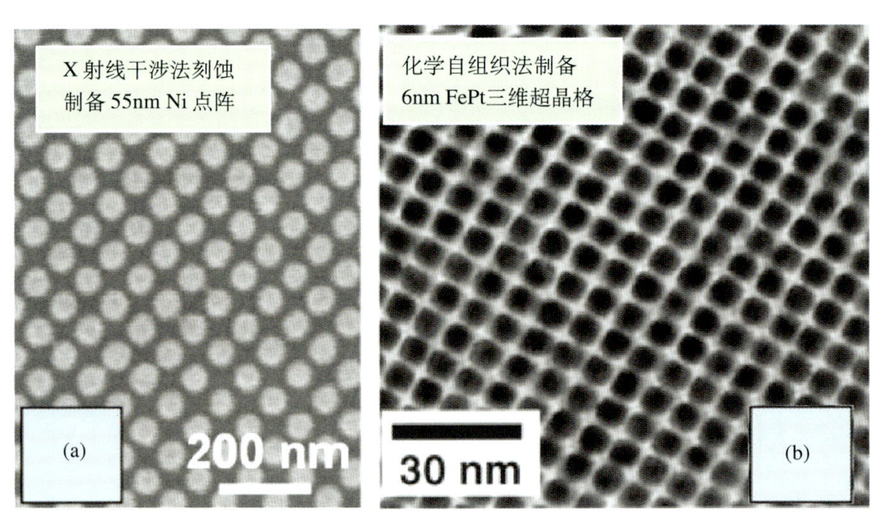

图 2

(a) 厚度40nm的Ni薄膜通过X射线干涉法刻蚀制备直径55nm、间距16nm的Ni点阵（扫描电镜SEM照片，引自 [5]）；(b) 与化学方法自组织生长的FePt纳米颗粒三维超晶格（透射电子显微镜TEM照片，引自[6]）

对于信息存储来说，数据率的快慢是其性能高低的重要指标，记录密度的提高必须拥有同步提升的数据率。无论对于记录磁头还是记录介质，其磁化翻转时间受涡流、磁共振的制约，从而最终决定硬磁盘数据率，这又是涉及材料与物理的基本问题。另外，磁头在硬碟上高速飞行寻址和定位等系列动态过程要求纳米尺度级的精确制导和定位，其设计理论已超出传统空气动力学的范畴，磁头和硬碟表面分子之间相互作用力及磁相互作用力等因素都必须加以考虑。

3. 我国亟待发展的磁记录信息存储的核心技术与产业

“八五”、“九五”计划以来，随着中国科研体系的逐步建立，应该说，在信息磁存储技术相关的基础研究方面，我国的科研步伐紧紧跟随世界的发展。巨磁电阻效应自1988年发现后，90年代初国内的一些著名大学和研究所就展开了相应的研究工作，取得了许多有创新性的科研成果，例如在全世界至今发现具有GMR效应的20多种金属多层膜中，有几种就是由国内的科研人员发现的[7]。目前在巨磁电阻、隧穿磁电阻的材料、物理研究方面，已经有了丰富的积累，这些材料的功能特性已经达到国际先进水平。另一方面，国内一流的高校和科研院所通过物理和化学方式制备各种纳米自组装点阵包括磁性点阵结构的研究成果正成为国际上这一领域的重要组成部分，如中国科学院物理研究所的研究人员通过精确控制原子成核过程,创造性地利用周期纳米模板上的幻数原子成簇现象，制备出大面积、完全有序排列的纳米团簇阵列[8]，这一研究成果引起欧美信息产业界、学术界的极大关注。可以这么说，在信息存储的前沿基础研究方面，国内的许多高校和科研院所已经拥有一批比较成熟的研究人员，并初步建立起了从事这方面研究的技术平台。然而，由于历史的原因，与国际先进相比较，就总体而言，我国的科研工作原始创新较少，目前有关磁记录信息存储的所有核心技术全被他人垄断，对于年产值过千亿美元的磁存储技术产业，我国除了几个外资管理下的装配工厂，其余的是设施陈旧、技术落后并逐步走向衰亡的磁带和相关磁头厂，它们与高科技无缘。在未来磁记录信息存储技术的发展中，我国一方面必须强化基础研究，选择若干具有重大产业化前景的突破点进行重点攻关，取得属于自己的关键性的技术，令人鼓舞的是这一领域的部分重要课题已经成为科技部的“国家重点基础研究发展规划”与国家自然科学基金委的一些重大项目；其次，切实解决从研究到生产的应用转化问题，这是最终关系到国家技术发展的关键。根据我国信息磁存储技术发展的历史、现状和机遇，发展的重点应具有原创性和前瞻性。具体的对策应是：①加强巨磁电阻和磁性隧穿效应及相关方向的基础研究，当前国际上磁性隧道结磁头进入市场仍存在许多制约，如果能在基础研究的基础上提出新的磁性隧道结的材料和结构，克服目前工艺技术上的困难，就可以加快实现产业化；②加强磁记录介质的基础研究，尤其是垂直磁记录介质，它将是高密度磁记录发展方向之一。

目前国内仅有少数单位刚开始从事这方面的研究，而国际上发展很快，尤其是纳米结构的垂直磁记录技术；③加强“自下而上”（bottom up）自组装磁性纳米结构作为新一代磁存储介质的基础研究，为实现未来量子磁盘提供科学与自主技术的积累；④加强磁力显微镜（MFM）、扫描隧道显微镜等原子操纵及其在磁性纳米结构的研究，为磁存储技术推进到原子水平培育未来核心技术的种子；⑤信息磁存储技术的发展依赖多学科的交叉和多种技术的集成，因此在实施应用研究时，国家要以大项目的形式组织各方面的力量开展研究，尤其产业单位要不失时机的介入，加快产业化的进程。

信息磁存储技术深受各先进工业国的特别青睐，在全世界一流大学、研究所和高科技信息产业巨头们对这一具有巨大产业背景的领域正全面深入研究开发之际，中国的科研院所和高等院校应该在原有工作的基础上，更加集中优势力量，以相关的功能材料为核心，制备优良功能材料，解决应用转化中的关键技术问题，为国家的信息产业、国防军事等做出一定的贡献。

参 考 文 献

1 Thompson D A, Best J S. The future of magnetic data storage technology. IBM Journal of Research and Develop, 2000, 44：311～322

2 Baibich M N, Broto J M, Fert A, Nguyen Van Dau F, Petroff F, Etienne P, Creuzet G, Friederich A, Chazelas J. Giant magnetoresistance of (001)Fe/(001)Cr magnetic superlattices. Physical Review Letters, 1988, 61：2472～2475

3 Miyazaki T, Tezuka N. Giant magnetic tunneling effect in Fe/Al_2O_3/Fe junction. Journal of Magnetism and Magnetic Materials, 1995, 139：L231～233

4 Parkin S S P, Kaiser C, Panchula A, Rice P M, Hughes B, Samant M, Yang S H. Giant tunneling magnetoresistance at room temperature with MgO (100) tunnel barriers. Nature Materials, 2004, 3：862～867

5 Heyderman L J, Solak H H, David C, Atkinson D, Cowburn R P, Nolting F. Arrays of nanoscale magnetic dots: Fabrication by x-ray interference lithography and characterization. Applied Physics Letters, 2004, 85：4989～4991

6 Sun S, Murray C B, Weller D, Folks L, Moser A. Monodisperse FePt nanoparticles and ferromagnetic FePt nanocrystal superlattices. Science, 2000, 287：1989～1992

7 Barthélémy A, Fert A, Petroff F. Giant magnetoresistance in magnetic multilayers. *In*：Buschow K H J. Handbook of magnetic materials. North-Holland: Elsevier, 1999, 12：1~96

8 Li Jianlong, Jia Jinfeng, Liang Xuejin, Liu Xi, Wang Junzhong, Xue Qikun, Li Zhiqiang, Tse J S,Zhang Zhenyu, Zhang S B. Spontaneous assembly of perfectly ordered identical-size nanocluster arrays. Physical Review Letters, 2002, 88：66101-1~4

The Development of Magnetic Data Storage Technology

Cai Jianwang, Cheng Zhaohua, Zhan Wenshan

The key issues of the magnetic hard disk are reviewed. New materials and novel artificial structures as well as the corresponding fundamental research on magnetic head and medium are discussed. The development of the domestic magnetic data storage industry and an urgent need of the key technologies on behalf of the country are proposed.

5.10 Ⅱ-Ⅵ和Ⅲ-Ⅴ族半导体的光学性质研究展望

曹则贤

(中国科学院物理研究所)

Ⅲ-Ⅴ族化合物半导体其本征构成应包括一半的Ⅲ-族元素(B、Al、Ga、In)原子和一半的Ⅴ-族元素(N、P、As、Sb)原子，可以是二元的简单构成，也可以是三元甚至四元的复杂化合物。常见的Ⅲ-Ⅴ族化合物半导体包括BN、AlN、GaN、InN、GaAs、InAs、GaP、InP、GaSb、InGaAs、AlGaAs、AlGaN、InGaN和InGaAsP, 等等，其基本的晶体结构为立方闪锌矿结构和六方纤锌矿结构。Ⅱ-Ⅵ族化合物半导体其本征构成则应包括一半的ⅡB-族元素(Zn、Cd、Hg)原子和一半的Ⅵ-族元素(O、S、Se、Te)原子。常见的Ⅱ-Ⅵ半导体包括ZnO、ZnSe、ZnS、ZnTe、CdSe、CdTe、CdS、HgSe、HgTe、HgS、ZnCdSe、ZnMgSe、ZnSSe、HgCdTe, 等等。同样地，它们的晶体结构为立方闪锌矿结构和六方纤锌矿结构[1]。Ⅲ-Ⅴ族化合物半导体的带隙范围约为0.4eV(InAs)至6.2 eV(AlN), Ⅱ-Ⅵ族半导体的带隙范围可从微小的负值到达约3.9 eV(ZnS)；由于这些材料大多都能实现直接带隙，且通过能带工程几乎能实现任何指定的能隙值,能隙覆盖了从远红外到紫外的光谱范围,这就注定了该类材料会表现出丰富的光学和电子学性质，在未来以光电子、光子为基础的信息时代必定会得到更广泛的研究和应用。半导体材料合成与器件（微纳米尺度）制作技术的高度发展为半导体光学性质的研究提供了几乎不受限制的可能性。半导体制造工艺成就了对半导体各种人造结构和物理性质, 其中包括重要的光学性质的充分研究与利用。由于半导体材料基本上是以低维人工结构的形式(包括薄膜、纳米晶材料、量子阱、量子线和量子点)得到应用的,因此这些材料的物理性质的研究也集中于低维人工结构[2]。值得强调的是,低维结构各种物理性质的各向异性是普遍的。

在凝聚态物理、应用物理的语境中,固体的光学性质经常指的是“复介电常数(张量)关于光子能量的函数”,但今天对Ⅱ-Ⅵ、Ⅲ-Ⅴ族半导体来说,光学性质有着更丰富深刻的内涵。Ⅱ-Ⅵ、Ⅲ-Ⅴ族半导体有着强烈的应用色彩,从应用物理的角度讨论光学性质应包括:①光与物质相互作用的宏观表现;②微观的光子/电子过程;③研究和操控微观过程从而能够掌控器件中宏观物理现象的方法[3]。

未来Ⅱ-Ⅵ、Ⅲ-Ⅴ族半导体光学性质的研究会围绕以下几个方向展开:

(1) 作为有源器件的半导体结构。光发射是Ⅲ-Ⅴ族半导体的重要应用,新型半导体材料/结构的光致发光、阴极发光和电致发光是传统的但又必要的研究课题。有源器件包括半导体激光器和激光二极管。最新的研究方向包括各种波长的、高效的发光介质与结构设计。宽带隙的Ⅲ-Ⅴ族半导体是蓝紫光发光材料,随着第三代半导体材料氮化镓的突破和蓝、绿、白光发光二极管的问世,半导体照明已成为现实。因此,围绕照明技术的半导体(主要是Ⅲ-Ⅴ族)研究有广阔的应用前景,期待新的突破。激光方面,高效的、可调谐量子点和量子阱级联激光器一直不断取得进展,而微米波长的垂直腔体平面发射激光器(VCSEL)是未来光学互联系统的候选光源[4]。这对大光学增益的激活层和大反射率的衬底材料(如InP/InGaAsP等)方面研究给予了有力的促进。

(2) 稀磁半导体的光学性质。Ⅱ-Ⅵ、Ⅲ-Ⅴ族半导体掺杂少量磁性原子可以制成稀磁半导体,它是自旋电子学的重要材料基础。稀磁半导体和光子相互作用是实现和测量自旋流的手段之一。铁磁性Ⅲ-Ⅴ族半导体和异质结中自旋相干的光学操纵、自旋的光学取向、Ⅱ-Ⅵ族半导体中磁共振现象的光学探测、自旋相关的动力学过程,如退位相和退相干的光谱学(主要为时间分辨法拉第(克尔)旋转谱学)研究、自旋流的光学产生和探测都是当前的前沿性课题[5]。

(3) 单光子、纠缠态光子的源和探测器[6]。量子信息中的信息通过对单光子的偏振状态进行编码,这就要求有单光子源和探测器,目前使用的为激光短脉冲。Ⅲ-Ⅴ族半导体量子点微腔结构是最可能实现单光子和纠缠光子对发射的候选结构。目前研究主要集中在InAs、GaAs、AlGaAs、GaN等材料形成的量子点上。适于不同能量单光子探测的高灵敏度探测器制作的半导体结构也有迫切的需求。

(4) 半导体光学性质对低维结构的依赖关系。低维半导体结构包括纳米晶材料、量子阱、量子线和量子点。由于半导体量子结构的能级分布,其光学性质强烈依赖于量子结构的尺寸和形状,以及包裹该量子结构的环境介质[7]。半导体人工结构的能带内和亚能带间的跃迁(光吸收)过程的谱学与理论研究,半导体中光子与元激发的耦合的谱学与理论研究,这攸关半导体发光器件性能的裁剪与优化。其他问题有半导体纳米晶的光吸收、发射、光学非线性、界面效应等。更基本的层次上，小尺度半导体在波长可比拟的光场中的有限电动力学问题是理解其光学性质的关键。

(5) 太阳能电池相关的半导体光学性质。常用做太阳能电池的材料为GaAs、InP、InGaP、CdTe、InCuSe等。研究的关键在于降低成本的同时如何提高光电转换效率。

(6) 半导体光子晶体。半导体晶体中发生在电子上的所有行为，如能带结构的形成、通过掺杂引入带间态等，都同样会由光子晶体中的光子表达出来。光子可被光子晶体(选择性)偏折、俘获(局域化)、过滤等。窄线宽激光器这一在密集波分复用光子通信中的关键部件就是率先用Ⅲ-Ⅴ族半导体基GaAs的光子晶体实现的。光子晶体选择性地透过光子，埋植在量子级联激光器 (半导体量子阱)的激活区能够实现自表面的光发射。寻找适合制作光子晶体的半导体材料和新结构是重要的研究方向[8]。为了实现基于Ⅲ-Ⅴ半导体的光子晶体的光路集成会产生诸多的光学新问题。

(7) 被动式光学器件。用于制作各类被动式半导体光学器件 —— 如反射镜(非线性的)、分束器、滤波器、超快光开关、光互联所需的光纤或光波导等 —— 所产生的光学问题，主要是反射、折射、吸收和色散等经典问题。

(8) 主动式器件。包括对光快速、高分辨高灵敏度响应的探测器，对紫外和中远红外光灵敏的探测器，光学调制器，半导体光学放大器等。

(9) 非线性光学。Ⅱ-Ⅵ、Ⅲ-Ⅴ族半导体结构为非线性光学现象提供了广大的展现空间。半导体中的激子/声子系统的斯塔克效应，电子－空穴等离子体的光学行为；半导体中的光学孤立子、光学回声、四波混频、量子拍频、各种退相关退相位过程，以及与半导体激光发射过程相联系的各种光学过程都是热点问题[9]。

(10) THz光学[10]。过去光学现象一般只涉及近红外到紫外波段的电磁辐射。如今，由于其与物质的相互作用在时域上会表现出特殊的现象因而能够获得许多新颖的应用，THz电磁辐射引起了研究者广泛的兴趣。Ⅱ-Ⅵ、Ⅲ-Ⅴ族半导体，特别是Ⅱ-Ⅵ族半导体，通过能带工程可以提供THz的光源 (interminiband跃迁)、波导和探测器，在THz光学方面将起到非常重要的作用。

(11) 其他。Ⅱ-Ⅵ、Ⅲ-Ⅴ族半导体其他待研究的光学性质仍然不胜枚举。重要的有负电亲和势Ⅲ-Ⅴ族半导体的偏振光吸收和其后的电子反射过程，这是实现自旋极化电子源的一个可能途径，因此具有极高的研究价值。其他的还有光子二极管、三极管(可用于光的高灵敏度探测)的实现和相关光学问题；包含半导体的等离激元电子学(Plasmonics)材料的光学性质；极限半导体材料微波器件对微波的吸收、反射、增益等效应，半导体中激子、极化激元 (polariton) 态的演化等影响材料光学性质行为的光谱学研究等。

Ⅱ-Ⅵ、Ⅲ-Ⅴ族半导体待研究的光学性质范围极广，受作者眼界和篇幅限制，本文对Ⅱ-Ⅵ和Ⅲ-Ⅴ 族半导体的光学性质研究展望无疑地会挂一漏万，只盼能起到抛砖引玉的作用。有兴趣的读者应跟踪特定主题的、特定材料的最新研究进展。

参 考 文 献

1 Yu P Y, Cardona M. Fundamentals of Semiconductor. Berlin：Springer-Verlag, 1996
2 Barnham K. Low-Dimensional Semiconductor Structures: Fundamentals and Device Applications. Cambridge：Cambridge University Press, 2001
3 Collins R W, Vedam K. Optical properties of solids. *In*：Trigg G L. Encyclopedia of Applied Physics. Weinheim：Wiley-VCH, 2004
4 Lear K L, Jones E D. MRS Bulletin, 2002, 27：497
5 Awschalom D D, Loss D, Samarth N. Semiconductor Spintronics and Quantum Computation. Berlin：Springer-Verlag, 2002
6 Heinrich M, et al. Phys Rev Lett, 2000, 85：4872
7 Gaponenko S V, Knight P L, Miller A. Optical Properties of Semiconductor Nanocrystals. Cambridge：Cambridge University Press, 1998
8 Lodahl P, et al. Nature, 2004, 430：654
9 Klingshirn C F. Semiconductor Optics. Berlin: Springer-Verlag, 1997
10 Shan J, Heinz T F. Terahertz radiation from semiconductors. Topics in Applied Physics, 2004, 92：1

Optical Properties of Ⅱ-Ⅵ and Ⅲ-Ⅴ Semiconductors: A Research Prospect

Cao Zexian

Well-established material synthesis and device fabrication techniques bestow the Ⅱ-Ⅵ, Ⅲ-Ⅴ compound semiconductors an almost unlimited possibility of applications, in particular of their optical properties. With careful engineering of energy band, these materials, in exclusively low-dimensional structures, manifest diversified functional optical properties in the range from Terahertz to ultraviolet light. Research of optical properties of these materials with regard to the applications such as light sources, spintronics, photonic circuit, photoelectronics and solar cell, to name only a few, will be the main interest in the coming years.

5.11 软物质与生物大分子

王鹏业

（中国科学院物理研究所）

一、软物质简介

软物质这一概念由法国物理学家德热纳 (P.G. de Gennes) 首先提出，他在 1991 年诺贝尔奖授奖会上以“软物质（Soft Matter)”为演讲题目[1]，引起广泛关注。软物质的特征就体现在“软”上，比如轻轻施力即可产生较大形变。但它又不像普通流体（如水、空气）那样具有良好的流动性。软物质具有短距离的规则性，但缺乏长距离周期性，其形态与熵有很大关系。只有这样它才能够构造出千变万化极其复杂的系统，并可携带大量的信息，生命就是一个例子。这一点早在 1944 年由量子力学创始人之一、物理学家薛定谔（E. Schrödinger）所著的《生命是什么?》(What is life?)[2] 中就有精彩的论述。

软物质是指处于固体和理想流体之间的复杂态物质。一般由大分子或基团组成，如液晶、聚合物、胶体、膜、泡沫、颗粒物质、生命物质等，在自然界、生命体、日常生活和生产中广泛存在。软物质的基本特性是对外界微小作用的敏感性、非线性响应、自组织行为等。这类物质与普通固体、液体和气体大不相同。流体热涨落和固态的约束共存导致了软物质的新行为，体现了软物质组成、结构和相互作用的复杂性及其特殊性。软物质在介观尺度（约从 1 纳米到 1 微米）范围内，通过相互作用可形成从简单的时空有序到复杂生命体一系列的结构体和动力学系统。软物质的丰富物理内涵和广泛应用背景引起越来越多物理学家的兴趣，是具挑战性和迫切性的重要研究方向，已成为凝聚态物理研究的重要前沿领域。

软物质与人们生活紧密相关，如橡胶、人造纤维、墨水、洗涤液、饮料、乳液及药品和化妆品等；在技术上有广泛应用，如液晶、聚合物等；生物体基本上均由软物质组成，如细胞、蛋白质、DNA、RNA 等。然而，软物质与一般硬物质的运动变化规律有许多本质区别，人们对这一研究领域的开拓还远未达到较完善的程度，任重而道远。对软物质的深入研究将对生命科学、化学化工、医学、药物、食品、材料、环境、工程等领域及人们日常生活产生广泛影响。软物质的概念是从物理学视点上研究生物大分子的主要出发点之一，是连接物理学与生命科学的一条重要纽带。

二、国际上软物质研究状况

由于软物质是一类复杂体系，这类物质的奇异特性和一般运动规律尚未得到很好的认识。软物质的丰富物理内涵和广泛应用背景引起越来越多物理学家的兴趣，是具挑战性和迫切性的重要研究方向，已成为凝聚态物理研究的重要前沿领域。尽管人们接触软物质已有很长的历史，并对若干体系(如高聚物、液晶、胶体等)做了许多研究工作，但将软物质作为一类普遍物质形态进行深入的物理研究还只有10多年。近年来，国际上许多大学和研究机构均在大力开展软物质研究。美国和欧洲各国开展研究比较广泛深入，日本科技厅也设立重大项目支持此类研究。这一研究倾向也明显反映在科学出版方面，如美国物理学著名的《物理学评论》(Physical Review）系列杂志，在1993年开刊了《物理学评论 E》分册，主要刊登软物质等研究论文，从2001年起，该杂志分成两大栏目，第一大栏目就是“软物质和生物物理”；法国、德国和意大利物理学杂志在2000年合并成《欧洲物理学杂志》(The European Physical Journal)，其中E卷的标题就是“软物质”；其他一些杂志也纷纷开辟“软物质”专栏。英国甚至最近专门创办了《软物质》（Soft Matter）杂志。在近几年的美国物理年会上，软物质与生物大分子总是大会的热门学科之一。这些均表明，软物质物理已成为国际上受到普遍重视的新学科领域。软物质的研究横越物理、化学、生物三大学科，特别是软物质物理研究的深入开展，是物理科学通向生命科学的桥梁，软物质物理代表了在21世纪凝聚态物理发展的重要趋向。

软物质物理是一个很大的领域，包含的内容极为广泛。由于现代探测手段如原子力显微镜（AFM)、扫描近场光学显微镜、共聚焦显微镜、低温电镜、X射线、中子散射、单分子操纵与检测等技术的应用，对软物质结构和功能的研究已由过去的宏观水平提高到目前的分子水平，并由此带来理论上的一些突破。尽管如此，由于软物质的复杂性，其微观层次结构的多样性，人们对软物质的认识还远非完整。

生命软物质是软物质研究的一个重要方向和备受关注的前沿领域。一方面是要从分子的层次去理解生命过程；另一方面是要寻找从根本上预防、诊断和治疗一些重要疾病的途径。近年来，随着各种先进的单分子操纵与检测手段，如AFM、扫描探针显微镜、光镊、微操纵、单分子荧光显微等技术的发展，分子生物物理和生物化学学科的研究已由传统的统计方法发展到对单分子实行直接操作与测试。应用这些现代物理学和物理化学的新手段和新方法，理论与实验相结合，对一些重要的生物大分子及其相互作用的研究，有助于在分子水平上揭示生物大分子结构、运动与功能的关系。这是物理学、化学与生命科学交叉的国际前沿领域，有许多问题有待深入研究。是国际学术界面临的长期研究方向。

三、软物质物理研究展望

由于软物质包括面太广，这里只限于对与物理学有关的（但并不是全部的）研究方面进行一个简单的展望。随着国际上对软物质，特别是生物软物质研究的持续升温，以下几个方面有可能在近期取得突破性进展：

（1）生物聚合物物理。DNA 和蛋白质的单分子弹性和动力学；细胞骨架和网络及相关集合体的相互作用；生物聚合物溶液、胶体、聚集体、膜等的静电效应、表面效应等。

（2）块状共聚物物理。块状共聚物的有序—有序、有序—无序相变，动力学及结构问题；块状共聚物稀溶液及由其组成的微泡和囊泡等介观体系的物理学问题（柔性、稳定性、输运性、自组装等）。

（3）颗粒的动力学和结构。颗粒物质的流动动力学、结构、相变和自组织；各向异性颗粒及带电颗粒的相互作用；这些物质组成的结构在应用于光子学、电子学、传感器、模板、仿生，以及医学诊断和治疗中的物理学问题。

（4）生物大分子、分子马达和人工纳米器件。应用于生物大分子、分子马达和人工纳米器件表征和操纵的单分子成像和显微技术、光谱技术等将得到进一步发展；在实验及相应的理论模型和计算机模拟方法中，将注重纳米尺度下噪声、随机涨落和布朗运动所起的关键性作用。

（5）核酸－蛋白质、蛋白质－蛋白质相互作用：从单分子到生物系统。将主要集中于研究支配核酸（DNA 和 RNA）与蛋白质相互作用的物理机制。实验方法上，单分子成像、荧光、单分子操纵、皮牛力测量、微悬臂、微纳流控技术等将得到大力发展。研究的系统将包括DNA复制、转录、转录调控、蛋白质导致的DNA弯曲和压缩、蛋白质沿DNA的扩散、受体－配体结合的热力学和动力学、操纵 DNA 的分子马达和酶的动力学等。

（6）理论计算和模型建立。随着计算技术的快速发展，对软物质体系，特别是生物大分子的理论模拟将有长足的发展。分子动力学、布朗动力学、蒙特－卡洛方法等计算手段将越来越完善，达到较高的解释和预测水平。对一些动力学模型的建立将起较大的推动作用。

四、软物质物理实验室

中国科学院物理研究所结合已有研究基础和当今物理学的发展动向，于2001年4月正式成立软物质物理实验室。物理研究所主要从事凝聚态物理、光物理、原子分子物理和等离子体物理等方面的研究，很多基本研究方法和实验条件适用于研究软物质，是开展软物质物理研究的良好场所。经过几年的努力，软物质物理实验室的课题组在电流变液、颗粒物质、生物大分子的结构和动力学等方面取得了高质量成果，引起国际同行的重视。下面仅在生物大分子的研究方面举两个例子。详细的研究工作介绍可通过软物质物理实验室的网站(http://sm.iphy.ac.cn)了解。

1. DNA 与组蛋白相互作用的布朗动力学研究[3,4]

真核生物的DNA分子一般比较长，比如说，人的DNA分子约有两米长。而真核生物的细胞核相对较小，例如动物细胞核的直径量级大约是10微米。这么长的DNA分子被压缩包装到直径约为10微米量级的细胞核中，这是大自然的一个杰作，因为DNA被折叠到这样拥挤的一个小空间内，不仅要高度有序，还要在染色体中随着生命过程的需要随时进行可逆的折叠和去折叠。从DNA到染色体，DNA分子经过了层层压缩，其压缩比约有1∶8400。目前，人们要完全理解这一过程，仍具有挑战性。具体的压缩过程可以分为几个层次，第一个层次是DNA与组蛋白形成核小体。我们运用布朗动力学，通过多种相互作用力，研究了DNA与组蛋白相互作用最终形成核小体的动力学过程及其手征性的形成，揭示了DNA与组蛋白相互作用的详细图景，并提出了组蛋白八聚体旋转模型来解释这一过程（图1）。

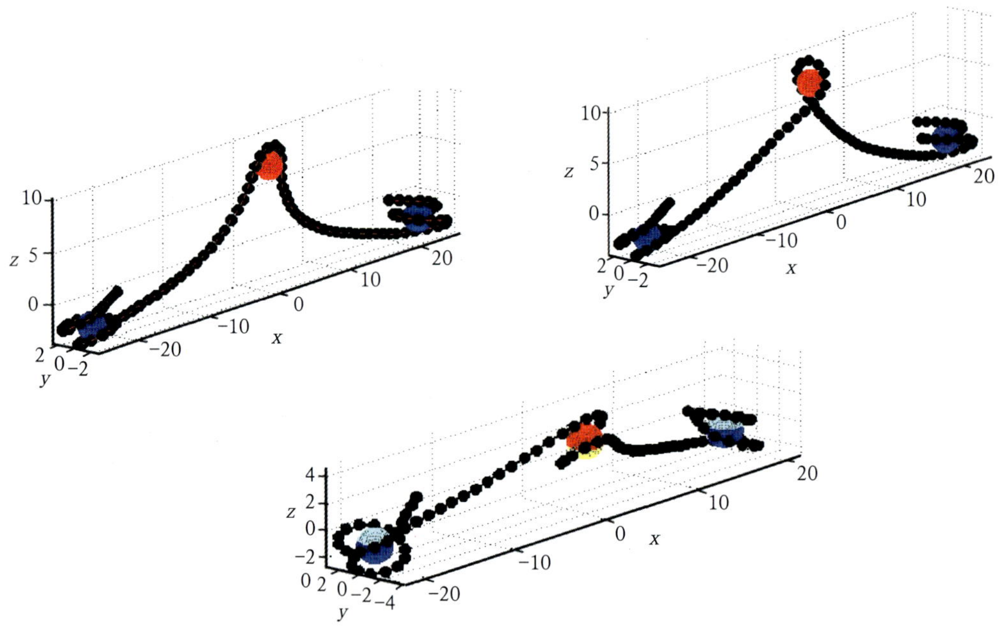

图1 布朗动力学得到的DNA与组蛋白相互作用形成核小体的过程

2. DNA 单分子在拉伸力作用下的熔化[5]

在生命活动中，DNA的复制和转录等过程均须将碱基对的氢键打开。在生物体内(in vivo)这一过程是靠酶反应实现的。而在体外(in vitro)，可用加热的方法将氢键打开，使双链分离，导致DNA分子的熔化(melting)。这一过程具有重要的应用价值，例如在PCR(聚合酶链式反应)技术中。我们研究了单个DNA分子在拉伸力作用下的熔化现象。利用分子梳技术在DNA分子上施加一定的拉伸力，常温下即可使碱基对的氢键打开，使DNA双链分离。我们利用荧光分子只有与双链DNA结合才发射出较强荧光这一特点，通过荧光显微方法直接观察到了拉伸力导致的DNA单分子熔化（图2，图3）。

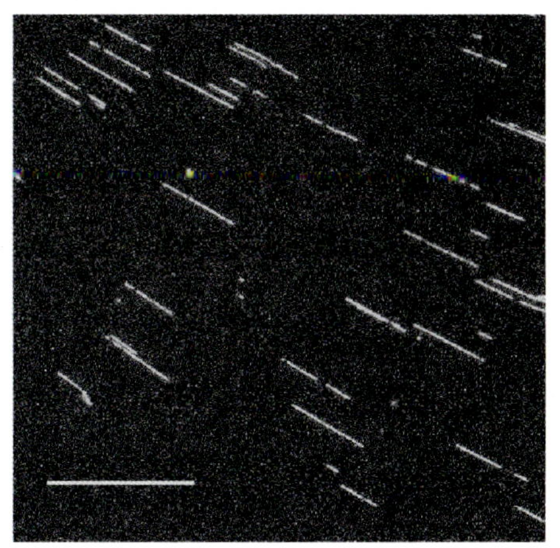

图2 单分子DNA熔化现象

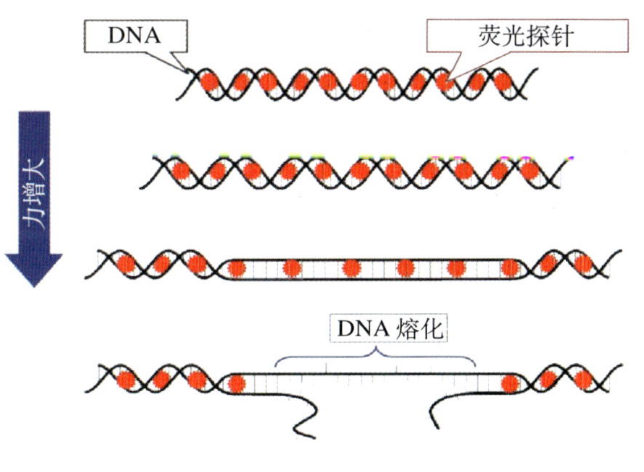

图3 单分子DNA熔化模型

参 考 文 献

1 de Gennes P G. Soft Matter. *In*: Ekspong G. Nobel Lectures in Physics, Vol 7 (1991～1995). Singapore: World Scientific Publishing Co,1997

2 埃尔温·薛定谔著. 罗来鸥，罗辽复译. 生命是什么？长沙：湖南科学技术出版社，2003

3 Li Wei, Dou Shuoxing, Wang Pengye. Brownian dynamics simulation of nucleosome formation and disruption under stretching. J Theor Biol, 2004, 230: 375~383

4 Li Wei, Dou Shuoxing, Wang Pengye. The histone octamer influences the wrapping direction of DNA on it: Brownian dynamics simulation of the nucleosome chirality. J Theor Biol, 2005, 235: 365~372

5 Liu Yuying, Wang Pengye, Dou Shuoxing, et al. Ionic effect on combing of single DNA molecules and observation of their force-induced melting by fluorescence microscopy. J Chem Phys, 2004, 121: 4302~4309

Soft Matter and Biomacromolecule

Wang Pengye

Soft matter is a current hot topic in the academic community. In this article, the concept of soft matter and its relation to life science and biomacromolecule is briefly introduced. The international research situation for soft matter is analyzed. Expectations for some research directions are given. Recent research works of the Laboratory of Soft Matter Physics is briefly presented with examples.

第六章

公众关注的科学热点

Science Topics of Public Interest

6.1 我国环境污染及其对公众健康的危害

魏复盛

（中国环境监测总站）

目前，全球范围内的环境污染对人体健康的危害已受到公众越来越多的关注，各国设立了专门的研究机构，投入了大量的资金，开展环境污染对人体健康影响的研究，尤其是针对持久性有机污染物（POPs）和持久性有毒污染物（PTS）的研究。

随着我国经济的飞速发展，国内的环境污染问题也日益突出，有毒有害污染物已对人民的身体健康产生了负面影响，令人担忧。

一、空气污染及其对健康的危害

图1　空气污染危害健康

中国改革开放20多年，GDP增长10倍，化石燃料消耗大增，空气污染不断加重。2003年我国监测了340个城市的空气质量。空气质量为Ⅲ级或超Ⅲ级的，即不达标城市有198个，占58.3%。若按城市人口统计，生活在符合适宜居住的空气质量标准（Ⅱ级或优于Ⅱ级）的人口，占36.4%。生活在空气质量不达标的城市人口占63.6%[1]。空气首要污染物（超标比例最高者）是颗粒物

(PM_{10}，TSP)，其次是二氧化硫，第三是氮氧化物（或二氧化氮）。城市空气中的挥发性、半挥发性有机污染物检出350～700余种，有的超过空气质量标准数倍。研究结果表明人们长期生活在细颗粒物污染的空气中，会增加肺癌发生率和死亡率，以及其他心肺病的危险。全国肺癌的标化死亡率自20世纪70年代至今已增长了几倍，20世纪70年代标化死亡率为7/10万，21世纪初的现在已达到40 /10万。在我国广州、武汉、兰州和重庆的空气污染物与健康调查研究表明，空气颗粒物与SO_2与人们特别是儿童的呼吸系统病症发生率有显著的正相关[2]。在我国，铅污染，特别是通过空气的铅污染，已对儿童的生长发育和居民的健康构成较严重的威胁，应引起各个方面的重视，并寻求解决这个紧迫问题的途径。

图2　空气质量亟待改善

农村室外环境还是好的，但广大农民家里的土炉土灶，通风不好，又无排烟系统，烟熏火燎，农民患慢性支气管炎、哮喘、肺气肿比例较高。云南宣威农民燃烧烟煤，室内空气污染很严重，当地农民呼吸系统疾病高发，肺癌发病率在全国甚至世界都属于高发地区。还有的地区用含氟、含砷煤烘烤粮食，造成室内氟化物、三氧化二砷的污染，使这些农民深受其害。

二、水污染及其对健康的危害

2003年我国七大水系407个重点监测断面能达到Ⅰ～Ⅲ类水质标准要求的仅占38.1%，属Ⅳ、Ⅴ类水质的占32.2%，属劣Ⅴ类水质的占29.7%，可见污染仍然很严重。主要污染物是高锰酸盐指数、总氮、BOD_5、氨氮、挥发酚、粪大肠杆菌、石油类和某些重金属。对几个饮用水源水的探查结果发现，水中的有害有机物种类达到了数百种[3]。

城市饮用水源水的污染对市民饮水安全构成了一定程度的威胁和危害。据环境保护重点城市集中式饮用水源地水质月报报告，有监测数据的101个城市的357个水源地，不达标水质的水量占21.2%；357个水源地中，超标水源地52个，占14.6%；从整个城市看，不能完全达标城市占25.8%。主要超标的污染物有总氮、粪大肠菌群、石油类、氨氮等[3]。粪大肠菌群污染普遍且很严重，说明我国城市生活污水实际处理率还较低，而且和农村畜禽粪便污染未得到控制有关。

广大农村情况更是令人担忧。据报纸披露目前我国农村3亿多人饮水不安全，其中有1.9亿人的饮用水有害物质含量超标；6300万人饮用高氟水，患氟骨症约150万人，氟斑牙1865万人；200多万人饮用高砷水；3800万人饮用苦咸水；血吸虫病流行区有1100万人饮用水不安全[4]。这都危害着数亿人民的身体健康，已引起国家最高领导的重视。

污水直接灌溉农田，固体废物的土地处理，使土壤、粮食、蔬菜受到汞、镉、砷、铅及其他有毒有害有机物污染，这些地区的人们也深受其害。

三、PTS污染及其对健康的危害

持久性有毒有害物质包括POPs的12种（类）有机污染物，还包括新增加的15种有毒物质。它们既有急性毒性，也有慢性毒性；有些化学污染物，除有三致（致畸、致癌、致突变）毒性之外，还有免疫毒性、生殖毒性和发育毒性，不仅影响着当代人的身体健康，也严重威胁着子孙后代的健康。

例如，二噁英是国际癌症研究中心确定的一级致癌物，其毒性比氰化钾强1000倍。二噁英不是一种化工产品，而是生产过程中的副产品。在我国，石墨电极法制碱工业、垃圾焚烧、五氯酚的生产等近20多种生产工艺都可能产生二噁英污染。环境污染影响着人民健康，制约着社会经济的可持续发展，是实现全面小康社会和构建和谐社会的障碍。我国江苏金坛市多年来用五氯酚钠杀灭钉螺，使水土粮菜蛋肉受到五氯酚钠及所含二噁英的污染，1972～1992年流行病学调查显示，总癌症标化死亡率平均为228/10万，属癌症高发区，很可能与五氯酚钠及二噁英的污染有关。

多氯联苯（PCBs）曾广泛应用于电容器油、变压器油、复印纸油或掺入油漆中使用，由于热稳定性好，也用作加热介质，制造米糠油。1968年在日本、1979年在我国台湾省先后发生了米糖油公害事件，PCBs污染造成千余人中毒，还引起婴儿发育不全、孕妇中毒症状、新生儿色素沉着等。

我国已加入了POPs公约，目前已经生效。公约要求禁止生产和使用所有列入公约清单中的POPs，如氯丹、六氯苯、灭蚁灵、多氯联苯、滴滴涕、艾氏剂、狄氏剂、异狄氏剂、七氯、毒杀芬；要求采取措施不断减少并在可能的情况下，最终消除二噁英等产生的POPs的排放；公约同时要求考虑到国际规则、标准和指南，对库存和含有POPs的废物以安全、有效和环境无害化的方式进行管理和处置。

四、几点建议

（1）调查清楚POPs和PTS污染的现状和污染来源，研究这些污染物在各种环境介质中的污染水平，测定人们的污染物暴露量及安全限值。

（2）通过流行病学调查，研究主要污染物质的高、中、低暴露对健康的影响。

（3）从细胞和分子水平及遗传基因研究主要污染物危害健康的机理。

（4）要关注我国广大农村农民生存环境对健康影响及防治对策研究。

（5）要关注工人们，特别是进城务工农民处于高风险职业暴露的调查研究，提出使他们免受或少受污染物伤害保护措施的建议。

（6）要关注城市居民饮水安全、食品安全、居住安全和呼吸上符合标准的清洁空气。

（7）建议环境科学、预防医学、化学学科、生物学科的专家联合起来，开展合作研究，做到学科交叉，优势互补，促进我国污染与健康研究的发展，为保护人民的健康，提高人民的生活质量做出我们的贡献。

（8）建议政府主管的科技部门，业务部门和地方政府针对各地存在环境污染与健康的紧迫问题，提供必要的资金支持，组织科技人员联合攻关。

（9）积极开展国际合作研究。中国有许多环境污染与健康研究的典型现场与对象，适合与国外专家开展合作研究，可达到互惠互利，共出高水平的成果。

参考文献

1 中国环境监测总站. 2003全国环境质量概要
2 魏复盛，Chapman R S 等. 空气污染对呼吸健康影响研究. 北京：中国环境科学出版社，2001
3 中国环境监测总站. 113个环境保护重点城市集中式饮用水源地水质月报，2005, 4
4 曹凤中. 中国环境与健康报告. 北京：中国环境科学出版社，1999

Environmental Pollution and Its Harm to Public Health

Wei Fusheng

Along with the rapid economic development in China, environmental pollution has been a public concern increasingly. The current pollution of ambient air, water, PTS is severe; and toxic or harmful pollutants have had adverse effects on public health. It is uneasy about the problem of pollution doing harm to human health. Also, this paper provides some suggestions on issues concerning environmental pollution and human health.

6.2 人类胚胎的价值和道德地位

——治疗性克隆的合理性

翟晓梅

（中国医学科学院，中国协和医科大学）

目前，国际上一般把对人类自身的克隆分为“生殖性克隆”(Reproductive Cloning)和“治疗性克隆”(Therapeutic Cloning)。前者主要是指出于生殖目的克隆人胚胎，胚胎将被置入妇女子宫发育成人。后者通常指出于治疗目的而克隆人的胚胎，提取胚胎干细胞，并使干细胞定向发育，培育出健康的可以修复或替代坏死受损细胞、组织和器官，通过这些被培育出来的组织细胞或器官的移植而治疗疾病。这种用于医疗目的而在实验室使用克隆技术制造胚胎的过程被称为“治疗性克隆”。由于目前治疗性克隆还都处于研究阶段，所以也有学者把治疗性克隆称为“研究性克隆”。目前世界各国政府对出于生殖目的克隆人基本都持反对态度，但是对出于医学治疗目的的克隆尚有分歧意见。

一、胚胎干细胞研究的伦理学争论

治疗性（研究性）克隆是为了提取人胚胎干细胞。胚胎干细胞是一种高度未分化细胞。研究和利用胚胎干细胞是当前生物工程领域的核心问题之一。它的目标是通过干细胞移植提供健康的新细胞，修复身体受损的或病患的部分。例如：骨髓移植治疗白血病是目前干细胞治疗的一种形式。置换的骨髓含有血液干细胞，它能够制造新的无癌血细胞。干细胞治疗为许多退行性疾病提供了治疗机会。(退行性疾病是由于细胞的未成熟死亡或者功能障碍而使机体无法替换或修复它们而引起的。目前这类疾病完全康复的唯一希望是移植手术，但供体不足以满足所有患者的需要。即使能够找到供体，也局限于身体的少数部位，并且价格非常昂贵。对大多数这类无法治愈的退行性疾病患者而言，目前最大的指望是通过临床治疗使之延迟发病，或对症治疗。) 科学家相信，干细胞研究可以对诸如帕金森病、阿耳茨海默病、糖尿病，以及多发硬化症等疾病提供新的治疗方法。科学家希望能够从干细胞中为阿耳茨海默病患者培养出新的脑细胞，为糖尿病患者培养出胰腺细胞，为脊髓损伤的患者培养出神经细胞。根据权威科学学术杂志报道，美国的科学家用不同的方法获得了具有无限增殖和全能分化潜力的人胚胎干细胞。科学家希望从克隆的胚胎中提取胚胎干细胞，使之定向发育，培育出健康的可以修复或替代坏死受损的细胞、组织和器官，通过组织、细胞或器官的移植而治疗疾病。这一成就将会给移植治疗、药物发现及筛选、细胞和基因治疗及生物发育的基础研究等带来深远的影响，打开在体外生产所有类型的可供移植治疗的人体细胞、组织乃至器官的大门。专家指出，治疗上最佳的干细胞应该显示这样的特性：没有免疫排斥；直接可得性；大量可得性；受控分化为所需细胞；受控整合进现存组织，导致正常功能和没有其他生物学风险①。而目前用于治疗的能够满足这样条件的干细胞必须来自通过克隆技术得到的患者本人的胚胎干细胞。

不过，为获得胚胎干细胞而使用克隆技术克隆胚胎，提取胚胎干细胞后“破坏”该胚胎，这种方法引起了很大的伦理学争论。反对者认为，人类胚胎，即使是极小的细胞团，也是人类的生命，是神圣的。如果允许科学家为了所需要的重要的细胞而制造有生命的胚胎，“收获”那些科学家需要的细胞之后又毁掉或者丢弃这些胚胎，那么就是杀人（毁掉胚胎就是杀人），这是令人不可容忍的野蛮行径，是对人类尊严的亵渎。但是病人和支持者则认为：这是迈向新医学的关键一步。解除千万个癌症患者、帕金森病患者和需要器官移植者的病痛，挽救他们宝贵的生命才是对人类生命价值的最高尊重。

对这个问题的争论实际上涉及对人胚胎的价值和伦理地位的理解。②

二、胚胎的价值和伦理地位

对胚胎的价值和地位的讨论，实际涉及对什么是人及人的地位的讨论。从生物学的角度来看，我们能够很容易地给人下定义。但当我们在社会生活中试图理解人与人之间的社会关系时，这一定义则显得毫无价值。因为，只有具有社会属性的人格意义上的“人”才能够成为社会生活中道德共同体中的成员；只有具有社会属性的“人”才会关心道德论证并可以被这些道德论证所说服；只有具有社会属性的“人”才能去选择、去表示同意。而选择、表示同意乃是意识到自己正在做的事情。完成这一切需要人的自我意识的自我反思性（self-reflexivity）及人的意识经验能力（可以理解为对自我的经验能够感知的能力）。根据这样的观点，“人”是一个能思维、有理解力的存在者，他能够推理和反思并且能够认识自我，具有意识经验能力的个体。不过，人的自我意识和意识经验能力是作为一个“人”的必要条件，但还不是充分条件。作为一个“人”，他不可能是孤立的，他的意识或自我意识、意识经验的能力，不可能在与他人和社会相隔绝的条件下形成，

① Holm S. Does the end sanctify the means? In Biomedical Research and Reproduction: Scientific Aspects —Ethical, Legal and Social Limits. Bonn University Press, 2003, 427～436.

② 参见翟晓梅，邱仁宗主编，生命伦理学导论，清华大学出版社，2005 年 8 月。

即使他是一个生物学意义上完整的人，有健全的身体和大脑。因此，作为一个具有社会属性的“人”，或具有人格生命的人，他至少应该具有这样三个层面的意义：第一，生物学层面的意义。作为一个“人”，他拥有他独特的遗传物质，以及具有与之有关的特定物质形态和机能、拥有发展意识经验潜能的大脑，并具备发展与社会互动的潜能。第二，“人”的心理学层面的意义。作为一个“人”，他必须具有自我意识，具有意识经验的能力。第三，社会学层面的意义。意识经验能力只有在人与人之间的社会生活中才能完整地形成，一个生物学意义上的人在与社会的互动（interaction）中才能完整地形成。

虽然关于“人”的概念问题是一个形而上学问题或本体论问题，但这个问题与某一实体是否拥有道德地位的伦理学问题密切相关，尤其是与该实体是否拥有某些权利有关。“人”的标准一旦确立，具有“人”的资格的个体就享有与其他任何“人”同样的权利。相反，那些未被确认具有“人”的资格的个体，他们的权利就少多了。如果单单作为一个生物学意义上人种中的个体成员就拥有作为“人”所具有的道德地位，那么我们对胚胎的确负有义务。不过这一点很难得到辩护。如果只是由于作为生物学意义的人本身就可以拥有一个具有社会属性的“人”所具有的道德地位，那么这实际上是持有一种“人类基因”的标准。在这种标准之下，当然很容易地判断：胚胎是人类的成员，因为胚胎体内仍然携带着人类的遗传密码。那么人类个体的细胞，或至少是器官是否也应该因其具有人类基因而拥有道德地位呢？

或许有人认为，我们之所以对一个与自己同一种类的人（human being）赋予某种特殊的道德待遇，并不是因为人优越于其他物种，而只是因为对自己同类的偏爱。这种对自己同类的偏爱可能很容易地用于为偏爱自己的种族、性别作合理性辩护。但对自己种族或性别的偏爱是不可接受的，因此对自己物种的偏爱也就不应该接受。结论是，我们没有理由仅仅根据处于生物学意义上的人类个体，我们就对他们负有道德义务。①

还有一种界定道德地位的方法值得考虑。这个方法涉及我们应该承认并且坚持的普遍权利。虽然道德理论是否能够立足于权利是一个有争议的问题。哲学上和政治上对权利的强调常常被看做是平等价值的体现。尊重一个拥有权利、值得平等对待的个体，就是承认其所拥有的道德地位。这一点十分重要。但在努力理解“权利”的本质时，一个重要的内容是与自主性紧密联系在一起的，即保护权利拥有者做出选择的能力。因此，如果接受权利是伦理学的基础以及权利是保护选择的观点，就使自主性（这里可以理解为选择一个人自己的生活道路）成为一个基本的伦理学价值。不过应该注意，给人们提供自主性是不可能的，因为自主性是一个必须自己获得的东西。胚胎根本没有自主能力，因此在这个意义上也就不能算作是“人”。所以，没有任何道德理由为他们提供做出选择所需要的条件。

① 翟晓梅，死亡的尊严，首都师范大学出版社，2002年12月，30、31页。

不仅如此，人们也还可以从我们的道德经验做出判断。如著名的学者Sandel论证的那样：如果一个辅助生殖门诊失火，里面有一个5岁的孩子和一个内有10个人类胚胎的器皿。火势很猛，时间紧迫，只能抢救其中一个。按照你的道德直觉应该抢救哪一个：1个孩子还是10个人胚胎？

几乎人胚胎的一半在妊娠期间自然流产。如果人胚胎是人，为什么我们从不将它们计算在婴儿死亡率内？

通过上述讨论，我们所看到的是胚胎很难具有"人"的资格和与"人"同等的伦理道德地位。胚胎与"人"是有区别的。如果同意这一点，对有关行动的道德认可及法律认可就可以存在重大的区别。由于人类胚胎这样的实体并不能享有"人"的伦理地位，不具有与"人"一样的价值，毁掉胚胎当然不同于"杀人"，不过，人胚胎毕竟具有发育成完整"人"的个体的潜能。因此，胚胎确实应享有一定的应有的伦理地位，具有一定价值，应得到应有的一定的尊重，没有充分的理由不能随意地操纵和毁掉胚胎（当然，有效治疗千百万人的疾病可能就是这样一个充分理由）。处置胚胎需要有一定程序(due procedure)和要求，应有的尊重和程序可能应该包括：人胚胎用作研究必须是体外的；研究所用的人胚胎发育不超过14天（原始胚条形成之前）；是非使用人胚胎不可的重要研究；不把胚胎当作商品，不能买卖等。因此，严格管理的人的治疗性（研究性）克隆在伦理学上是可以允许的。

2001年1月，英国在世界上第一个将克隆研究合法化，允许科学家培养克隆胚胎以进行干细胞研究，并将这一研究定性为"治疗性克隆"。由于国际社会持有禁止人类克隆的态度，为了防止生殖性克隆的发生，新的法律允许研究人员通过克隆胚胎技术制造干细胞，但研究中使用过的所有胚胎必须在14天内销毁（原始胚条出现以前）。英国生命伦理学委员会也建议允许治疗性克隆产生新的胚胎。2001年8月16日，英国政府宣布将允许以治疗研究为目的的人体胚胎克隆实验。英国政府在同意有限的人胚胎克隆实验的同时，强调不可以克隆婴儿，并以严格的立法来约束科学家的研究行为。① 2003年12月24日，中国的《人胚胎干细胞研究伦理指导原则》由科技部、卫生部正式颁发。这个指导原则态度明确，禁止生殖性克隆人研究，允许开展胚胎干细胞和治疗性克隆研究，但要遵循规范。准则也明确规定：利用体外受精、体细胞核移植、单性复制技术或遗传修饰获得的囊胚，其体外培养期限自受精或核移植开始不得超过14天；不得将前款中获得的已用于研究的人囊胚植入人或任何其他动物的生殖系统。

我们相信，由于人类胚胎干细胞研究和临床应用的潜在医学价值是显而易见和值得寻求的，挽救千千万万患者宝贵的生命是对人类生命价值的最高尊重，它与人类所追求的伦理标准也应该是一致的。只要科学家本着对社会负责的态度，克隆技术最终会造福人类。

---

① 翟晓梅，人类干细胞研究的伦理学争论，医学与哲学，2002年2期。

The Value and Moral Status of Human Embryo: Ethically Justification for Human Therapeutic Cloning

Zhai Xiaomei

In the paper the author first examines the ethical arguments for and against human embryonic stem cell research, especially those arguments for and against human therapeutic cloning. In the analysis of those arguments the author focuses on the value and moral status which human embryo has. Secondly, the author examines the ethical arguments for and against human reproductive cloning. In the conclusion the author claims that it is ethically justifiable to ban human reproductive cloning, and it is ethically justifiable to conduct human therapeutic cloning in a certain conditions, or it is ethically permissive to conduct human therapeutic cloning.

6.3 深度撞击任务

周 旭

（中国科学院国家天文台）

深度撞击（Deep Impact）任务，作为美国国家航空航天局（NASA）“发现任务”中的一个，是用一个探测器去撞击彗星，砸开彗星表面，以探明彗星的内部结构。探测器已于2005年7月4日准确击中坦普尔1号彗星。目前，数据处理和分析工作还在进行之中，整个深度撞击任务已接近尾声。

一、撞击任务的提出

现代研究表明，彗星是由形成太阳系的温度非常低的原始星云的遗留物所生成，位于太阳系的边缘。我们知道，构成太阳系内的行星物质经过四十几亿年的演化，与形成初期有了很大的不同(如地球经过熔岩冷却，大气、海洋和陆地的形成等变化)。而彗星因处于太阳系边缘的寒冷地带，它的物质结构和构成成分与形成初期不应该有很大变化，所以了解彗星的物质结构与构成成分，对研究太阳系早期的形成是很有意义的。一般认为，彗星是由冰、尘埃、砂粒和岩石组成，每次通过近日点时，受太阳辐射的影响，彗星表面的冰升华为气体，同时带出尘埃粒子，这些外出的尘埃和气体形成了彗发和彗尾。

随着时间的推移，这种表面活动性趋于减弱，甚至进入休眠状态。天文学家非常想知道，在这个过程中，这些气体和冰是全部被蒸发?还是部分被保留在彗核内?彗核的内部和表面有什么差异?如果能砸开彗核表面，深入彗核内部，实际查看彗核的内层结构，这些谜团就会被解开。1996 年，鲍尔航天技术公司的 Alan Delamere 等人提出了一个方案——用一个撞击器撞击彗星，以察看彗星的内部结构，但此方案因技术上实现有困难(难以击中目标)，第一次提出时没有被通过。1998 年，美国马里兰大学的 Mike A'Hearn 教授成为该方案的负责人，并对方案进行了改进：在撞击器上安装了精密导航仪，使其能准确地击中目标，并选择坦普尔 1 号彗星作为撞击目标。这样，方案在 2000 年 5 月评审时得以通过。从飞船的设计、制造、发射、撞击彗星表面到地面观测结束，整个撞击任务预计耗时 6 年，耗资 3 亿美元。

深度撞击任务的科学目的有以下四点：

（1）观测撞击后彗星表面深坑的形成。

（2）测量深坑的深度和直径。

（3）测量出深坑内部物质和它的喷出物的成分。

（4）测定撞击后从彗星内部排出气体的变化。

二、探测器介绍

由NASA喷气推进实验室、美国马里兰大学和鲍尔航天技术公司历时3年研制的“深度撞击”号彗星探测器于 2005 年 1 月 12 日从美国佛罗里达州南部的卡纳维拉尔角发射升空。探测器由 Flyby 飞船和 Impactor 撞击器组成，并携带 3 个设备：高分辨率探测仪(HRI)、中分辨率探测仪(MRI)和撞击器目标传感器（ITS）。

1. Flyby 飞船

体积：长 3.3 米，宽 1.7 米，高 2.3 米。重量：650 公斤。携带高分辨率探测仪(HRI)和中分辨率探测仪(MRI)。当与撞击器分离后，Flyby 飞船减缓速度，在离坦普尔 1 号彗星500千米处，调整角度，以便能观测到撞击、喷出物、深坑形成和深坑内部等各个事件。

2. Impactor 撞击器

体积：直径为1米的球状形。重量：370千克。构成材料主要为铜（49%）和铝(24%)。撞击器上安装了撞击器目标传感器（ITS），它将引导撞击器击中目标。撞击器将以3.7万千米 / 小时(10.2 千米 / 秒)的速度撞击坦普尔 1 号彗星， 撞击所产生的能量相当于4.6 吨 TNT 炸药爆炸的能量。

撞击器在撞击前24小时与Flyby飞船分离，以3.7万千米/小时的速度飞行864 000千米，向彗星表面指定的地点撞去，而彗星的直径估计为6千米，以如此高的速度飞行24小时去撞击直径为6千米的彗星，能否击中目标？是本次任务最大的挑战。撞击器与Flyby飞船分离后，便进入自动导航模式。撞击器上装载着撞击器目标传感器（ITS），由它拍摄的图像经分析处理后，供导航定位使用，以确保撞击地点位于彗星的日照面，图像也同时传给Flyby飞船，再由Flyby飞船传给地球。与此同时，当撞击器与Flyby飞船分离到约100米时，Flyby飞船开始减速并转向，使其进入彗核下方500千米处（从太阳方向观看，进入拍摄最佳地点。当撞击开始时，Flyby飞船便开始观测并记录撞击后发生的一切，包括深坑的形成、喷射物的形态和深坑内部的结构和成分等信息。Flyby飞船装载有高分辨率探测仪(HRI)和中分辨率探测仪(MRI)。MRI拍摄大范围的图片，它的视角为0.587度（相当于从地球上看月亮的直径，分辨率为10米/像素。HRI可拍摄更精细的图片，视角为0.118度，分辨率为2米/像素，HRI不仅拍摄光学波段的图像，还进行1～5微米的分光测量。

三、撞击前后的观测结果

作为这次撞击任务地面观测合作单位之一，中国科学院国家天文台BATC课题组利用国家天文台兴隆观测站60/90厘米施密特望远镜和BATC中带滤光片c、d、h和j，对撞击前后的坦普尔1号彗星进行了跟踪观测，并进行了绝对流量定标。这些滤光片的中心波长分别为：421纳米、455纳米、608纳米和705纳米，带宽为20～30纳米。目前已整理出从2005年5月22日到2005年7月5日共10个时间段的CCD测光资料，所有资料均已在网上向公众开放，网址为：ftp://159.226.168.249/batc/reduced。因彗星到地球的距离每天都在改变，为了得到撞击前彗星的亮度，我们将不同时间彗星的星等值都归算到7月3日。从我们的数据分析表明（取孔径为18像素），北京时间7月4日晚（撞击后7个多小时），撞击后彗星的亮度在d波段增亮0.50星等，在h波段增亮1.15星等，在j波段增亮1.24星等（c波段的数据因信噪比太低被舍弃）。

图1　“深度撞击”号彗星探测器发射升空

“深度撞击”任务引起了世界天文界的高度关注，成功撞击坦普尔1

号彗星后，空间和地面的各大望远镜，如哈勃空间望远镜(HST)，美国的远红外空间望远镜（Spitzer），钱德拉（Chandra）X射线空间望远镜，都对坦普尔1号彗星进行了跟踪观测。地面观测的结果，已整理成文发表在《科学》（Science）的第310卷中（论文题目为：Deep Impact: Observations from a Worldwide Earth-Based Campaign），国家天文台BATC课题组参与人员都名列论文作者之中。

图2 彗星探测器撞击坦普尔1号彗星示意图

对坦普尔1号彗星的数据分析将持续9个月的时间，整个“深度撞击”任务到2006年4月结束。“深度撞击”任务的完成，将为今后的探测任务，包括研究小行星和彗星的外表结构，积累了许多有价值的参考数据和成功经验。

Deep Impact Mission

Zhou Xu

In this article, it is explained how the idea for the Deep Impact mission was developed, and the scientific objectives of the mission are described. The entire Deep Impact flight system, including both spacecrafts and instruments is in detail introduced. As one of the professional collaborators of Deep Impact, the BATC group of the National Astronomical Observatories made photometries on 9P/Tempel 1 before and after the impact. The filters used here are c(421nm),d(455nm),h(608nm) and j(705nm) of the BATC intermediate-band filter system. Ten nights calibrated data have been uploaded to our website. The result shows that the comet’s brightness in h filter increases about one magnitude at the time of about 7 hours after the impact.

6.4 神舟6号再攀中国载人航天新高峰

卢漫天 田 莉
（中国空间技术研究院）

2005年10月12日09:00，举世瞩目的中国第2艘载人飞船——神舟6号把费俊龙、聂海胜两名航天员送入太空，并于10月17日04:33安全返回地面，成功完成了“2人5天”的太空飞行任务。

神舟6号飞船搭载了中国载人航天第二步任务试验设备和科学试验设备，全面验证和考核了载人飞船的生命保障、结构与机构及制导、导航与控制等分系统。它首次实现了“真正有人参与的空间飞行试验”，具有承上启下的重要意义，成为我国载人航天工程“三步走”战略进入第二步任务的揭幕之战。

一、总体情况

神舟6号仍由轨道舱、返回舱和推进舱组成。它全长8米，质量为8079千克（神舟5号总长8.86米，质量为7840千克），其中航天员的活动空间为5.5米^3。该飞船包括：结构与机构，制导、导航与控制，热控，电源，测控与通信，数据管理，环境控制与生命保障，返回着陆，推进，仪表与照明，有效载荷，乘员和应急救生13个分系统。其中设备643件，元器件10万多只，船载软件83个（A级20个，B级31个，C级32个），语句40万条，节点8万多个。

作为神舟5号飞船的后续产品，神舟6号在设计上优化了全船配置，减轻了结构质量，合理安排了新增设备在轨飞行工作模式，保证了飞船的能量平衡，进一步提高了飞船的可靠性和安全性。神舟6号具备搭载3名航天员在太空飞行7天的能力，有13项关键技术达到国际先进水平。在制造飞船的各种零部件产品中，其国产化率达到了95%。

二、技术突破

与两年前的神舟5号飞船相比，神舟6号实现了如下重大突破：

1. 从一人到两人

神舟5号只有杨利伟1名航天员，神舟6号增加为由费俊龙和聂海胜两名航天员组成的乘员组。人数的增加给飞行任务的各个环节和工程各系统都带来了不同程度的变化，也能更全面地考核飞船和工程其他系统的性能。此外由于人数和设备的增加，神舟6号比神舟5号重了200多公斤。

图1 神舟6号飞船发射升空

2. 从一天到多天

神舟5号仅飞行21个小时，绕地球14圈，飞行距离总计60多万公里；神舟6号飞行近5天，共115小时33分钟，绕地球77圈，飞行距离总计320多万公里。飞船在空间停留的时间越长，其飞行控制越为复杂，同时出现问题的概率也越大。为此研制人员制定了150余种在轨运行时的故障模式和对策，如果故障严重，飞船在每一圈都能应急返回。

3. 从一舱到多舱

神舟5号飞行中，杨利伟一直待在返回舱内，也没有进行空间科学实验操作；神舟6号飞行中，两名航天员从返回舱到轨道舱吃饭、睡觉并进行空间科学实验，这是我国第一次有人参与的空间科学实验。科学试验如果没有人的参与，试验的内容和效果将受到很大的限制。因为从某种意义上来说，科学试验无法事先设定好，试验过程中会出现一些根本无法预料到的情况，需要科学家根据这些情况采取措施，这必须要有人的参与，人的参与将使空间科学试验实现质的飞跃。

4. 航天员可脱掉航天服

神舟5号飞行中，杨利伟一直穿着航天服，而神舟6号飞行中两名航天员则脱下航天服到轨道舱活动。神舟6号使用的航天服与上次杨利伟穿的一样，都是舱内航天服，它不仅仅是服装，更是载人航天的个体防护保障系统。神舟6号飞行中航天员脱掉航天服说明神舟6号相对于神舟5号在舱门密封性的技术上已经取得了重大的突破。

5. 顺利解决航天员如厕问题

在太空上厕所是个麻烦事，神舟5号杨利伟使用的是航天服里一个类似于“尿不湿”

的小便收集装置；神舟6号在轨道舱里装备了大小便收集器作为“太空马桶”，能够强力吸走排泄物，同时通过除臭装置除去异味。

6. 飞船更舒适

神舟6号首次全面启动了环境控制和生命保障系统。通过110多项技术改进，飞船提高了冷凝水汽的能力，确保飞船湿度控制在80%以下，改进了坐椅的着陆缓冲功能，保护航天员，让他们在返回途中坐椅提升仍然可以看到舷窗外的情况。

7. 火箭更安全

发射神舟6号的“长征二号F”型火箭有75项技术改动。世界上不少航天事故都是火工品爆炸造成的，为了确保航天员的安全，该火箭第一次在点火装置上增加了火路安全机构，把火工品爆炸的风险降到了最低点。同时还采用新的计算方法来进一步减小上升段的震动。在该火箭上还第一次安装了摄像头，可以把火箭从起飞到船箭分离等动作的画面实时传回，以帮助地面更加准确地观测和判断火箭状态。

8. 启动副着陆场

神舟6号飞行任务全面启用了位于酒泉附近的副着陆场，与位于内蒙古中部草原四子王旗的主着陆场相隔1000公里，可以起到气象备份的作用。主、副着陆场都配备了必要的搜救装备和人员，在飞船运行期间都全面启动，做好迎接飞船着陆的准备。

三、继往开来

中国现已发射了4艘无人试验飞船和两艘载人飞船。它们不仅起点高，而且步子大，每艘飞船都在前艘飞船的基础上有较大的改进。

神舟6号的成功发射既是对我国现有综合实力的集中体现和展示，同时对提升我国在国际政治、经济、军事、科技舞台上的地位，对推动我国经济、社会和科技的全面发展具有深远的战略意义。

“十一五”时期，我国将迎来和平发展、全面落实科学发展观、构建社会主义和谐社会的宝贵机遇期。目前我国经济总量已经位居世界第7位，人均GDP突破1000美元，标志着我国经济发展进入一个新的阶段。在此背景下，中国应该，也有能力在人类探索外层空间的伟大事业中有所创造、有所作为，为促进人类科技进步，推进人类和平与发展的崇高事业做出应有的贡献。神舟6号的成功发射，标志着中国正在为人类走向太空时代做出实质性贡献。

ShenZhou-6 Touches the Zenith of Chinese Manned Spaceflight Again

Lu Mantian, Tian Li

ShenZhou-6 Spaceship is the second Chinese manned spacecraft. This paper introduces the structure and design of Shenzhou-6 Spaceship and related technical breakthroughs, and presents the prospect of Chinese manned spaceflight.

6.5 台风、飓风与防灾减灾

许小峰

（中国气象局）

热带气旋是地球上破坏力最大的天气系统。世界上位于大洋西岸的国家和地区，几乎都受热带气旋的影响。台风和飓风都是指中心附近最大风力达到12级或以上（即风速32.6米/秒以上）的热带气旋，只是因产生的海域不同而称谓有别。

据世界气象组织统计，威胁人类生存的十大自然灾害有热带气旋（台风、飓风）、地震、洪水、雷暴和龙卷风、雪暴、雪崩、火山爆发、浪、山体滑坡（泥石流）、海潮（海啸）等，其中热带气旋造成的死亡人数最多。1970年11月在孟加拉国登陆的热带气旋造成30万人死亡，1991年4月底另外一个在孟加拉国登陆的热带气旋夺去了13.9万人的生命。1998年“米奇”飓风横扫拉丁美洲，造成该地区近万人丧生，受灾居民超过250万人。1975年第3号台风减弱成的热带低压西进到河南驻马店地区时，带来特大暴雨，其中河南林县三天总雨量达1631毫米，相当于河南省平均年雨量的两倍，致使水库垮坝、河水漫溢，造成了严重的洪涝灾害和人员伤亡。

一、台风对我国的影响

西北太平洋是全球最适合热带气旋（以下简称台风）生成的地区，台风生成频率占全球的36%。我国是受台风袭击最多的国家，据近50年统计，西北太平洋和南海平均每年有27～28个台风生成，其中每年约有7～8个登陆我国。

夏秋季节，台风是我国东南沿海地区最严重的灾害性天气系统，它主要通过强风、暴雨、风暴潮三种方式造成灾害，同时还因强降水带来洪水、泥石流、滑坡等次生灾害，

图1 台风

给社会经济和人民生命财产造成重大损失。据1988～2004年统计，我国平均每年因台风造成的直接经济损失约233.5亿元人民币，死亡440人，倒塌房屋30.7万间，农作物受灾面积288.25万公顷。同时随着我国经济总量的增长，台风造成的损失也呈逐步上升趋势，如20世纪80年代全国因台风灾害造成的年均直接经济损失为30亿～40亿元，90年代以来台风灾害造成的年均经济损失已达100亿元以上。

2005年是我国台风灾害偏重年份。西北太平洋和南海上共有23个台风生成，其中8个在我国登陆。登陆我国的“海棠”、“麦莎”、“泰利”、“卡努”和“达维”及“龙王”风力均达到12级以上。由于台风强度强、影响大，给浙江、福建、海南、安徽等地造成严重损失，其中浙江省经济损失最大，安徽省人员伤亡最为严重。“麦莎”台风、“泰利”台风登陆后先后影响8个省（市），分别造成直接经济损失180亿元和166亿元，是今年影响我国最大的两个台风。8个登陆台风共造成9204万人（次）受灾，死亡386人，直接经济损失达821.39亿元人民币。

从另一角度看，台风带来的也并不总是灾害。盛夏在江南、华南伏旱区登陆的台风带来的丰沛降水常会解除旱情。如果某地久旱无雨，登陆的台风风力不很大降雨又适度的话，它甚至会成为受欢迎的“使者”。

二、依靠科技进步，我国的台风监测预报水平不断提高

我国气象部门一贯重视对台风的预报警报工作。早在20世纪60年代，当时的中央气象局（现中国气象局）就组织沿海各级气象台站对台风影响的联合防御，针对一些特殊的疑难路径预报，进行各级气象台站之间的集体讨论，并及时将有关预报结论向各级政府部门汇报，为各级政府科学决策、防灾减灾做出了积极贡献。

依靠科技进步和气象现代化建设，我国的台风监测预警水平不断提高。目前我国已初步建成了新一代天气雷达监测网和自动气象站网，建成了风云系列气象卫星探测系统，今年汛期多普勒雷达资料6分钟上传一次，自动气象站资料每10分钟上传一次，风云二号C星每30分钟观测一次，实现对台风等灾害天气的全方位监测。建成了气象卫星通信系统、宽带通信网和天气预报电视会商系统，建立了基于全球中期数值预报模式的台风数值预报系统，开展了短时（3～12小时）、临近（0～3小时）预报，发布了台风预警信

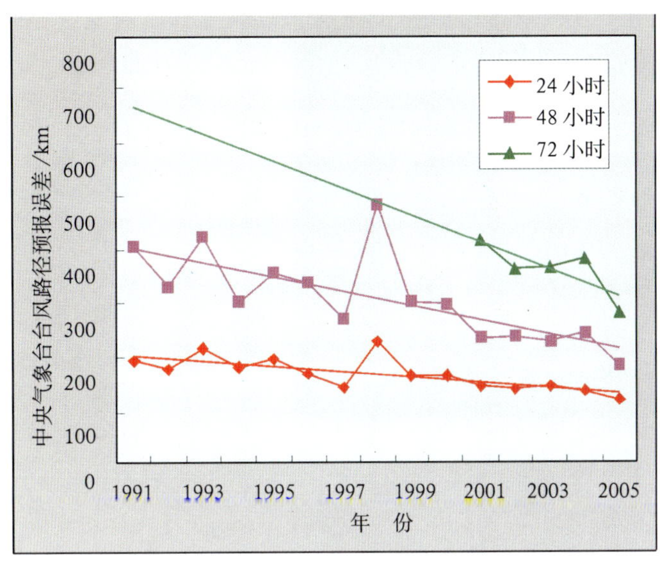

图 2　中央气象台台风路径预报误差演变趋势

号，台风预报准确率稳步上升。自20世纪90年代以来，我国台风业务路径预报取得了长足进步，综合预报路径误差呈现逐年减小的趋势（图 2），并且自2001年以来开始增加了72小时台风路径预报。目前我国对台风的预报水平与美国、日本等发达国家相当。对西行严重影响我国的台风，我国的预报准确度还要稍高于美、日等国。

近年来政府和相关部门高度重视防台风工作，充分运用气象预警信息科学决策，公众防灾意识不断加强，使防台风工作取得巨大成就。首先，台风相关灾害预报服务及时准确，政府和相关部门部署措施落实到位。比如2005年几次台风，有关省（市）国土部门和气象部门联合发布的地质灾害预报信息及时下发到隐患点责任部门，地方各级政府及时部署，大大减少了可能出现的人员伤亡。类似情况在建设、交通、航运、教育等部门也得到充分体现。其次，发挥媒体优势，最大程度提升公众防御自觉性。气象部门进一步加强了与广电、信息产业等部门联系，及时播发有关台风的信息（预警、预报、动态、防御指南等），使公众切身感觉到台风的威力和危害。由于公众的自身防范意识有了很大的提高，对政府安排的防御工作十分配合，2005年台风灾害造成的人员伤亡数低于往年。

三、“卡特里娜”飓风的警示

2005年8月下旬，飓风“卡特里娜”重创美国南部，成为美国历史上损失最为惨重的自然灾害之一。灾难还向人们提出了一个更深层次的问题，即全球变暖对飓风的影响。

图 3　“卡特里娜”飓风

2001 年政府间气候变化专门委员会第三次评估报告指出，温室气体排放过多导致全球变暖，而全球变暖的直接结果之一是极端天气气候事件的增多。这可能是近年来飓风威力越来越大的原因之一。美国麻省理工学院教授克里伊曼纽尔在英国《自然》杂志发表的研究报告表明，过去 30 年来，北大西洋表面海水温度仅上升 0.5 摄氏度，而热带风暴破坏力则增加了一倍；报告还指出，20 世纪 70 年代中期以来，风暴的持续时间和最大风速增加了50%；报告还指出，全球气候变暖在未来可能使飓风的影响加大，未来气候变暖可能引起飓风或台风的潜在破坏力上升，考虑到沿海地带居住人口的不断增加，21 世纪与飓风相关的损失也将会大大增加。

美国科学家 Peter Webster 等人在《科学》杂志上发表的文章对过去 35 年出现台风数目和其持续天数的分析表明，在气候变暖、海表温度升高的背景下，强飓风（4～5 级飓风）的比例大大增加，增加最大的地区出现在北太平洋、印度洋和西南太平洋，北大西洋增加的较少；另外，模式研究结果还表明，台风风速和降水都呈上升趋势，台风潜在破坏指数（DPI）亦表现为上升。我国专家根据高分辨率区域气候模式的模拟结果表明，在温室气体增加背景下，登陆中国的台风的个数可能会有增加，同时台风的移动路径也将发生变化。

总之，全球变暖可能对自然生态系统造成的影响是全方位、多层次的，许多是不利的，甚至是不可逆转的。因此，在我国沿海类似新奥尔良市的低洼地区，如果遭遇强烈台风袭击，也不可避免会出现灾难性的后果。在包括台风在内的各种极端气象灾害处于增多趋势下，进一步完善和加强自然（气象）灾害预警体系建设具有十分重要的现实意义。

另外，气候变化给人类带来的挑战也是不容回避的。人类必须在未来付出更大代价的风险和为长远利益而放弃部分眼前利益之间做出选择。即要么凭借智慧、开明和勇气现在就开始寻找全球解决方案，要么等到亲身体验到气候变化带来的损害并难于再忍受下去的时候才开始行动。在选择时要牢记科学家的警告：真正的风险在于气候变化所造成的影响往往是不可逆转的。

Typhoon, Hurricane, and Prevention and Mitigation of Disasters

Xu Xiaofeng

Typhoons and hurricanes are the most destructive weather systems on the earth. In recent years, the level of typhoon monitoring and prediction in our country has been ceaselessly improved, making a positive contribution to the prevention and mitigation of disasters. However, Hurricane Katrina warned us that super strong hurricanes can bring people and society heavy disasters, and the global warming influences the natural ecological system in an all round and multi-level way. Humankind must commence seeking a global solution today.

第七章

科技战略与政策

S&T Strategy and Policy

7.1 认真学习规划纲要精神　大力提高自主创新能力

张景安
（科技部）

2006年2月9日，《中共中央国务院关于实施科技规划纲要，增强自主创新能力的决定》和《国家中长期科学和技术发展规划纲要》正式发布。这是进入新世纪以来，在党中央、国务院高度重视下制定的第一个科技发展规划，是我国在社会主义市场经济体制基本建立以后的第一个科技规划，也是我国建设创新型国家的纲领性文件，具有深刻的历史背景和鲜明的时代特点。

规划明确提出了今后科技发展的指导方针、战略目标和总体要求，部署了科技发展的任务和重点领域，是我国今后科技发展的指导性文件。胡锦涛总书记在1月9日召开的全国科技大会上，向全党全国人民发出号召，用15年时间，使我国进入创新型国家行列。我们要认真学习规划纲要精神，坚决贯彻落实胡锦涛同志重要讲话精神，加快推进科技进步与创新，为建设创新型国家努力奋斗。

党的十六大提出要制定科学和技术长远发展规划，本届政府把制定好国家中长期科学和技术规划当作要着力抓好的一项重要任务。温家宝总理担任规划领导小组组长，陈至立国务委员担任规划领导小组副组长。规划制定历时近3年，直接参与人员达2000多人，创造了新中国建立以来规模最大、层次最高的规划制定记录。规划研究从2003年6月开始，组织科技界、教育界、经济界、企业界专家学者分20个专题，对我国科技和经济社会发展的各方面问题，进行了长达一年多的战略研究，形成了120万字的研究报告。在此基础上，又用了一年多的时间起草规划纲要。党中央、国务院高度重视规划纲要制定工作，国务院多次召开会议研究讨论，胡锦涛总书记主持会议听取规划汇报。

规划制定过程中，通过20个重点专题研究，进行了较为系统的国情调研，基本上摸清了我国科技的家底；通过民主科学的决策，凝聚了集体智慧，形成了一系列重大的判断与共识。这为国家中长期科技规划奠定了研究基础，也为研究制定“十一五”规划提供了重要依据。规划着眼于全面建设小康社会的奋斗目标，着力于支撑经济社会协调发展，充分体现了国家意志和战略目标，是真正惠及亿万人民的规划。它将对未来20年我国经济社会发展、国家安全和科技自身发展产生重大影响。

一、增强自主创新能力，建设创新型国家

一个充满创新精神的民族，必然是勤劳智慧的民族；一个具备创新能力的国家，必然是生机勃勃的国家。

党的十六届五中全会通过的《中共中央关于制定国民经济和社会发展第十一个五年规划的建议》明确提出，要深入实施科教兴国战略和人才强国战略，把增强自主创新能力作为科学技术发展的战略基点和调整产业结构、转变增长方式的中心环节，大力提高原始创新能力、集成创新能力和引进消化吸收再创新能力。这是以胡锦涛同志为总书记的党中央总揽全局、把握机遇、放眼世界、面向未来做出的重大战略决策和行动纲领。

规划纲要提出今后15年我国科技工作的指导方针是：自主创新，重点跨越，支撑发展，引领未来。其中，自主创新是统领全篇的主线。研发当自主，创新图自强。推动自主创新是落实科学发展观的重大举措，是我国面向未来发展的重大战略选择。

规划纲要提出了未来15年我国科学技术发展的总体目标：即我国自主创新能力显著增强，科技促进经济社会发展和保障国家安全的能力的显著增强，为全面建设小康社会提供强有力的支撑；基础科学和前沿技术研究综合实力显著增强，取得一批在世界上具有重大影响的科学技术成果，进入创新型国家行列，为在本世纪中叶成为世界科技强国奠定基础。

世界上众多国家都在各自不同的起点上探索发展道路。有的依靠自然资源增加财富，有的依靠他国的资本、市场和技术求发展，而创新型国家则通过科技创新形成强大的竞争优势，创新能力综合指数和科技进步明显高于其他国家。

我国的发展目标、面临的形势和现有的基础决定了必须走创新型国家发展道路。全面建设小康社会的宏伟目标，逼促我们必须利用科技手段实现跨越式发展；人口众多、资源和环境等瓶颈问题，警示我们必须通过创新提升经济生态效益；国防安全和经济安全的保障任务，要求我们必须掌握更多的核心技术维护国家安全。所有这一切，都决定我们必须走建设创新型国家的道路。

二、实施若干重大专项，带动国家战略产业跨越式发展

重点跨越是自主创新的有效途径，更是国家产业发展的战略举措。通过实施若干重

大专项，把有限的财力、物力和人力集中起来解决关键问题，尤其要把科学研究的支持重点放在关乎国家安全、对全局具有重大基础带动性、对国家经济结构调整和产业升级具有较强引领作用、对国计民生有重大影响的关键领域。不仅可以取得技术突破，更有助于带动国家整体竞争力的跃升。

规划纲要对重大专项的选择，主要集中在以下三个方面：第一，涉及信息和生物两个战略产业领域，突出掌握产业核心技术，具体包括“核心电子器件、高端通用芯片和基础软件产品”、“极大规模集成电路制造装备及成套工艺”、“新一代宽带无线移动通讯网”、“高档数控机床与基础制造装备”、“转基因生物新品种培育”和“重大新药创制”；第二，涉及能源、资源、环境及人民健康等重大紧迫问题，具体包括“大型先进压水堆及高温气冷堆核电站”、“大型油气田及煤气层开发”、“水体污染的控制与治理”、“艾滋病和病毒性肝炎等重大传染病防治”；第三，涉及军民两用技术和国防尖端技术。

通过这批重大专项的实施，培育出一批具有自主知识产权的高技术产业群，攻克一批具有全局性、带动性的关键共性技术，掌握一批关系国计民生和国家安全的核心技术，带动我国相关产业领域技术水平的整体提升。

三、突破一批重大技术，支撑国民经济和社会的协调发展

当前我国在能源、资源和环境方面面临的问题十分紧迫和严峻。要把发展能源、水资源和环境保护放在优先位置，为形成资源节约型和环境友好型社会提供科技支撑能力。

依靠科技进步，大力推进社会主义新农村建设，发展可持续的集约化现代农业。农业科技必须保障粮食、食物和生态安全，保障水、土、林、草等紧缺资源的保护和替代，要为农、林、牧、渔等产业的广度与深度拓展和产业化经营提供科技保障。要以高产优质、高效低耗和可持续发展为目标，将传统农业技术进行全面升级，大力发展农业生物技术和农业信息技术；建设一批重要的农业科技平台，为实现全面建设小康社会的农业目标和现代农业建设提供强有力的科技支撑。

必须紧紧依靠科技进步，开拓出一条资源消耗低、环境污染轻、技术含量高的发展制造业、通向制造强国之路。依靠科技进步，大力发展资源节约型和环境友好型制造业；发展新一代绿色制造流程与装备；广泛采用先进制造技术、信息技术和新材料技术，发展高技术含量产品和高技术产业；加快建立以企业为主体的技术创新体系；加速推进高新技术的产业化，发展制造业延伸而形成的现代制造服务业。要研究交通的整体合理布局，把发展现代综合交通体系，解决交通安全、大城市交通拥堵和交通能源环保三个热点问题作为主要任务。

要依靠科学技术特别是信息技术支撑现代服务业加快发展，建设高效的服务于生产

的现代服务业。建成一个基于先进信息网络的，能够满足多层次需求的、人人受益的高效、安全、可信并可持续发展的现代服务体系。把满足广大人民不断增长的物质和精神需求作为出发点，努力使所有社会成员都能分享到科技进步的福祉和新的发展机会。

加快技术创新和科技进步，促进城镇可持续发展，引导城镇建设相关产业走新型工业化道路，增加城镇就业岗位，使城镇发展与经济社会发展相协调，促进大中小城市与小城镇协调发展。

构建公共安全科技保障体系，形成公共安全技术开发及产业链，为社会提供有效的公共安全保障，形成比较完整的国家公共安全科学和技术支撑体系。

四、超前部署前沿技术和基础研究，引领经济社会新发展

前沿高技术是国家科技创新能力的综合体现，是新型产业革命和新军事变革的重要基础。未来我国能源、生态、人口形势严峻，并面临新一轮经济社会发展的巨大压力。我们必须要超前部署，准确把握和重点支持前沿高技术研究。

抓住生物技术及其产业飞速发展机遇，发挥生物技术在经济领域的重大带动作用。目前，生物技术发展已拓展到医药、农业、环保、能源、海洋等领域，正在成为对人类影响最大的高新技术领域之一。全球生物技术产业的销售额每5年翻一番，年增长率高达25%～30%，大约是世界经济增长率的10倍。预计在未来10～15年内，有可能形成与信息产业并驾齐驱的生物技术产业群。

抓住信息技术更新换代和新材料技术迅猛发展的难得机遇，把制造业与高新技术相互融合，把发展能源、资源和环境保护技术放在第一位，着力解决制约国民经济发展的重大瓶颈问题。

基础研究是高新技术发展的重要源头，是培育创新人才的重要摇篮、实现可持续发展的基本保障，是一个国家跻身世界强国之列的必要条件。在尊重基础科学研究自身发展规律的前提下，从我国国情出发，实施“双力驱动”、“超前发展”和“开放合作”，全面提高原始创新能力。

五、制定有利于自主创新的政策措施，保证各项任务的落实

提高自主创新能力是一项复杂的系统工程，需要全党全社会共同努力，从体制改革、机制完善、能力建设、财税金融政策等方面形成鼓励和支持自主创新的良好环境。规划纲要就相关的政策方向和重点进行了部署，在具体落实中，还要切实结合相关配套政策，努力加强自主创新能力和推进创新性国家建设。

制定国家中长期科学和技术发展规划是党中央的重大战略决策，是加速我国科技发

展、提高科技竞争力和综合国力的重要举措。让我们在以胡锦涛同志为总书记的党中央领导下，以邓小平理论和“三个代表”重要思想为指针，按照全面、协调和可持续科学发展观的要求，继续发扬团结协作的精神，携手并肩，为建设创新型国家努力奋斗！

Grasping the Essence of the S&T Development Program and Enhancing Independent Innovation Capacity of Our Country

Zhang Jing'an

The national medium and long-term scientific and technological development program was formally announced in February 9th, 2006. This was the country's first overall scientific and technological plan since the beginning of the new century, the first medium and long-term scientific program under the condition of the socialist market economy, and a schematic document for building an innovation-oriented country. The program has clearly and definitely put forward guiding principles, strategic goals, and general requirements for future S&T development of China, and made an overall arrangement of future tasks and key areas. In this article, the main contents of this program, especially its essences, such as improving the capacity of independent innovation and building an innovation-oriented country are briefly introduced and analyzed.

7.2 加强科技人才队伍建设的战略思考①

方 新

（中国科学院）

科技人才是指从事或有潜力从事科技活动，有知识、有能力，能够进行创造性劳动，并在科技活动中做出贡献的人员。科技人才队伍主要包括科学研究与技术开发队伍、科技管理队伍和科技支撑队伍。

一、科技人才队伍建设的时代特征与需求

当今世界，科技人才已成为国家发展的最重要的战略资源，是先进生产力的集中体现，是社会进步的主导力量，也是国际经济竞争的焦点。

① 本文是国家科技中长期发展规划战略研究科技人才队伍建设专题研究报告的摘要。

21世纪头20年是中国发展的重要战略机遇期，党的十六大报告适时提出了“加快培养数以亿计高素质的劳动者、数以千万计具有创新精神和创新能力的专门人才”的战略任务。我国未来10～20年的经济形势和社会发展目标，特别是全面建设小康社会的目标，对我国科技人才队伍建设提出了巨大的需求，主要表现在：科技人才队伍结构需要多样化；科技队伍的总体规模需要快速增长；整体提升科技队伍的质量是我国科技人才队伍建设的重中之重；不断提高全民科技素养。

二、我国科技人才队伍的现状与问题

建国以来，伴随我国科技事业的长足进步，科技队伍在数量和质量上都取得了很大的发展。其中从事研究与开发的科学家与工程师为81万人/年，居世界第二位，从科技人才的总量看，我国已经进入大国行列，但相对数量与发达国家相比仍明显偏低。科技人才队伍质量和结构问题甚为突出，与未来世界科技发展趋势不相适应，与我国经济社会全面协调可持续发展要求不相适应。人才资源开发利用效率偏低，人才严重短缺和人才大量浪费并存。科技后备人才队伍规模发展较快，但教育结构与培养质量有待优化与提高。存在上述问题的深层次原因在于人才观念落后，人才管理体制、科技体制和教育体制尚不能完全适应社会主义市场经济体制的要求。

三、科技人才成长规律与国内外成功经验

科技人才成长有着本身固有的规律，如对于发现与发明的承认是科技人才成长和发挥创造性的最基本的激励机制；思想自由和交流是科技人才成长的必要环境；从事不同类型活动的科技人才有着相对不同的成长规律；教育与研究的结合是培养高质量科技人才的有效保证；流动是科技人才的内在属性，等等。制定科技人才发展的战略目标和政策必须遵循这些规律。

科技人才的建设是靠政府、组织（研究机构、大学和企业）和市场共同作用的结果。其他国家政府成功的经验包括：确定国家科技人才队伍建设的总体战略和制定规划；制定科技人才培养、吸引和使用的宏观政策；通过重点投资，培养国家战略领域所需人才；推进产学研合作联合培养人才；采取多种措施，在全球范围内吸引和争夺人才，以及高度重视教育改革。

四、我国科技人才队伍建设的战略选择

根据我国经济和社会发展需求、科技人才队伍现状和国内外经验，我们认为，今后一

个阶段我国科技人才队伍建设在规模适度增长的同时，重点是调整结构、全面提升创新能力和水平，关键是要搞好人事制度改革，使人尽其才。据此，我们提出到2020年我国科技人才队伍建设的战略目标是：建设一支与国家经济、社会和国防发展相适应的规模宏大、结构合理、高素质的科技人才队伍；深化改革，建立市场调节为主政府调控为辅的、高效率的科技人才开发利用的管理体制和运行机制，开创人才辈出、人尽其才的新局面；全面提升我国科技人才的创新能力，为国家现代化建设提供科技人才智力保证。

战略目标可以分两阶段完成：至2010年，以完成科技人才管理体制转型为重点，实现科技人力资源配置从以计划为主导向以市场为主导的转变，实现以人为本；2010～2020年，以提高科技人才队伍的整体创新能力为重点，培育科技竞争优势，实现我国科技人才队伍创新水平的历史性飞跃。

未来20年科技人才队伍建设的基本思路是：以提升科技创新能力为重点，以体制机制改革为动力，以优化人才成长环境为根本。重点任务有三个方面。第一，根据不同类型人才成长规律，抓高层次人才培养。例如，在创新实践中，培养战略科技专家；对于从事基础性、公益性研究的拔尖人才及优秀科研团队要给予相对稳定的支持，鼓励自由探索；对于高层次工程技术人才要结合重大国家任务和工程项目，通过产学研联合，立足实践培养；对于高级技工和科技支撑人才要更多地依靠社会力量培养；对于科技管理人才关键是要使其职业化；而优秀的科技成果推广人才和科技企业家是在市场拼搏中脱颖而出的，政府要切实落实知识要素参与分配等各项相关政策，保障成果推广与科技创业人员的合法权益。第二，抓关键体制机制改革，建立建设市场基础作用与政府宏观调节相结合的人才资源开发体系。关键有四：一是充分保证用人单位的自主权；二是建立以市场调节为基础的人才流动机制，通过经费资源和人才市场价格杠杆，实现人才需求与实际配置人才的规模与结构的动态平衡和优化配置；三是改革科技预算拨款制度，提高科技项目经费和科技预算中对人投入的比例，把人才的培养、使用作为评价计划实施效果的重要指标；四是深化教育体制改革，如扩大高校办学自主权，使大学更加多样化、专门化，加强产学研联合培养人才，构建终身学习制度等。第三，抓政策导向调整，营造人才辈出、人尽其才的环境。人才培养要从重学历向重能力转变；人才引进要从以补助性政策为主向以建设性政策为主转变；人才成长要从重选拔向创造公平竞争环境转变；人才评价要向个性化评价和社会化评价机制转变；分配政策从总量控制向充分体现科技人才创新价值方向转变。

为保证战略任务的实现，建议以政府为主导、发掘社会各界力量，实施一些仅靠市场机制难以发挥作用而必须由政府推动的行动计划。例如，科技人才战略性流动计划，通过设立专项补助基金及其他多种政策工具，引导、鼓励科技人员到农村、欠发达地区、边远地区和少数民族地区工作，到国家需要而仅靠市场机制又难以吸引人才的岗位工作。又如，科技人才国际化计划，充分利用全球化的条件，积极参与国际人才竞争，在以“人才引进”为主的同时，启动高层次科学家“推出”计划，为我国科学家创造更大的国际活动的空间。

A Strategic Study on the Development of S&T Talent

Fang Xin

The research is implemented in line with the strategic needs of China for S&T talent in the context of the socio-economic development over the next 15 to 20 years. It starts with an analysis of the status quo and problems for the Chinese contingent of S&T talent in terms of scope, quality, composition, roles, training and international competition. It also explores the growth laws of the S&T talent and foreign experience in this regard. Based on this, the paper proposes a national guiding principle and strategic objectives for the sound development of such talent, and makes suggestions on corresponding policy measures.

7.3 中国科学院知识创新工程科技创新基地建设的总体思路

白春礼

（中国科学院）

2003年下半年以来，中国科学院党组认真学习邓小平理论、“三个代表”重要思想和科学发展观，分析我国经济社会发展的态势和国际竞争的趋势，研究发达国家的科技发展战略，以及一些发展中国家在现代化进程中的成功经验与失败教训，认真总结我院知识创新工程试点的经验。在此基础上，院党组经过近两年的认真研究和反复征求院内外专家的意见与建议，确定了知识创新工程三期“创新跨越，持续发展”的主题，明确了未来5年的发展目标、发展战略和重要举措。

我院党组认为，在知识创新工程三期，必须紧紧抓住为国家发展服务这个中心任务，以创新能力建设为主线，在尊重和充分发挥研究所科技创新自主权的同时，着重建设“1+10”科技创新基地，大幅度提高我院科技创新能力，实现我院的跨越和持续发展。“1+10”科技创新基地的“1”是指加强具有明确目标导向的交叉和重大科学前沿基础研究，“10”是指建设信息科技创新基地，空间科技创新基地，先进能源科技创新基地，纳米、先进制造与新材料创新基地，人口健康与医药创新基地，先进工业生物技术创新基地，现代农业科技创新基地，生态与环境科技创新基地，资源与海洋科技创新基地，依托大科学装置的综合研究基地。

一、科技创新基地建设的重要意义

科技创新基地不是研究实体，而是跨学科跨所重大科技创新活动的组织形式，是进行系统集成创新的重要平台，主要是开展战略研究，制定发展规划；凝练重大科学目标和重大应用目标，部署重大创新方向，组织实施重大创新项目；凝聚造就战略科技专家、跨学科优秀人才与团队；建设重大创新平台。

组建“1+10”科技创新基地是为了瞄准国家战略需求和世界科技前沿，遴选重点领域，突破学科壁垒，突破研究所局限，突破基础研究、应用研究和高技术研发的分割，更好地发挥我院学科比较齐全的综合优势，集中力量做大事；是为了加强我院与国家创新体系各单元之间的合作，在创新价值链上与国家创新体系其他单元形成互补、合作的关系；是我院为国家中长期科学和技术发展规划的实施而做的组织和体制机制准备。

2005年7月19日，国家科教领导小组第三次会议审议通过了我院关于实施知识创新工程第三阶段的方案，标志着我院进入“创新跨越、持续发展”的新阶段。组建“1+10”科技创新基地是实施创新工程三期的重大举措，对于进一步推进知识创新工程，实现我院宏伟发展蓝图，为提升我国自主创新能力、建设创新型国家、促进我国经济社会全面协调可持续发展、保障国家安全不断做出重大创新贡献，具有十分重要的意义。

二、科技创新基地建设的基本原则、目标与任务

科技创新基地建设的基本原则是：“总体部署、统筹协调，定位明确、计划可行，优势互补、合作共赢”。

(1) 总体部署、统筹协调。科技创新基地建设要加强统一领导，强化顶层设计与重大创新活动的组织，统筹协调创新基地建设与研究所改革发展，统筹协调重大科技任务与学科建设，统筹协调科技目标凝练与创新资源优化配置。

(2) 定位明确、计划可行。科技创新基地建设必须坚持战略定位与发展目标明确，建设与创新行动计划切实可行，领导班子和创新团队结构合理、坚强有力，体制与管理符合创新规律。

(3) 优势互补、合作共赢。中国科学院要恪守国家科研机构在创新价值链中的定位，科技创新基地建设在努力提升我院核心竞争力的同时，要积极主动加强与大学、企业、地方和其他研究机构之间有效的合作与联系，构建形成完整高效的创新价值链，加快推进中国特色国家创新体系的建设。

科技创新基地的建设目标是：2006年全面启动创新基地建设，2010年初见成效，在相关领域做出重大创新贡献，基本形成我院以研究所为基础、以创新基地为重大科技活动组织形式的矩阵式网格化科技创新管理模式，使我院真正成为中国特色国家创新体系中一支最具原始科学创新能力和战略高技术核心技术与系统综合集成创新能力、可信赖和可依靠的科技创新战略队伍和基地。

科技创新基地的主要任务：

（1）开展战略研究。重点抓好国家战略需求的研究和分析、综合和提炼，准确把握世界科技前沿发展态势和重大国际研究计划，明确相关领域的战略定位与发展方向。

（2）制定发展规划和实施方案。研究制定科技创新基地发展的目标、主要任务、战略重点和重大创新活动部署、科技布局调整的方案与举措。

（3）组织实施重大科技创新活动。部署和组织实施重大创新项目、重大研究计划和重要方向项目，建设重要跨学科创新平台，造就和凝聚战略科技专家和科技尖子人才。

（4）争取承担国家重大任务。组织相关力量，发挥综合优势，积极争取承担国家、地方和企业各类重大科技任务。

（5）引导研究所调整科技布局。通过战略研究、发展规划、重大任务，引导相关领域的研究所不断优化科技布局，建设创新队伍，促进形成一批居于不可替代位置、发挥骨干带动作用的核心研究所。

（6）加强对外合作。推动与国家创新体系各单元的联合与合作，组织共建研究开发机构，共同承担重大科技任务，共建监测网络、中试与技术转化或试验示范平台。组织重大国际科技合作活动和联合共建工作。

三、科技创新基地的组织和管理

“1+10”科技创新基地分成基础研究、战略高技术研究和社会公益研究三大片，并分别设立领导小组负责协调相关基地战略规划与重大创新活动。院机关各专业局作为分片领导小组和创新基地的依托执行部门，负责承担相关的日常工作。基础研究创新基地建设领导小组办公室设在基础局，高技术创新基地建设领导小组办公室设在高技术局，社会公益研究创新基地建设领导小组办公室设在资环局和生物局。

每个创新基地一般成立创新基地领导小组、专家委员会、项目执行指挥部，形成科学规范的决策、实施和评价制度。重大项目仍需按程序论证并经院长办公会审定，成熟一项，启动一项。一般项目由创新基地领导小组自行部署。

为了更加准确地把握国家战略需求和世界科技发展趋势，及时接受我国科技界、产业界的监督和指导，院党组决定成立主要由院外资深科技和管理专家组成的科技创新基地咨询评议委员会，对创新基地建设进行咨询与评议。同时，创新基地建设还必须建立健全适应不同性质与类型的基地评估准则与方法。

科技创新基地的资源配置将根据基地建设需求和进展情况，将人力资源与经济资源统一调控。经费额度和岗位指标等重要创新资源配置实行“分类调控，分级管理，目标导向，滚动支持”。

（1）分类调控。院可调控资源以创新基地建设需求为主线，按照基础研究、战略高技术、公益研究三片统一资源配置与调控。创新基地的重大项目、重大研究计划按片予以协调；创新基地重要方向项目按专业局协调；创新基地的重大装备需求由院统一编制规划，分步实施；重大结构性调整事项，报院长办公会审批，成熟一项，启动一项。

（2）分级管理。根据创新基地建设的不同事项，按照院长办公会议、分片领导小组、创新基地领导小组和专业局的职能分级管理。

（3）目标导向。以任务需求和工作进展为资源配置的主要依据，同时，兼顾三片科技创新活动人员、经费、承担任务等主要要素比例。

（4）滚动支持。改变5年经费一次核定的办法，按照2+3的方式，分两次核定经费额度和岗位指标。

四、科技创新基地的启动程序和具体实施安排

在启动与实施前，首先请科技创新基地咨询评议委员会对三片创新基地建设规划纲要进行咨询评议，这项咨询评议已在2005年进行。在此基础上形成了创新基地建设总体规划纲要，并送中国科学院学部和中国工程院咨询，使之更加符合国家战略需求，更加符合世界科技前沿。

在创新基地建设总体规划纲要的框架内，组织编制形成各创新基地建设规划纲要和实施方案，形成知识创新工程三期创新基地建设四个层次的总体安排：创新基地建设总体规划纲要、三片创新基地建设规划纲要、“1+10”各创新基地建设规划纲要和“1+10”各创新基地建设实施方案。

根据时间安排，2005年11月份完成创新基地总体规划纲要，经院长办公会审定后，

送中国科学院学部和中国工程院咨询；2005 年 10 月到 12 月，院长办公会已分片审定各创新基地规划纲要与实施方案。创新基地建设实施方案批准后，成熟的事项可适时启动。2006 年起创新基地建设整体启动。

这里需要着重指出的是，我院知识创新工程三期的总经费大部分还是根据二期的绩效直接下拨到各研究所，包括基本离退休经费、基本事业费和基本运行费。领域前沿项目主要由研究所部署，院里只将宏观调控和重大项目等经费用于创新基地建设。

Overall Thoughts of Building Sci-Tech Innovation Bases in the Knowledge Innovation Program of CAS

Bai Chunli

The leading group of the CPC Committee of CAS assumes that in the 3rd phase of the knowledge innovation program we must firmly get hold of the central task of serving the country's development, take building innovation capability as the main thread, stress the construction of "1+10" sci-tech innovation bases, enhance the sci-tech innovation capability to a great extent, and achieve leapfrog and sustainable development, while respect and adequately bring into playing the independence of sci-tech innovation of research institutes. In the present article, the significance, basic principle, and goals and tasks of building sci-tech innovation bases, and the organizing and supervision of sci-tech innovation bases are set forth, and the startup procedure and concrete implementation of sci-tech innovation bases are presented.

7.4　美国的研究与创新投资战略

汪凌勇

（中国科学院文献情报中心）

2004 年底，美国竞争力委员会发表《创新美国》研究报告[①]，2005 年美国朝野对创新与美国未来发展的关系更为关注，各有关方面的系列研究报告相继出台。本文将摘要分析《创新美国》这篇作为源头导引的研究报告及 2005 年底商务部“国家竞争力最高级

① 美国竞争力委员会（The Council on Competitiveness）创建于 1986 年，主要工作是研究提高美国竞争力的政策，向政府和其他有关部门提供相应的建议。2003 年 10 月，该委员会设立“国家创新倡议”（National Innovation Initiative，NII）项目，《创新美国》是 NII 项目的主报告。

会议”在总结一年来各有关研究报告基础上最终出台的《对美国创新的投资》声明，最后将简要介绍拟将《创新美国》报告的结论和建议转变为实际行动的参议院最新“2005国家创新法案”。从中我们可以看到，美国认为：投资创新就是投资未来，创新是保持美国今后长期经济竞争力的关键；对创新的投资应体现在人才（talent）、投资(investment)[①]及基础设施与环境(infrastructure)[②]三个方面；在资金投入方面，美国应特别着力于基础研究和高风险、高回报的研究，以及纳米技术、高性能计算和能源技术等事关美国国家安全和保持美国经济领先地位的关键领域。

一、美国竞争力委员会：《创新美国》

2004年12月15日，对美国通商产业政策起着极大影响作用的民间团体——美国竞争力委员会在华盛顿召开的“国家创新高层论坛”上，发表了全名为《创新美国：在充满挑战与变化的世界中繁荣》的报告书。该报告的出台在美国朝野乃至国际上产生了极大反响。报告给予创新极其重要的地位。报告指出，“创新是美国的灵魂，是确保美国在21世纪领先地位的非常重要的手段”，“是决定着美国在21世纪中取得成功的、唯一最重要的因素”，为此“美国未来25年内的课题是完善社会结构、促进发展创新”。报告提出了实现创新的政策建议，并将其划分成三个方面：人才、投资及基础设施与环境。

1. 人才

第一，制定国家创新教育战略，确保具有创造性技术能力的劳动力：针对面向科学及工程领域的大学生提供奖学金的企业及个人，对其所筹款项实施减税制度；新增由联邦研发机构提供的研究生奖学金5000份；大学面向社会实施的成年硕士教育及培训制度向所有州立大学扩展；为吸收来自海外的优秀人才，改革移民政策和许可外国留学生就业。

第二，实现培养下一代创新者的催化机能：通过K-12教育[③]、社区院校和大学，在基于问题的学习过程中，培养创造性思维和创新技能；向学生提供衔

① 见《创新美国》报告。指创新的财政条件，包括R&D投资、风险资本可获得性、宏观经济财政与货币政策。

② 见《创新美国》报告。指支持创新的物理条件和政策环境，包括网络基础设施、卫生保健、交通网络、能源供应、规章体系、知识产权保护、创新管理及贸易政策等。

③ K-12教育是指到高中为止的教育体系。

接研究和应用的创新学习机会；针对企业家及中小企业经营者，设立创新教育的教学课程。

第三，满足劳动者在全球性经济竞争中的成功需要：提供终生教育的机会，帮助劳动者掌握实用能力和技能；提高伴随转岗的保健管理和养老金可灵活转换的机能；在全国及各州中，实现对具有高技能的劳动者的需求和教育培训资源的合理配置；将有关支持扩大到那些因技术和贸易环境的变化而被迫转岗的人员。

2.投资

第一，为了重新活跃前沿及多学科研究，建议：设立“创新加速”基金，对由各联邦机构分配的研究开发预算的3%进行再分配，以促进高风险研究；通过将20%的科技预算用于长期研究来恢复国防部对基础研究的历史承诺；强化对物质科学及工程的支持，构建健康的R&D构成体系；对企业的实验研究费税制优惠政策形成一个改良的、永久性的制度并将其延伸到大学-工业联盟。

第二，为了使企业的经济活动更加活跃，建议：今后5年中，在全美建立10处“创新热点”，在有效利用地区资源的同时，引导来自政府和民间的投资；指定领衔机构和跨机构委员会，负责协调联邦政府有关促进基于创新的增长的经济发展政策与计划；通过税收刺激、扩大的投资者网络及州和民间的种子资本基金等，提高初期阶段的风险资本的可用性。

第三，为了促进长期的风险性投资活动，建议：促使民间企业的奖励和补偿的结构与回报长期价值创造相吻合；建立为推进无形资产自愿公开的免责条款；将占GDP的2%的侵权诉讼成本减少到1%；设置金融市场仲裁委员会，就新规定给创新投资带来的影响展开评估。

3.基础设施与环境

第一，形成创新增长战略的国家共识。建议：总统行政办公室策划制定整个联邦的创新战略；促进国家或地区级的联盟建立以将创新政策和创新主导的增长作为主要课题制定并实施；开发新的测量指标以更好地理解并能有效地管理创新；设立“国家创新奖”以承认和鼓励卓越的创新表现。

第二，创建21世纪的知识产权制度。建议：在专利程序的每个阶段确保高质量；将专利数据库作为创新工具，进行有效利用；在合作标准制定工作中创建可供参考的最佳实践典范。

第三，强化美国的制造能力。建议：创建拥有共享设施和企业联合体的高性能生产中心；将专利数据库作为创新工具，进行有效利用；促进互换性生产和物流所用的工业主导标准的开发；创建将中小企业上升至第一等级生产伙伴的“创新扩展中心”；确定R&D的优先顺序，扩大产业界主导的路线图作业。

第四，建设21世纪的创新基础设施——保健测试平台。建议：扩大电子健康诊断的利用；制定并推进统一的健康数据体系标准；建立保健研究与递送国际电子交换先导计划；扩大基于绩效的购买合同的利用。

二、“国家竞争力最高级会议”：《对美国创新的投资》

继《创新美国》报告公布以来，2005年美国朝野掀起了探讨创新与美国未来的热潮。2月，AeA（前美国电子协会）发表《失去竞争优势》报告；7月，商务圆桌会议出台《开发美国的潜能》报告；9月，国家制造者协会发布《迫近的劳动力危机》报告；10月，国家科学院组织在上述报告的基础上推出《在积聚的风暴中升起》。

2005年12月6日，美国商务部主办了“国家竞争力最高级会议”（the National Summit on Competitiveness）①，并在总结前述报告的基础上发表了《对美国创新的投资》声明。声明提出6项建议，其主旨包括复兴基础研究（建议1和建议2）、拓展美国创新的人才渠道（建议3、建议4和建议5），以及在先进技术的开发和部署上领先世界（建议6）3个方面。

1. 复兴基础研究

建议1：今后7年每年将联邦政府对长期基础研究上的投入增加10%，主要投入到自然科学、工程和数学。对基础研究的投入长期以来一直是美国创新的根基。公共资助的研究孕育了半导体、互联网革命、全球定位技术、生物技术和纳米技术等 。但是近年来国家对知识创新的投入占国家财富的比例显著下降，如果美国要保持竞争力，必须扭转这一状况。

建议2：将至少8%的联邦研发机构预算作为机动基金，主要用于促进高风险、高回报的研究。公共资助的研究偏离知识前沿会成为取得新突破的障碍。联邦政府投资日趋保守，日益为舆论、惯例和渐进意识所驱使。确保联邦投资高风险、高回报研究是使美国在未来竞争中得到跨越式发展的关键。

2. 拓展美国创新的人才渠道

建议3：到2015年，使美国在自然科学、数学与工程领域年度授予学士学位的学生数目翻一倍，且增加将成为K-12科学与数学教师的学生数目。如果美国在科学与数学领域没有一定的学生基数可同其全球范围的竞争者对抗，美国所做的其他一切刺激创新的

① AeA、商务圆桌会议、国家制造者协会为本次会议的协办机构。

举措也将等于零。然而，美国培养科学与工程天才的渠道确实是在收缩而不是扩大。2000年美国在自然科学与工程领域授予学士学位的学生数仅占11%，远低于世界23%的平均水平，只到中国水平（中国为50%）的约1/5。联邦政府可以通过贷款、大学生财政援助、大学生奖学金等手段影响攻读自然科学、数学与工程学位的学生数及这方面的从业人数。联邦政府还可以鼓励高校采用其他手段来扩大攻读自然科学、数学与工程学位的学生数，如让学生获得企业经验的计划，将企业科学家请到大学讲台等。联邦政府还需要帮助改善K-12科学与数学教育，鼓励各州、各学区及高等教育机构之间更多的联系和互动。

建议4：改革美国的移民政策，使得全球各地拥有科学、工程、技术和数学知识技能的人才愿意到美国求学和就业，从而增强美国的竞争优势。美国的经济成功一直是部分地基于其吸引全球最优秀人才的能力的。如果美国公司想继续保持创新能力和创造新的就业岗位，它们就必须雇佣全球最好的科学家、工程师和数学家。然而，美国目前的移民政策不利于在美国大学攻读学位的学生毕业后留在美国，从而使美国公司处于不利地位。尤为严峻的是，美国物质科学与工程领域的大多数硕士研究生和博士研究生都是外国人。美国私有部门的领袖们已形成高度共识，即亟须去除目前雇佣受过高层次教育特别是在美国接受教育的外国人所存在的法律和程序方面的障碍。

建议5：向创建公私伙伴关系提供激励，以鼓励美国学生学习自然科学、数学、技术与工程和从事这方面的职业。没有人否认，招募更多学生进入科学与工程生涯的挑战是从K-12教育体系开始的。如果被辅之以公私方面的共同努力，让学生可以有机会接触科学家和工程师，学校支持数学与科学教育的行动将更加有效。如果学生有很强的科学与数学根基，那么他们应当获得参与计划的机会，以帮助他们认识摆在他们面前的众多职业选择。国家制造者协会在堪萨斯城的“梦想与实践”运动就是激励学生学习自然科学和数学的一项成功尝试。

3. 在先进技术的开发和部署上领先世界

建议6：对那些事关美国国家安全和保持美国经济领先地位的领域，如纳米技术、高性能计算和能源技术等，提供集中和持续的投资，以应对国家技术挑战。对基础研究的投资保持一个健康的水平是经济成功的必要但非充分条件。政府同样需要在服务于国家重要使命——能源独立及国家和国土安全，以及经济竞争力目标的关键技术开发和部署上聚焦努力，加快行动。强化的行动还应当包括经过同行评议、以项目为导向、鼓励充分利用中小企业技术与创新生产方法的计划。联邦政府还应当鼓励学术界和企业界之间的交流和合作。

三、参议院："2005 国家创新法案"

2005 年 12 月 15 日，美国参议员约翰·恩赛（John Ensign，共和党）和约瑟夫·李伯曼（Joe Lieberman，民主党）响应竞争力委员会发表的《创新美国》报告在参议院联合提出"2005 国家创新法案"，以图将相关研究结论和建议落实到法律行动。法案内容涵盖《创新美国》报告提出的、对于美国维持和改善其21世纪创新能力至关重要的三大议程——人才、投资和基础环境，并建议成立"总统创新委员会"以便形成对创新的体制保障。

1. 研究投资（Research Investment）

建立"加速创新基金计划"（Innovation Acceleration Grants Program），目的是鼓励各联邦资助科学技术研究的机构至少拨出其研发预算的3%用于高风险的前沿研究项目；增加国家对基础研究的承诺，对国家科学基金会的研究投资至2011财年增加一倍；对更多公司提供永久性研究和试验减税。

2. 科学技术人才（Science and Technology Talent）

利用增加对国家科学基金会研究基金计划及对国防部科学和工程基金计划的资助，扩大现有自然科学和工程教育计划，以鼓励更多美国学生攻读科学、技术、工程或数学的研究生学位。授权国防部为在国防科学和工程领域工作的大学生和研究生制定"竞争性受训人员计划"，让他们集中于多学科学习和以创新为导向的研究。授权为新的和现有的"专业科学硕士学位计划"提供资助，以增加今后加入研究队伍的称职科学家和工程师的数量。

3. 创新基础环境（Innovation Infrastructure）

授权商务部促进对新型先进制造系统的研发和实施，支持用于该系统的三个优秀中试基地。商务部长将按客观标准主持一项竞争，以选择"中试基地"。在全美鼓励发展技术创新的区域性群组（"热点"）。授权国防部鉴别和加速先进制造技术和工艺的转移，以改进国防制造基地的生产率。

此外，法案还提出建立"总统创新委员会"，目的是提出促进公、私部门创新的全面议程。在征询白宫管理预算办公室意见的基础上，总统创新委员会将提出和采用一套标准来评估影响美国创新的现有和即将提出的法律影响。此外，该委员会将帮助协调支持创新的各联邦机构的工作，评估设在各联邦机构中的联邦创新计划的功效，并每年向总统和国会提交有关联邦政府如何更好地支持创新的报告。

参 考 文 献

1 Council on Competitiveness, National Innovation Initiative (NII). 2004. Innovate America : Thriving in a World of Challenge and Change. http://www.publicforuminstitute.org/nde/sources/NII_Final_Report.pdf

2 Council on Competitiveness Urges National Innovation Ecosystem to Lead Next Wave of US. Economic Growth. http://www.imakenews.com/innovationphiladelphia

3 Ensign. Lieberman Introduce Major Bipartisan Innovation Legislation. http://lieberman.senate.gov/newsroom

4 Summary of the National Innovation Act of 2005. http://lieberman.senate.gov/documents/bills/051215niasummary.doc

5 The National Summit on Competitiveness. Investing in US Innovation. http://usinnovation.org/pdf/National_Summit_Statement.pdf

US Research and Innovation Investment Strategy

Wang Lingyong

The main conclusions and recommendations of "Innovate America" report and "Investing in US Innovation" statement are briefly described, "the National Innovation Act of 2005" proposed recently by two US Senators is shortly introduced. From these and some other related reports published in the past year we can get the broad hint that investing in US innovation is investing in America's future, innovation is of surpassing importance if the United States wants to maintain its position as the world's leader in economy and competitiveness; talent, investment and infrastructure are all indispensable factors when consider innovation investment; fundamental research, high-risk, high-payoff research and those technology areas that will ensure national security and continued US economic leadership such as nanotechnology, high-performance computing and energy technologies should be highly emphasized and get focused and sustained funding.

7.5 日本第三期科学技术基本计划

胡智慧

（中国科学院文献情报中心）

日本自1980年正式提出“科技立国”的口号后，每个时期都有相应的中长期发展计划出台。1995年11月公布《科学技术基本法》，1996年和2000年分别出台第一期、第二期科学技术基本计划，2006年准备出台第三期科学技术基本计划。这些纲领性文件的宗旨都是“科技创造立国”。“创造”二字标志着日本的技术水平已经从“追赶时代”过渡到“竞争时代”。

日本第一期科学技术基本计划投入了17万亿日元，至2001年3月完成。2002年获得诺贝尔物理学奖的中微子探测项目就是第一期科学技术基本计划中的基础研究项目之一。第二期科学技术基本计划从2001年4月开始实施，在政府研究开发经费上预定投入GDP的1%，总额达到24万亿日元，比第一个五年计划增加40%。第二期计划提出了在50年内培养30个诺贝尔奖获得者的宏伟目标，确定了8个国家重大课题，即生命科学、信息通信、环境、纳米材料、能源、制造技术、社会基础、前沿领域，并将其中前4个领域确定为国家战略重点发展领域，置于重中之重的地位。第三期科学技术基本计划将于2006年开始执行，预计未来5年中政府对科技的投入为25万亿日元。该计划对日本的科技战略、科技发展走向及经济建设具有极其重要的指导意义。以下将介绍日本第三期科学技术基本计划主要内容。

一、计划提出了国家层面的科技发展理念

三期基本计划提出的科技发展理念是：通过创造知识、运用知识为世界做贡献；建立具有国际竞争力、可持续发展的国家（指通过创造高附加值的物品或服务、切实保证就业机会来提高日本以产业技术能力为代表的国际竞争力，通过保证持续发展提高国民生活水平）；建立安全、稳定、生活质量高水平的国家（指维护老龄社会中的国民健康水平，减少灾害造成的损失，稳定供给食品、能源，协调地球环境与经济活动的关系，维持稳定的国际关系）。

二、计划制定了6个政策目标

这些目标是：实现跨越式的发现和发明，为将来继续丰富知识的源泉；经济与环境并举，实现可持续发展；实现国民都能过上健康和富有活力的生活；突破科技的限制，向人类梦想挑战；依靠技术创新实现日本经济、产业的发展；大力发展防灾、抗灾技术，把日本建设成世界上最安全的国家。

三、计划提出重点支持的领域

计划提出支持的重点专业领域仍以生命科学、信息通信、环境、纳米技术与材料4个领域为主，此外，继续推进能源技术、制造技术、交通网络等社会基础技术和宇宙、海

洋开发等前沿科学领域的研究开发。三期计划重点领域包括：生命科学领域的老龄化社会的医疗和新药研究、后基因组研究、基因组制药研究、个性化治疗等新医疗技术、再生医疗、脑研究、新兴传染病研究、粮食及环境问题相关的植物研究、分子标记等研究；纳米材料领域的纳米计量分析和制模技术研究、纳米水平结构控制和新物质材料创造技术研究、量子信息通信原理研究、下一代高精度电子技术研究；信息通信领域的大规模、高性能、安全性软件技术研究，超大规模信息处理研究，全球信息互换技术等研究；环境领域的地球温室效应研究，全球性水环境研究，循环型社会体系构建等研究；交叉领域的光及光量子科学技术（纳米／信息技术）研究，环境、能源及纳米材料（纳米／环境）研究，分子、生物自旋电子学（纳米／生物／信息技术）研究，纳米和生物技术（纳米／生命科学）研究，生物信息学和系统生物学（生命科学／信息技术）研究，量子束（纳米／生命科学）等研究。其他领域的机器人技术、燃料电池、卫星支柱技术等研究。

四、计划提出国家支柱技术

为加强国际竞争力，日本确立了今后10年内重点开发的“国家支柱技术十大重点战略目标”。分别为：万亿赫兹电磁波检测分析技术，包括利用万亿赫兹波的穿透性进行病理组织诊断、检查邮包内毒品和爆炸物等；高精确度电子显微镜，能够在原子水平上进行三维观测；每秒运算能力达1000万亿次的超级计算机，以用于制药设计和超微细材料的模拟；新一代放射性光源，用以实现超微细三维观测、控制和加工；海底地形、地质和资源探测系统，用于日本近海海洋资源探测与开发，为阐明海底地震发生机理提供帮助；高精确度卫星定位技术，希望能完全覆盖日本全国，提供高质量的通信和定位服务；全球性的观测和监视系统，通过快速收集自然灾害和事故信息而减轻受灾程度；高速增殖炉循环技术，以保护地球环境，确保长期、安全的能源供应；宇宙运输系统，用于行星际运输等宇宙探测活动；核聚变实验反应堆建设，为将来核聚变能源实用化积累技术。

五、计划提出了重要政策

（1）计划认为，基础研究重点领域，特别是4个重点领域及重点学科的研究开发工作可以加强日本在国际社会中的影响力。在知识大竞争的时代，日本要持续发展并引领世界，就必须重视自身持续发展的基础，从国家的长期发展战略出发，慎重选择重要的国家基础技术并支持其进一步发挥作用。

（2）关于科技投资战略，计划认为在科技工作中，从基础研究到应用研究，研究工作所处的发展阶段不同，其特点也不同。因而，投资方面考虑的问题和期待的成果自然也不

尽相同。基础研究项目来自科学家自主命题型和特定政策目的型两个方面。前者需要从长期支持的角度推动处于萌芽阶段的、自由探索的研究工作。对于此类研究需要靠竞争性资金进行优先性、重点性资助。后者是为了解决国家、社会面临的问题，政府公示的研究目标、目的类型的研究项目。由于立项设定了比较具体的应用目标，其研究开发的成果对于解决社会问题提供了多种多样的选择可能。对于这类可以对提高经济效益、社会效益有较大贡献的学科和领域，应该进行重点资源分配。

(3) 关于项目评审工作，计划指出：基础研究是基于科学家崭新构想进行的探索性工作。这类工作既存在失败的风险，也存在产生重大成果的可能性。在支持基础研究的竞争性经费评审工作中，不仅要评审研究计划等书面资料，还应该对研究人员个人独特思维的独创程度和实现可能性进行缜密的审查。计划指出，要正确使用定量指标，特别是影响因子是表示学术杂志重要性的指标。要考虑国家对国内学术杂志的扶持政策。

(4) 关于人才对策。计划指出：预计到2007年日本的人口总数开始趋于减少。与此同时，经济全球化不断深化，围绕人才、技术等知识产权展开的国际竞争也会越来越激烈。日本处于这种发展趋势下，努力保证支撑科技工作的人才质量、数量不萎缩绝非易事。提出的对策有：给予那些研究资历不足、但具有发展潜力的优秀年轻研究人员以崭露头角的机会；提供更多的机会使年轻研究人员尽早赴海外从事研究，独立进行研究工作；对优秀的年轻外国科学家要不分国籍，公正、恰当地评价他们的能力与业绩，并将评价意见在聘用和待遇方面体现出来；对于那些真正优秀的科学家，即使在他们退休之后，仍然可以通过某种方式，在竞争性资金或外部资金的支持下继续他们的研究；加强人才流动机制；研究生院、大学本科、高等专业学校、专修学校等教育部门需要继续开展实践型教育。

六、计划提出五大战略

1. 人才战略

随着人口的逐渐减少及老龄化，日本更加意识到，确保一流人才的质量是实现其科技立国战略的当务之急。为此，正在加速制定有利于优秀人才辈出的激励性政策，构筑新形势下的适才适用，注重能力的人才战略体系，为日本科技的可持续发展提供强有力的人力资源。这些措施包括以下方面：

(1) 确保优秀研究人才的体制建设。包括构建公正透明的人才录用及管理体系；搭建年轻研究人员施展才华的舞台；推进多元化优秀人才的研究平台等。

(2) 培养符合时代潮流的各路技术精英。包括大学研究生院的制度改革；以产、学、官联合为载体的人才培养机制；鼓励博士学位拥有者供职于产业界，日本将从政策上引导博士学位拥有者就职于民间企业；培养将知识与技术服务融为一体的多元化人才。

(3) 加强基础性教育。基础性教育是人才培养的根基。

2. 基础研究战略

加强基础性战略研究是一国抢占世界科技制高点的关键所在，计划提出了以下新举措：

(1) 基于研究人员自由构想的多元化基础性研究。科技的发展离不开基础性研究，基础性研究往往周期较长，一般须经历萌芽期、成长期及发展期。而大规模基础性研究项目对于提升一国的科技综合实力、占据世界科技制高点极为关键。日本的做法是，对那些创新意识明确且需要投入较大财力和物力的大规模研究项目，在充分了解研究人员基本构思的前提下，由国家层面作综合性判断。近年来，日本又加大了大规模基础性研究项目的推进力度，旨在通过国际合作等方式提升本国的综合科技实力，并造就更多优秀研究人员及技术人员为己所用。

(2) 基于特定政策的目的型基础性研究。此类基础性研究项目事关国家的整体利益及社会发展，是基于国家特定时期的科技政策导向而提出的，一般事前制定所要达到的基本目标，自萌芽阶段就注重其研究成果的实用性及其对社会的贡献度。日本将此类特定政策的目的型基础性研究定位于国家级研究开发项目，并对各专项领域的研究项目从财力、物力等方面予以重点扶持，谋求最大的经济和社会效益。

3. 技术创新战略

计划提出了具体的战略目标，包括以下内容：

(1) 健全各研发阶段的研发资金制度。明确不同研发阶段各制度的宗旨；推进技术创新的新制度建设；建立以技术创新为目标的外部研发资金制度等。

(2) 形成知识创新的良好环境。包括确立产、学、官联合的可持续性合作模式；促进研究成果的社会化利用；促进新技术在公共管理部门的应用；加强地区创新体系的建设等。

(3) 独创高效的研发体制建设。包括扩大竞争性资金及推进制度改革；评价体制的改革；明确公立研究机构及民间企业的职责范围等。

4. 支柱技术战略

日本从国家长远战略出发，在第三期科技基本计划中提出了国家支柱技术战略。其根本目的是在全球知识和技术大竞争框架下占据领先或主导地位，最终确保本国社会和科技的可持续发展。日本国家支柱技术涉及的领域目前初定为全球性综合观测和监视体系、宇宙运载体系、超级计算机系统、蛋白质解析技术等。

5. 国际合作战略

在国际合作战略中，日本明确提出在加强科技国际化的同时，更应强调吸引更多世界顶尖人才到日本从事国际科技合作，并加大国内从事国际科技合作通用人才的培养力度。为了有效推进日本科学研究的国际化，日本提出了两大目标，一是力争创建国际性相关研究领域的研究据点，二是将外国优秀研究人员纳入日本重要的研究人才资源之列。此外，日本还要在区域科技合作（东亚区域科技交流）框架中发挥其主导地位作用，旨在全面提升日本对外科技交流与合作水平。

此外，第三期科学技术基本计划也涉及其他方面的内容，例如，加强科技界与经济界乃至行政部门之间的合作，加大成果转化、知识产权管理、标准化建设等方面的工作力度等。计划还提出了“综合科学技术会议”要充分发挥政府整体科技政策指挥部的职能作用等具体措施。

参 考 文 献

1 日本科学技术政策研究所 . 2005. 关于第三期科学基本计划的理念 . http://www.nistep.go.jp

2 日本科学技术政策研究所 . 2005. 关于第三期科学技术基本计划整体方针 . http://www.nistep.go

3 日本文部科学省 . 2005. 第三期科学技术基本计划的 5 个战略 . http://www.ment.go.jp

4 日本文部科学省 . 2005. 第三期科学技术基本计划的重要政策 . http://www.ment.go.jp

5 日本综合科学技术会议. 2005. 参考资料4,关于第三期科学技术基本计划的论点. http://www.cao.go.jp

6 日本综合科学技术会议 . 2005. 关于第三期基本计划科学技术战略 . http://www.cao.go.jp

The Japanese Government's Third-Term Basic Plan for Science and Technology

Hu Zhihui

This article briefly introduces the Japanese government's Third-term Basic Plan for Science and Technology that is bringing forward new national key research areas as well as important policy changes.

7.6 英国科学与创新投资框架（2004～2014）评述

叶小梁
（中国科学院文献情报中心）

英国财政部、工业与贸易部以及教育与技能部于2004年7月联合发布了面向未来的宏伟规划——《英国科学与创新投资框架(2004～2014)》（以下简称《框架》）。它的出台不仅在其国内引起巨大反响，而且在国际上也受到了广泛的关注。本文将对英国这一重要的科技与创新投资规划进行简要的评述。

一、英国政府首次发布的中长期科技规划

英国是一个崇尚科学的国家，在世界科学史上曾书写下一页页光辉的篇章，但它长期以来存在着严重的重科学轻技术、重研究轻应用的倾向，存在着科技脱离经济的弊病，以至影响了国家的经济竞争力。这种状况至20世纪90年代以来有了很大的改变。面对经济全球化的趋势及各国激烈的竞争态势，英国政府认识到，科学技术对国家未来经济社会的繁荣至关重要，必须为教育、科技积极投资，确保国家拥有雄厚的、世界一流的科学、技术与工程基础，保持知识创造的优势；必须加强公共研究机构、大学与企业界的合作，促进知识转移，提高国家的竞争力和生产力；构建良好的创新环境，培养和吸引世界一流的科技人才；提高公众对科技的认知与支持程度。英国政府20世纪90年代以来发表的历次科技白皮书和重要文件，如1993年的《发掘我们的科学、技术与工程潜力》、1998年的《建设知识经济，挑战竞争的未来》、2000年的《卓越和机会——21世纪科技创新政策》、2001年的《变革世界中的机遇——创业、技能和创新》及2002年的《为创新投资——科学、工程与技术的发展战略》，均贯穿了以上的科技与创新战略思想。2004年发表的10年科技与创新投资框架是英国政府科技创新思想与战略的进一步发展和提升。

英国还是一个长期实行分散型科技管理体制的国家，它的科技界历来具有很强的自主传统。英国政府历史上是不制定中长期科技计划的，它的政府部门一般采用每三年变更一次的短期科技计划的做法。《框架》是英国政府首次发布的科技中长期规划，是英国

政府在科技管理理念和科技管理模式上的一个突破。

《框架》包括9部分内容：①综述；②世界级研究的远景目标：英国科学基础面临的机遇与挑战；③对科学基础的管理；④企业研究开发与创新；⑤知识转移与创新；⑥科学、工程与技术技能；⑦科学与社会；⑧跨政府部门的科学与创新；⑨全球合作伙伴、下级机构与地区。另外还有4个附件。

二、确立宏伟的科学与创新目标及投资框架

英国政府认为，在今后10年中，英国经济若想通过生产力和就业获得增长，就必须更加努力地对知识基础进行投资，并更加有效地将知识转化成产业和公共服务的创新。在《框架》中提出了英国各界今后的奋斗目标，即该规划的总目标——建立起英国的科学、研究和创新体系，使英国成为全球经济的关键知识枢纽，成为将知识转化为新产品和新服务的领先者。

（一）科学与创新的具体奋斗目标

（1）英国实力雄厚的卓越研究中心要开展世界一流水平的研究。在研究能力上，要继续保持综合排名仅次于美国的地位及目前对其他经济合作与发展组织成员国的领先地位；对于目前位居第三或更后名次的领域，要缩小与前两名国家的差距；继续保持英国在生产力方面的领先地位。保持和建设足够多的世界一流的卓越研究中心和大学，支持高技能人才的培养。

（2）加强公共资助研究机构对经济和公共服务需求的反应能力。各研究理事会的计划将在更大程度上受到研究的最终用户的影响，并在与最终用户的合作中完成。继续改善大学和公共实验室对研究成果进行知识转移和产业化的状况。

（3）增强企业对研究开发的投资，并让企业更多地利用英国科学基础的知识和人才。今后10年的目标是将企业对研究开发的投资从原先的占国民生产总值的1.25%增加到1.7%。缩小英国在企业研究开发强度和创新能力上同欧盟先进

国家及美国的差距。

(4) 培养大量的科学家、工程师与技术人员。要提高高等院校理科教师的质量；提高中学生的理科成绩及学习兴趣；增加在高等教育阶段选择科学、工程和技术学科的学生数量；提高高等教育中少数民族和妇女选择科学学科的比例。

(5) 确保对大学和公共实验室科研的持续资助，并通过有效的财务管理保证研究活动和投资实现可持续发展。

(6) 在英国社会树立对科学研究及其创新应用的信心并增加对它们的了解。

这是一个全面的、在充分分析了英国在科技方面的优势和弱势及其形成原因的基础上产生的规划及目标，它具有很强的针对性和务实性，同时还昭示了英国复兴科技、争当一流的雄心。

（二）科学与创新的投资目标

(1) 在经济方面，英国政府的总目标是提高国家的知识强度水平，即研究开发的总投入占国内生产总值的比例，要从当前的约1.9%提高到2014年的2.5%左右。这将使英国的研究开发总经费增加约165亿英镑（按2004～2005年的实际价格计算），比目前约225亿英镑的投资水平增长约75%。如果实现这一目标，英国就可以确保其在主要欧洲国家中的领先地位，并大大缩小同美国之间的差距。

(2) 英国政府在预算中对公共科学基础投资的增长至少要同这10年间国家的经济增长率保持一致，同时加大科学开支在国内生产总值中的比重。整个公共和私营部门的研究基础要有更高的年增长率——10年的年平均增长率为5.75%左右。

(3) 在2004～2005年至2007～2008年期间，英国政府将通过贸易工业部和教育与培训部以年平均增长率5.8%的幅度增加资助。

(4) 这一目标无论对政府还是企业界来说都是巨大的挑战。只有当私营部门和主要慈善团体的研究开发投入同政府对科学基础进行大量投资的努力相一致，并且私营部门对研究开发的投入明显处于上升的趋势，这一目标才能实现。

从20世纪80年代至90年代中期，英国由于持续的经济衰退，研究开发投入长期得不到实质性的增长，制约了科技的发展。英国的研究开发投入强度不仅一直低于美国、日本、德国和法国这些科技经济大国，而且还低于瑞典、瑞士、芬兰、丹麦、以色列、奥地利、新加坡等若干中小国家，与欧盟正在制定的第七个科技框架计划中提出的到2010年平均研究开发经费要达到占国民生产总值的3.0%这一指标，也相差甚远。所以，尽管英国在《框架》中确定的研究开发投入强度至2014年达到2.5%的目标，与其原有投入水平相比已经是大幅增长，但与国际先进水平还存在相当的差距。

三、勾画英国科学远景目标，注重多学科研究

在《框架》中英国政府分析了英国未来10年面临的重大机遇与挑战，制定了科学远景目标：

（一）英国科学的远景目标

(1) 巩固现有研究优势并发挥英语在所有国际科学交流中的优势。英国应该具备使自己成为全球研究开发和创新最佳地点所必需的最先进的设施、实验室及技术熟练的人员。

(2) 这些优势将在高新技术制造部门的经济贡献及研究开发对英国服务行业的影响中得到体现。同时还将看到英国在医疗卫生、安全及环境的可持续发展等方面的进步，而且年轻人从事科学、工程、医疗和技术事业的人数和多样性将有所增加。

(3) 通过参与和对话，在建立一个对科学技术的管理、调节和使用都充满信心的社会方面，将取得重大和持续的进展。

(4) 英国的知识基础通过研究和学术成就取得的发展将对英国社会在世界上的形象产生重大影响，扩大英国在欧洲乃至世界上的影响力。

(5) 通过知识转移和能力培养，英国将对世界的可持续发展和稳定做出重大贡献，如全世界正在应对的贫穷、教育、水资源、人口增长和全球变暖等问题。

(6) 全面增强有效利用研究基础产生的新知识来分析机遇和避免风险的能力，从而使英国政府能够在充分利用资源的基础上做出有见地的决策并予以实现。

（二）优先发展多学科研究

《框架》指出，今后10年，研究中的很多主要挑战将出现于19世纪和20世纪产生的、分散的学科之间的交界处。成功发展高科技经济的国家将是那些为获取最大增加值而采取灵活研究方式的国家。日本、美国和德国已经在投资培养多学科研究的能力。英国需要在国内营造多学科研究的环境，并通过提供支撑性的基础设施及资助机制来支持这种环境的创造。为此，在10年规划中的前5年要取得以下进展：

1. 改进培训

(1) 在本科生和研究生阶段开展更多的跨学科培训，尤其是跨学科的博士项目。

(2) 研究理事会将和大学合作开设更多的“翻译”性质的课程以帮助各方人士缩小学科间差距。

2. 营造多学科研究的环境

（1）对从事多学科研究的卓越中心配备必需的设备、基础设施及工作人员。要在研究密集型大学培养多学科研究的能力。

（2）对高等教育资助机构研究评估方法进行改革，使其对跨学科的研究工作更加认同并提供更多奖励。

（3）研究理事会将要考虑继续排除对跨学科研究的非蓄意性障碍。

《框架》依据研究理事会的评估和“前瞻”计划的预测提出了今后10年内可能具有国际重大影响的6个多学科研究领域，它们或是可以发展为世界领先的领域，或者是具有迫切需求、需要更多投入的领域。它们是：可持续地球系统（地球系统科学）、系统生物学（生命复杂性）、可持续能源、认知系统、电脑安全机制与电脑犯罪防治，以及认同与文化。

四、改革科研管理模式以适应科学与创新战略的实施

《框架》不仅制定了10年的科学与创新的战略目标，而且还设计了与之相适应的新的科研管理模式，体现了英国政府从分散型的科研管理向加强集中、宏观调控方向的进一步转变。

1. 将政府各部门作为一个整体进行科技规划的顶层设计

英国政府多年不设科技部，国家不制定统一的科技政策和规划，政府各部的科技政策和规划由该部的首席科学顾问负责制定。在《框架》中首次提出，在设定优先领域时要在国家的战略层面上统一进行，要将政府作为一个整体来进行策划，而非如现在那样仅在政府各部门内部确定。各部门的首席科学顾问将作为一个整体，与科技委员会等组织一道对战略优先领域做出建议。

2. 建立科学技术横向分析卓越中心支持政府科技决策

将由政府的首席科学顾问、研究理事会、首相的战略资源办公室及政府各部门的首席科学顾问共同建立一个科学技术横向分析卓越中心。这一工作将得到科学技术办公室前瞻计划理事会的协助。该中心将直接支持政府的战略制定和优先领域确定，增强政府有关多学科研究决策、跨部门研究决策的应对能力。同时，它还会为公众参与科学战略讨论提供信息资料，并收集这些战略的影响。

3. 建立一个全面、综合、高效的科研绩效管理体系

《框架》认为，英国研究理事会的总理事长应具备进行必要的战略决策及当研究重点改变之后调整资源的能力。为此需要建立一个全面、综合、高效的科研绩效管理体系。该体系将提供一个将科学基础的全部战略优先领域转变为研究理事会和其他执行机构的行动目标的、更加健全的机制。清晰的成果确认和绩效测度，将使科研预算做到投资平衡，而且还将根据新的战略优先领域及已确认的优势和劣势做出相应调整。政府在今后几年将通过设立一个重要的“战略基金”来继续推进这一进程。该基金将由科学技术办公室根据新的战略研究优先领域灵活使用。

4. 提出有效管理政府的科学研究的标志

在《框架》的第八部分“跨政府部门的科学与创新”中，针对政府面临的越来越多的跨越政府各部门间的和跨越公共与私营部门间的研究活动，提出了一套有效管理政府（跨部门）的科学研究的标志，共包括8个方面。实际上是提出了8项管理目标。政府将通过多种方式加强跨政府部门的科学与创新工作。

五、精心制定可测度的科学与创新战略目标

目标设立明确、步骤清晰、效果可检验是《框架》的一大特点。

首先，英国政府在该计划制定过程中通过多种方式，对英国的科技界、企业界、慈善投资团体、地区机构及其他与科技利益相关者进行了广泛的咨询，征集到许多宝贵的建议和意见。同时政府有关机构还专门调查研究了美国、德国、法国、意大利、澳大利亚、俄罗斯、以色列及印度等不同类型国家的有关信息。这些都为《框架》目标的科学制定奠定了良好的基础。

其次，英国政府在《框架》中确立了一个总目标，在其之下设立了6个二级目标（见本文第二部分）、29个三级目标及40项可供测度、检验进展的指标（见《框架》文件附件B）。英国政府将按照上述的目标与指标，每两年组织一次对科学与创新进展的系统评估，公布评估结果，并及时修正战略、政策和计划。

总之，《框架》的制定为英国勾画出10年科学与创新战略的宏伟蓝图，显示了英国复兴科技与经济的决心与理智决策。可以预见，它的实施不仅将对提升英国的科技创新能力和国际竞争力产生深远的影响，而且对英国科技管理模式的变革也将产生巨大的推动作用。

参 考 文 献

1 扶婷，帅凌鹰编译．英国科学与创新投资框架 2004～2014(第一、二部分). 2005. 科技政策与发展战略，(1)：9~33

2 帅凌鹰编译．英国科学与创新投资框架 2004～2014(续) (第三部分). 2005. 科技政策与发展战略，(2)：6~18

3 HM Treasury, DTI, Department for Education and Skills. 2004. Science and Innovation Investment Framework 2004-2014

Commentary on UK Government's Ten-Year Science and Innovation Investment Framework

Ye Xiaoliang

In July 2004, HM Treasury, DTI, and the DFES of UK jointly published "Science and Innovation Investment Framework 2004-2014" report. The birth of this significant document has not only given rise to responses from within UK, but also attacted broad attention worldwide. In this article, the main contents of this report is introduced, its deep implications discussed, and the expected future impact which it will bring on UK's S&T innovation capacity and its S&T management model analyzed.

第八章

中国科学发展概况

Brief Accounts of Science Developments in China

8.1 加强基础研究工作　提升我国原始创新能力

——2005年科技部基础研究相关工作进展

周文能
（科技部基础研究司）
张　军
（科技部基础研究管理中心）

一、“973计划”

“973计划”批准了2005～2006年54个项目的立项，完成了2002、2003年立项的50个项目的中期评估工作和1999、2000年立项的35个项目的结题验收工作。在项目部署上，加强顶层设计，围绕若干重大问题组织专项，试行自上而下的项目组织形式，设立了重要传染病的基础研究专项和中医理论的基础研究专项。为提高科技经费的年初到位率，改变以往当年启动的项目当年立项的模式，支持了2005年启动的全部项目和2006年启动的部分项目，拟通过两年时间使经费的年初到位率问题得到根本性解决。

修订了“973计划”管理办法，提出了实施细则提纲。同时提出几项改革措施：一是总结项目组织实施经验，改进“973计划”评价工作。对“973计划”项目立项、中期评估、结题验收等环节的评价问题进行专题研讨，提出了对不同类型“973计划”项目的评价准则。二是创新“973计划”管理机制。借鉴美国自然科学基金会的管理经验，改进和完善“973计划”的管理机制，同时开展国内外重大科技计划的比较研究，探讨了“973计划”项目的资助模式及如何创造宽松环境和有利于创新的管理机制。三是不断完善“973计划”管理信息系统，已实现项目申报、立项、中期评估、结题验收、年度总结等阶段的所有材料的网上提交、网上管理，提高项目管理的工作效率。同时，及时发布项目立项、评审、评估、验收及相关政策等方面信息，推进政务信息公开，强化服务功能，自觉接受公众监督。

二、国家研究基地

1. 国家实验室

科技部开展了未来国家实验室规划布局、战略定位、机制体制等方面的研究工作，形成了下一步推进工作的思路和工作方案，为下一步推动国家实验室的建设提供依据。另外，科技部还对已批准筹建的北京凝聚态物理国家实验室、合肥微尺度物质结构国家实验室的建设计划进行了论证。

在国家实验室运行机制方面也做了有益的尝试。实行理事会领导下的主任负责制，实验室主任具有独立用人权、财务资产权和科技活动权。实验室主任实行国际招聘，人选不限国籍。实行全员聘任制和下聘一级的人事制度。同时，实验室实行边进行筹建边开展研究的模式。

2. 国家重点实验室

2005年，科技部面向国家重大需求领域，在能源、生态环境、人口健康、农业、先进制造、工程与材料等领域和若干重要新兴交叉学科，发布了16个方向的新建指南，立项建设了17个国家重点实验室。2005年集中对2004年原则同意立项的23个国家重点实验室进行了建设计划可行性论证，并正式批准立项。为加强内地和香港的合作交流，2005年科技部以内地国家重点实验室与香港实验室结为伙伴实验室的方式，批准了两个香港国家重点实验室。为增强企业自主创新能力，批准立项了两个依托转制科研院所建设的国家重点实验室试点，分别是有色金属材料制备加工国家重点实验室、先进钢铁流程及材料国家重点实验室。在国家重点实验室的带动和影响下，各部门和地方纷纷把加强实验室建设作为重要内容之一，加大了对实验室的支持力度。

3. 国家野外科学观测研究台站

制定了“十一五”国家野外科学观测研究台站发展计划，以及部分相关规章制度；推动国家生态系统野外科学观测研究网络中心和国家材料环境腐蚀试验网络中心的建设；组织新建生态环境国家野外科学观测研究站工作；开展了“国家生态系统观测研究台站网络建设”、“材料自然环境腐蚀试验台网建设”、“特殊环境、特殊功能观测研究台站体系建设”和“地球物理野外观测研究台网建设”等4个平台建设项目。另外，2005年又批准了36个国家重点野外站，使国家野外科学观测台站布局更加合理。

4. 省部共建实验室

科技部组织完成了2003年建设的29个省部共建实验室的验收，新建了9个实验室。对省部共建实验室工作进行了阶段性总结，进一步明确了省部共建实验室的发展方向。

三、科学数据共享工程

2005年初，数据共享工程完成了项目中期检查工作，分阶段深入气象、医药卫生、海洋、环境、林业、农业等10多个项目单位开展广泛的调研；组织召开气象、测绘、国土资源领域专家和用户座谈会，了解有关数据资源的分布、用户需求和共享服务的情况。研究起草了《科学数据共享条例》和《科学数据共享工程管理办法》；完成了《科学数据共享工程试点遴选和检查考核办法》，并征求了有关单位的意见；完成了23个关键技术标准的制定，并在试点项目当中推广应用。

编写了科学数据共享工程系列丛书。《科学数据共享工程概论》、《医药卫生科学数据共享总论》和《科学数据共享发布策略研究》已提交初稿；《气象科学数据共享工程设计与实践》、《科学数据共享工程法律规制》和《科学数据共享工程标准化原理与方法》已经提交给出版社审核付印。完成了科学数据共享门户网站的总体设计、各功能模块设计、主页系统设计和制作，在互联网上申请了专门的网络域名并已经试开通。

科技部在总结几年来科学数据共享工程工作经验和成绩的基础上，与有关部门加强了沟通和交流，充分发挥部门的积极性和主动性，采取切实有效措施不断探索工作新思路，推动科学数据共享事业健康发展。

四、"十一五"国家基础研究规划

科技部会同国家发改委、教育部、财政部、中国科学院、中国工程院和国家自然科学基金委等部委有关司局召开筹备工作会议，研究讨论《规划》编制工作的组织机构和工作方案，筹备成立《规划》编制部际协调领导小组、专家顾问组和工作组。工作组根据《规划》编制工作的整体安排，在充分调研、分析和研讨的基础上，提出了《规划》编制工作方案，并组织专家集中编写和讨论，在多次修改和完善的基础上，完成了编写工作。《规划》明确了在"十一五"期间我国基础研究的指导方针和发展目标，部署了基础研究重点任务。提出要采取一系列措施，显著提升我国的原始创新能力，为建设创新型国家和2020年跻身世界科学强国奠定坚实基础。

Strengthening Basic Research and Enhancing Original Innovation Capacity of Our Country

— Overview of Basic Research Related Work of MOST in 2005

Zhou Wenneng, Zhang Jun

In this article, progresses of basic research related work of MOST in 2005 are introduced, including the National Basic Research Program (also called 973 Program), national research base, National Scientific Data Sharing Project, and national basic research plan for the 11th Five-Year Plan period.

8.2 中国科学院学部50年

刘峰松

（中国科学院院士工作局）

1955年6月1日，中国科学院学部宣告成立。伴随着人民共和国的成长和新中国科技事业的发展，中国科学院学部作为荟萃我国优秀科学家的最高学术团体，已经走过了50年的光辉历程。在党中央和国务院的亲切关怀下，在全国科技界及其他社会各界的大力支持下，中国科学院学部已经发展成为国家在科学技术方面的最高咨询机构。中国科学院学部和院士们为国家经济建设、社会进步、国防安全、科技发展做出了不可磨灭的历史贡献，受到党和人民的高度评价，赢得了全社会的广泛尊重，在国际科技界也赢得了很高的声誉。

一、50年发展历程

回顾半个世纪发展历程，中国科学院学部经历了奠基与初创、曲折与停顿、恢复与调整、规范与发展等四个历史时期，先后有1079位科学技术专家作为我国科技界的杰出代表，当选为中国科学院院士。

（1）奠基与初创时期。1954年1月，政务院批准中国科学院筹建学部。1955年6月，第一次学部委员大会在北京召开，正式宣告学部成立，政务院在科技界推荐和评议的基础上，聘任了233位著名学者为第一批学部委员，并决定按学科领域分设物理学数学化学部、生物学地学部、技术科学部、哲学社会科学部等四个学部。学部一成立就提出建议并组织全体学部委员积极参与制定“十二年科学技术发展远景规划”，为我国国民经济、国防建设、科技发展，特别是高新技术发展和“两弹一星”的研制成功奠定了坚实的基础，树立了新中国科学技术发展史上的里程碑。1956年，学部组织并承担了第一次国家自然科学奖（首届中国科学院自然科学奖金）的评审工作，促进了新中国科学事业的发展，为国家科学技术奖励制度的建立奠定了基础。

（2）曲折与停顿时期。在“文化大革命”期间，学部和学部工作遭到严重破坏，学部活动被迫完全停止，许多学部委员饱受磨难。在十分困难的情况下，广大学部委员怀着对祖国和人民的赤子之情和发展我国科技事业的强烈责任感，克服重重困难，坚持从事科学研究工作，为科学春天的到来，保存了一支可贵的科研队伍，保存了一批有待萌芽、开花、结果的科学种子。

（3）恢复与调整时期。1979年初，国务院批准学部恢复活动。1980年11月，增选了283位新的学部委员。鉴于哲学社会科学部已于1977年单独成立了中国社会科学院，1981年第四次学部委员大会决定将学部调整为数学物理学部、化学部、生物学部、地学部、技术科学部等五个学部。1984年第五次学部委员大会进一步明确了学部的职能定位，明确学部是国家在科学技术方面的最高咨询机构。在这一历史时期，学部各项工作逐步恢复，学部职能发生重要转变。学部委员们满怀着迎接科学春天到来的喜悦与激情，为国家科技发展和宏观决策提出了大量有重要价值的咨询建议，得到了国家和社会的高度评价。国家自然科学基金制度的建立、“863计划”的提出、中国工程院的建立、国情研究系列报告的完成等，无不凝聚着学部委员们的智慧和心血，充分体现了学部委员们的远见卓识。

（4）规范与发展时期。1991年11月再次增选了210位新的学部委员。1992年第六次学部委员大会通过了《中国科学院学部委员章程（试行）》，学部工作走向制度化和规范化轨道。1993年10月，国务院决定将中国科学院学部委员改称为中国科学院院士。1994年第七次院士大会通过了《中国科学院院士章程》，选举产生了中国科学院首批外籍院士。1998年7月，中国科学院实行资深院士制度，对年满80周岁的院士授予中国科学院资深院士称号。2004年第十二次院士大会将学部调整为数学物理学部、化学部、生命科学和医学学部、地学部、技术科学部、信息技术科学部，以适应国家经济社会和科技发展的需要。

在50年的不懈奋斗历程中，中国科学院学部和全体院士始终与人民共和国休戚与共，始终心系祖国和人民，艰难中蕴涵着百折不挠的精神，曲折中闪耀着无私奉献的光彩。国家发展顺利兴旺，学部工作就十分活跃；国家发展遭遇挫折，学部工作就停滞不前；国家发展需求高涨，学部工作就发展繁荣。中国科学院学部与院士们为我们伟大祖国的发展、繁荣和富强所做出的卓越贡献将永载史册。

二、新时期历史使命

2005年6月3日，在中国科学院学部成立50周年之际，“走中国特色自主创新之路”

院士座谈会在北京人民大会堂隆重举行。中共中央总书记、国家主席、中央军委主席胡锦涛同志亲切会见与会代表，并作了重要讲话。胡锦涛强调，当今世界，科学技术正成为经济社会发展的决定性力量，科技自主创新能力正成为国家竞争力的核心。我们一定要坚持以邓小平理论和“三个代表”重要思想为指导，全面落实科学发展观，大力实施科教兴国战略和人才强国战略，把提高自主创新能力摆在全部科技工作的突出位置，在实践中走出一条中国特色自主创新之路。

胡锦涛就提高我国科技自主创新能力提出三点要求：一是要进一步确立自主创新的战略目标。要坚持有所为有所不为，抓住具有基础性、战略性、前瞻性的重大课题集中攻关，着力解决制约经济社会发展的重大科技问题，力求实现关键技术和核心技术的新突破。二是要进一步加强国家自主创新体系建设。要继续深化科技体制改革，优化科技力量布局和科技资源配置，充分调动各方面的积极性，形成科技创新的整体合力，加速科技成果向现实生产力的转化。三是要进一步造就自主创新的人才队伍。要完善人才管理体制，健全人才激励机制，营造尊重劳动、尊重知识、尊重人才、尊重创造的社会氛围，使更多的优秀科技人才特别是年轻人才脱颖而出、发挥才干。

新时期新形势新任务，赋予了中国科学院学部新的历史使命，对学部工作提出了新的更高要求。中国科学院学部作为国家最高科技学术组织和咨询机构，对于推进我国科技事业创新跨越发展负有重要历史责任。紧紧围绕国家发展中的全局性和战略性问题，围绕世界科技发展前沿，开展事关国家长远发展的重大科技问题咨询评议，开展重大科技战略决策咨询评议，加强科学道德和学风建设，弘扬科学精神、普及科学知识、倡导科学方法，努力在提高我国科技自主创新能力、支撑经济社会发展和引领未来发展、建设先进文化中发挥示范、带动作用，中国科学院学部正努力建设成为最具学术信誉的国家宏观决策科技咨询系统，成为国家自然科学最高学术评议团体，成为国家科学思想库、科技知识库和科技人才库。

着力提升咨询能力，促进科学民主决策。要从依法治国的战略高度，充分发挥科学思想库的重要作用，认真研究科学发展观，为科学发展观提供坚实的科学理论基础，从科学的角度不断充实和丰富科学发展观。重视自然科学、工程技术、社会科学、人文科学的交叉和集成，研究经济、社会、科技发展的规律和趋势，努力提高对国家重大发展战略的咨询能力，促进国家重大决策的科学化与民主化进程。

加强院士队伍建设，不断完善院士制度。改进和完善院士增选规程，超越行业、部门、单位、领域、学科等的局限，真正把代表我国科技发展最高水平的优秀科学家遴选到院士队伍中来，优化院士团体学科和年龄结构，保持院士团体学术水平和活力。研究学部历史沿革和院士队伍现状，研究学科发展和学科带头人分布的结构与布局，研究学部设置调整与增选名额分配等，不断改进和完善院士制度。

倡导唯真求实学风，营造良好学术氛围。继承前辈科学家的优良传统，坚持高尚的道德操守和求实的严谨学风，更好地发挥院士群体治学典范和厚德楷模的表率作用。珍惜国家和人民赋予的崇高荣誉，将荣誉视为责任，严格自律，真正以渊博的学识和高尚的品德垂范于科技界和全社会，当好表率，促进整个学术界良好学术风气的养成和全社会精神文明水平的提高。

高度重视科普工作，提高全民科学素养。科学普及工作是学部义不容辞的社会责任，要将弘扬科学精神、宣传科学思想、倡导科学方法、普及科学知识放在十分重要的位置。在全社会大力普及和倡导以人为本，全面、协调、可持续发展的知识和观念。促进公众理解科学、尊重科学、支持科学、投身科学，不断提升全民族的科学文化素质，为提高我国科技自主创新能力奠定坚实的社会基础。

大力培养青年人才，建设自主创新队伍。要从人才强国的战略高度和国家科技事业发展的长远需要出发，慧眼识才，举贤荐能，在发现和培养青年科技英才上倾注更多的心力和心血，为人才的脱颖而出和人尽其才创造良好的条件与环境。既要充分信任青年人才，放手让他们承担重要科研任务，也要加强引导，严格要求，努力培养、造就和凝聚一批德才兼备、爱国敬业的战略科技专家和科技尖子人才。

50th Founding Anniversary of CASAD

Liu Fengsong

The Academic Divisions of CAS (CASAD) is the highest academic group uniting the nation's best scientists closely to develop S&T of China. Founded in June 1955, CASAD has up to now gone through a glory history of 50 years' exploration and development which can be divided up into four historic periods: founding and building up; ten years of turmoil; restoration and regulation; normalization and development. Now CASAD is entering into a new historic period. President Hu Jintao has put forward three requirements for the scientific and technological innovation in China. CASAD should further improve itself to fulfill the brand-new historic mission in face of the new situation and the new tasks endowed.

8.3　2005年度国家最高科学技术奖概况

赵保京

（国家科学技术奖励工作办公室）

2005年度国家最高科学技术奖获得者分别是气象学家叶笃正院士和肝胆外科学家吴孟超院士。2006年1月9日，在全国科学技术大会上，胡锦涛总书记亲自为叶笃正院士和吴孟超院士颁发了获奖证书和奖金。

叶笃正院士1916年2月出生于天津市，1948年11月在美国芝加哥大学获博士学位，1980年当选为中国科学院院士。曾任中国科学院地球物理研究所研究员、室主任，大气物理研究所研究员、所长，中国科学院副院长等职。现任中国科学院特邀顾问，中国科学院大气物理研究所名誉所长，美国气象学会荣誉会员，英国皇家气象学会会员，芬兰科学院外籍院士。曾在许多国际国内学术组织中担任重要职务。

叶笃正院士的主要科学技术成就是：开创青藏高原气象学，创立大气长波能量频散理论，创立东亚大气环流和季节突变理论，创立大气运动的适应尺度理论，开拓全球变化科学新领域，为我国现代气象业务事业发展做出卓越贡献。

叶笃正院士发表SCI论文18篇、国内论文136篇，出版专著10部（8部为第一作者），主编中英文专著或论文集7部。叶笃正院士在气象学和全球变化科学上的理论贡献，被国际学术界公认并得到高度评价，并为他赢得许多荣誉，主要有国家自然科学一等奖、何梁何利基金科学与技术成就奖、陈家庚地球科学奖、世界气象组织最高奖——第48届IMO奖等。

叶笃正院士热爱祖国，热爱气象科学事业。他孜孜不倦，努力进取，敢于创新，做出了重大的科学贡献，至今仍工作在岗位上。他培养的几代气象工作者，分别成为各个时期中国气象科研和业务发展的骨干力量。

吴孟超院士1922年8月出生于福建省，1949年毕业于同济大学医学院，获学士学位，1991年当选为中国科学院院士。现为中国人民解放军第二军医大学东方肝胆外科医院院长、东方肝胆外科研究所所长。曾任第二军医大学副校长、中华医学会副会长、解放军医学科学技术委员会副主任等。12次担任“国际肝炎肝癌会议”等重要学术会议的主席或共同主席。

吴孟超院士的主要科技成就是：创立了肝脏外科的关键理论和技术体系，开辟了肝癌基础与临床研究的新领域，创建了世界上规模最大的肝脏疾病研究和诊疗中心，培养了大批高层次专业人才。他和同行们的共同努力，推动了国内外肝脏外科的发展，多数肝癌外科治疗的理论和技术原创于我国，使我国在该领域的研究和诊治水平居国际领先地位。

吴孟超院士从事肝脏外科领域研究近50年来，发表学术论文796篇，主编《黄家驷外科学》、《Primary Liver Cancer》等专著15部，获得国家、军队、省部级科技奖励26项，获中央军委授予的“模范医学专家”称号和国际肝胆胰协会授予的“杰出成就奖”等荣誉26项。

吴孟超院士热爱祖国，热爱中国共产党，热爱医学事业。他医术精湛，医德高尚，在国际肝胆外科界享有较高的威望。他教书育人，提携后骏，培养出大批肝胆外科专家。他年逾八十，仍然奋斗在医疗、教学、科研一线，为发展肝胆外科事业、更多地解除患者病痛而辛勤工作着。

Summary of the 2005 National Top Science and Technology Award

Zhao Baojing

The 2005 National Top Science and Technology Award was granted to two distinguished scientists and academicians in China, Ye Duzheng, an atmospheric physicist, and Wu Mengchao, a liver and gall specialist, for their invaluable scientific and technological achievements and outstanding contributions to talent training in the past half century.

8.4 2004年度国家自然科学奖奖励情况综述

王谋勇

（国家科学技术奖励工作办公室）

根据2005年3月28日《国务院关于2004年度国家科学技术奖励的决定》，2004年度国家自然科学奖共授予28个项目。具体获奖项目及人员情况如下表[1]：

二等奖28项

序号	项目编号	项 目 名 称	主要完成人	推荐单位
1	Z-101-2-01	辛道路的指标理论与在非线性哈密顿系统中的应用	龙以明（南开大学）、朱朝锋、刘春根、胡锡俊	教育部

续表

序号	项目编号	项 目 名 称	主要完成人	推荐单位
2	Z-101-2-02	扩充未来光管猜想及相关问题的解决	周向宇（中国科学院数学与系统科学研究院）	中国科学院
3	Z-101-2-03	张量函数表示理论与材料本构方程不变性研究	郑泉水（清华大学）、黄克智	教育部
4	Z-102-2-01	2-5GeV能区正负电子湮没产生强子反应截面（R值）的精确测量	赵政国（中国科学院高能物理研究所）、黄光顺、胡海明、陈江川、吕军光	北京市
5	Z-102-2-02	原子尺度的薄膜/纳米结构生长动力学：理论和实验	王恩哥（中国科学院物理研究所）、薛其坤、贾金锋、刘邦贵、张青哲	北京市
6	Z-102-2-03	高温超导体磁通动力学研究	闻海虎（中国科学院物理研究所）、李世亮、杨万里	中国科学院
7	Z-103-2-01	有机、聚合物体系的层状组装与功能	沈家骢（吉林大学）、张 希	专家推荐
8	Z-103-2-02	有序排列的纳米多孔材料的组装合成和功能化	赵东元（复旦大学）、唐 颐、余承忠、屠 波、高 滋	上海市
9	Z-103-2-03	光电功能配位化合物及其组装	游效曾（南京大学）、熊仁根、左景林、张 勇、余 智	教育部
10	Z-103-2-04	若干新型光功能材料的基础研究和应用探索	姚建年（中国科学院化学研究所）、樊美公、付红兵、叶 成、沈玉全	专家推荐
11	Z-103-2-05	核酸化学及以核酸为靶的药物研究	张礼和（北京大学）、张亮仁、方家椿、周德敏、杨振军	专家推荐
12	Z-103-2-06	有机杂环化合物在金属表面的化学及电化学聚合	薛 奇（南京大学）、石高全、金 士、张峻峰、陆 云	教育部
13	Z-104-2-01	东亚季风气候-生态系统对全球变化的响应	符淙斌（中国科学院大气物理研究所）、季劲钧、温 刚、严中伟、延晓冬	中国科学院

续表

序号	项目编号	项 目 名 称	主要完成人	推荐单位
14	Z-104-2-02	数字地表模型的多维动态构模研究	陈 军（国家基础地理信息中心）、李志林、朱 庆、蒋 捷、王东华	国家测绘局
15	Z-104-2-03	矿物氧同位素分馏系数的理论计算和实验测定	郑永飞（中国科学技术大学）、赵子福、周根陶、徐宝龙	中国科学院
16	Z-105-2-01	植物性细胞、受精及胚胎发生离体操作系统的创建与实验生物学研究	杨弘远（武汉大学）、周 嫦、孙蒙祥、赵 洁	湖北省
17	Z-105-2-02	中国龙胆科植物的研究	何廷农（中国科学院西北高原生物研究所）、刘尚武、刘建全、孙洪发、陈世龙	中国科学院
18	Z-105-2-03	纤毛虫原生动物的分类学、发生与系统学以及生态学研究	宋微波（中国海洋大学）、胡晓钟、陈子桂、徐奎栋、马宏伟	教育部
19	Z-105-2-04	中国陆地生态系统生产力和碳循环的研究	方精云（北京大学）、李克让、曹明奎、朴世龙、贺金生	教育部
20	Z-106-2-01	人类造血和内分泌相关细胞/组织基因表达谱和新基因识别研究	陈 竺（上海第二医科大学）、宋怀东、陈家伦、张庆华、韩泽广	上海市
21	Z-106-2-02	抗心律失常药物作用的离子通道靶点研究	杨宝峰（哈尔滨医科大学）、王惠珍、董德利、焦军东、李宝馨	教育部
22	Z-107-2-01	新型半导体异质结构和器件物理研究	郑有炓（南京大学）、张 荣、施 毅、沈 波、顾书林	江苏省
23	Z-107-2-02	半导体纳米结构物理性质的理论研究	夏建白（中国科学院半导体研究所）、李树深、常 凯、朱邦芬	中国科学院
24	Z-107-2-03	视觉计算理论与算法研究	马颂德（中国科学院自动化研究所）、谭铁牛、胡占义、蒋田仔、卢汉清	中国科学院

续表

序号	项目编号	项 目 名 称	主要完成人	推荐单位
25	Z-107-2-04	高速电路系统信号完整性问题基础研究	李征帆（上海交通大学）、毛军发、郑 戟、曹 毅、金荣洪	教育部
26	Z-108-2-01	新型的氧化物磁制冷工质与隧道型磁电阻材料	都有为（南京大学）、郭载兵、张 宁、钟 伟、冯 端	江苏省
27	Z-108-2-02	若干低维材料的拉曼光谱学研究	张树霖（北京大学）、顾镇南、蔡生民、施祖进	北京市
28	Z-109-2-01	传热与流动过程数值预测原理及高效算法的研究	陶文铨（西安交通大学）、何雅玲、宇 波、王良璧、李增耀	专家推荐

注：现行国家科学技术奖的学科分类代码中，101为数学与力学，102为物理与天文学，103为化学，104为地球科学，105为生物学，106为基础医学，107为信息科学，108为材料科学，109为工程技术科学。

本年度28项国家自然科学奖二等奖项目是从全国各单位推荐的110项科研成果中评选出来的，获奖率为25.5%，项目总体水平与前两年相当。总的来看，表现出以下几个突出特点：

1. 成果主要集中在化学、生物学、信息科学等领域

从学科分布上来看，本年度化学、生物学、信息科学三个学科的成果比较突出，占获奖项目的近50%。而这一比例在2002年度仅为37.5%，2003年度则是47.4%。这三个学科领域确实涌现了不少好的成果。例如本年度信息学科获奖项目之一，由中国科学院半导体研究所夏建白等人完成的“半导体纳米结构物理性质的理论研究”，发展了介观系统的一维量子波导理论，提出了一维介观系统中传导波函数的两个基本方程；研究了量子点－量子阱结构中的激子态，预言了量子限制效应会产生电子－空穴的空间分离、Ⅰ型激子到Ⅱ型激子的转变，以及它们导致的光学性质变化；发现InAs/GaAs自组织量子点和V形量子线中Stark红移对电场不同取向呈现非对称的特性。该项目发展了半导体电子态理论，对研制新一代纳米器件有重要指导作用，共发表论文73篇，被SCI他引429次。

这些学科的迅速发展及所取得的成就，与国家对优势传统学科及新兴前沿学科的一贯支持是分不开的。同时，从获奖项目中我们也看到，我国科研人员在权威学术刊物发表论文的引用率及数量都有所增多，说明科技界已经越来越重视论文质量与数量的有机结合。

2. 学科之间的交叉非常明显

从获奖项目看，许多学科都表现为一定程度上的交叉、融合、渗透，这是现代科学技

术发展的必然结果，而且已经成为一种趋势。如本年度化学学科获奖项目之一，由吉林大学沈家骢等人完成的“有机、聚合物体系的层状组装与功能”项目，就是课题组人员长期在化学、材料及信息科学的交叉领域进行探索和研究而取得的重要成果。他们提出并实现了在气/液界面类“浮萍”和“倒浮萍”结构的聚合物超薄膜，建立了基于氢键或配位键组装聚合物多层膜的组装方法，实现了酶层状组装与酶固定化新方法，还发展了一种制备化学修饰电极的新方法。该项目在权威学术期刊发表SCI论文78篇，被他引818次，在国际上具有重要的贡献和影响。这些获奖项目取得的成就也充分表明，我们要想取得新的突破和进展，就必须在新的结合点、交叉点上寻找机会，并迅速抓住机遇，深入探索和研究。

3. 高校和科研院所仍是我国基础研究的中坚力量

从2002、2003和2004年度国家自然科学奖获奖项目所属部门的分布情况来看，2002年，中科院占50%，教育部占37.5%；2003年，中科院占26.3%，教育部占47.4%；2004年，中科院占35.7%，教育部占53.6%。这两个部门下属的高校和科研院所不愧为我国基础研究的中坚力量。国家对基础研究的投入也基本上是投向这两个部门下属的高校和科研院所，他们承担了大量的国家课题。据统计，本年度的获奖项目中，有15项曾受国家自然科学基金的支持，11项曾受“973计划”的支持，5项曾受“863计划”的支持，1项曾受国家科技攻关计划的支持。可见，国家的投入与产出是基本相符的。

以高校获国家自然科学奖的情况为例，南京大学（4项）、北京大学（3项）等高校的基础研究实力仍比较强劲。此外，还有清华大学、南开大学、复旦大学、上海交通大学、西安交通大学、武汉大学、吉林大学等也各有项目获奖。这些高校的获奖项目加在一起，占据了获奖项目总数的半壁江山。当前，建设研究型大学，正是要朝着多出好的、在国内外有重要影响的研究成果方面去努力奋斗。

4. 重大原始性创新成果尚需继续积累

自从连续两年（2002年度、2003年度）评出国家自然科学奖一等奖以来，整个科技界都受到了激励和鼓舞。然而，本年度一等奖又出现了空缺。我们应该从两方面来看待这个问题。一方面，说明当前我们确实缺乏重大原始性创新成果，还需要科技人员加倍努力，争取早日有重大的突破。另一方面，更重要的是，说明很多成果还需要更多的积累，需要科研人员有甘于坐而且是长期坐“冷板凳”的精神。重大成果往往需要很多年的积累，现在一等奖往往都是过去20多年的研究成果。重大成果的产生原本就没有一个固定的周期。空缺是正常的，它在一定程度上客观地反映了我国基础研究的现状。

不仅是一等奖项目需要长期的积累，二等奖项目的一些成果也是来之不易的。如本年度生物学学科获奖项目之一、由武汉大学杨弘远等人完成的“植物性细胞、受精及胚胎发生离体操作系统的创建与实验生物学研究”项目，就是历经18年的长期研究和积累，为开展相关的实验生殖生物学与发育生物学研究及开拓植物生殖工程新技术提供了新的思路与技术平台。该项目创建了“脱外壁花粉”与“花粉原生质体”胚胎发生实验系统；首次由花粉中分离出生殖细胞，研究出分离生殖细胞的多种方法，率先研究了生殖细胞在离体条件下的细胞生物学变化与分裂能力；首次成功地在双子叶植物中进行合子离体培养；首创微量合子的电激转化技术。该项目在权威学术期刊发表SCI论文30篇，被他引173次。

此外，从本年度国家自然科学奖的奖励情况也可以看出，国家倡导科技人才队伍结构年轻化的政策导向已经显现。本年度国家自然科学奖获奖人员中，45岁以下的已经占到了63.4%。我们也有理由相信，在老一辈科学家的传帮带下，在科学研究过程中逐步成长起来的年轻科学家们一定能够不断发挥他们的聪明才智，创造更多更辉煌的业绩。

参　考　文　献

1　国家科学技术奖励工作办公室. 2004年度国家自然科学奖获奖项目目录. 国家科学技术奖励公报，2004，4～5

Summary of the 2004 State Natural Science Award

Wang Mouyong

The 2004 State Natural Science Award of China was conferred on 28 projects, all projects winning second-class award. The Universities System, subordinated to the Ministry of Education, takes first place with 15 projects winning award, followed by the Chinese Academy of Sciences with 10 awards in second place. It manifests that the Universities system and the Chinese Academy of Sciences are still in preeminent position in China's basic science research.

8.5　国家自然科学基金2005年度资助情况

杨惠民

（国家自然科学基金委员会计划局）

国家自然科学基金委员会为落实科学发展观在“十五”计划的最后一年，确立了“尊重科学，发扬民主，提倡竞争，促进合作，激励创新，引领未来”的新工作方针。科学基金资助工作始终坚持“依靠专家、发扬民主、择优支持、公正合理”的评审原则，遵循基础研究的发展趋势和规律，在完善面上、重点、重大项目三个层次资助格局的同时，推动重大研究计划试点工作，进一步明确了重大研究计划实施要符合不同学科的特点和规律，不搞“一刀切”，“顶层设计”要体现国家需求、国际前沿和带出科研队伍，推动多学科交叉和不同学术思想的碰撞。强调对重大研究计划要“有限目标，加大投入，稳定支持，力争跨越”；支持创新研究群体试点工作已经走入正轨，目前正在为推进研究团队建设总结经验；为完善人才资助体系，进一步吸引和稳定高层次科技人才，设立国家杰出青年科学基金（外籍），资助具有其他国家国籍华人学者在国内开展基础研究。为维护科学基金资助工作的科学性和公正性，科学基金不断研究和探索科学的评审体系，完善评审标准和评审程序。

2005年度各类项目的申请量增加幅度较大，共受理1418个单位各类项目申请约55 000份，与去年同比增长22.4%，其中面上项目申请为49 326项，同比增长24.36%。2005年国家财政投入继续增长，投入总额为25.904亿元，比2004年增长4.3亿元，年增长率为19.9%。2005年实际安排资助计划35亿元，比财政预算资助性经费高出9.1亿元。其中，70%以上经费保证用于资助面上项目，为自由探索项目提供了经费保障。

2005年，国家自然科学基金委员会共批准各类项目资助经费约35亿元，其中面上项目9111项（比去年增加1352项），批准资助经费约22.6亿元（比去年增加约3.5亿元），平均资助强度为21.72万元/项；重点项目318项，资助经费约5亿元；重大项目9项，资助经费7000万元；8个研究计划共批准资助112项，资助经费5956万元（其中含27个项目的追加经费923万元）；国家杰出青年基金资助160人，资助经费约1.6亿元；海外及香港、澳门青年学者合作研究基金资助80人，资助经费约0.3亿元；创新研究群体资助约22个，资助经费约0.9亿元；连续资助21个，资助经费0.7亿元；国际合作与交流项目和其他专项共计约1.8亿元。

2005年，国家自然科学基金强化落实信息化建设工作，在采取“一站式服务”集中受理模式的基础上，实现了受理、同行评议网络化，通过网络指派专家并获取所评议申请书的占99.9%，网络回函率占实际指派评议数的97.3%。电子化的实现在节约了大量纸张的同时又提高了管理工作效率。

国家自然科学基金2005年继续向生命健康领域倾斜经费1亿元。其中2000万元倾斜经费用于支持其他领域与生命科学交叉的项目。

2005年，国家自然科学基金在制定“十一五”规划过程中进一步明确了科学基金在国家创新体系中的战略定位是“支持基础研究，坚持自由探索，发挥导向作用”。努力营造有利于科学家自由探索的宽松环境；积极促进学科均衡、协调和可持续发展；着力为全面提升国家自主创新能力提供支撑；不断完善和发展科学基金制。

Projects Granted by National Natural Science Fund in 2005

Yang Huimin

This article gives subsidy situation of National Natural Science Fund in 2005.The total amount of funding is about 3500 million yuan, and funding statistics for various kinds of projects are listed.

8.6 国家重点实验室评估

孙晓兴

（国家自然科学基金委员会计划局）

国家自然科学基金委员会先后受原国家计委和科技部的委托，对建成验收后运行三年的国家重点实验室进行评估。根据科技部颁发的《国家重点实验室评估规则》，在评估中应用评估指标体系，对实验室的研究水平与贡献、队伍建设与人才培养、开放交流与运行管理等方面进行综合评价，充分肯定成绩，明确指出实验室存在的问题，提出改进建议和今后努力的方向，对实验室的建设和发展起到了积极的促进作用。

自20世纪90年代开始，国家自然科学基金委员会组织专家对国家重点实验室进行评估，评估中遵循“依靠专家、发扬民主、实事求是、公正合理”的原则，经过10多年的工作积累，不断总结经验，对实验室的评估基本上做到了科学化、规范化、有序化。实践证明：实验室评估是促进实验室更好地贯彻“开放、流动、联合、竞争”的运行机制，促进实验室整体水平提高的一项重要措施，在保证实验室正常运转和高质量发展过程中起着重要的调控作用。对实验室的评估工作可以反映国家重点实验室在我国经济、社会和科技发展中所发挥的作用、我国基础研究的现状和发展规律，从而为我国基础研究基地的宏观决策提供科学依据。

按照科技部《关于做好2004～2008年实验室评估工作的通知》，从2004年开始对国家重点实验室进行新一轮评估（评估周期为5年），在新一轮评估中对评估规则和指标体系进行了改进，强调对实验室进行整体评估和突出对实验室代表性成果与学术水平的评估。最终由专家评出的结果分为优秀、良好和较差三类。国家有关部门将根据评估结果对参评实验室给予不同强度的设备更新费和运行补助费的支持。

2005年，对数理和地球两个科学领域的实验室进行了评估，共有41个实验室参评，包括数理科学14个、地球科学27个，其中国家重点实验室24个，部门重点实验室17个。

参评实验室在2000～2004年的评估期限内积极承担和完成国家各类项目和任务，取得的重要研究成果质量上有大幅度提高（见表1~3）。这充分说明数理和地球科学领域的国家和部门重点实验室都能够围绕国家发展战略目标，参与国际竞争，为增强科技储备和原始创新能力，积极开展基础研究、应用基础研究和基础性工作。他们在科学前沿的探索中富于创新精神，在重大关键技术创新和系统集成方面成果突出；承担和完成了大量国家项目和科技攻关任务，为国民经济、社会发展和国防建设提供了强有力的科技支撑。实验室通过积极探索，努力工作，取得了一批具有国际先进水平的科技成果，不仅为我国的基础研究和应用研究做出了积极的贡献，也推动着我国整体基础研究工作向国际先进水平迈进。

表1　2000~2004年数理和地球科学实验室承担国家任务数据统计

承担课题数/个	数理科学（14个实验室）				地球科学（27个实验室）			
	863计划	973计划	国家自然科学基金	国际合作项目	863计划	973计划	国家自然科学基金	国际合作项目
	50	64	295	40	131	118	820	322

表2　2000~2004年数理科学实验室研究成果数据统计

国家自然科学奖/项			国家科技进步奖/项			国家技术发明奖/项			省部级奖	论文/篇			专著/部		发明专利/项	
一等奖	二等奖	三等奖	一等奖	二等奖	三等奖	一等奖	二等奖	三等奖	一等奖	国外刊物SCI	《自然》	《科学》	英文	中文	国外	国内
	8		2	4					8	3549				35	1	94

表3　2000~2004年地球科学实验室研究成果数据统计

国家自然科学奖/项			国家科技进步奖/项			国家技术发明奖/项			省部级奖	论文/篇			专著/部		发明专利/项	
一等奖	二等奖	三等奖	一等奖	二等奖	三等奖	一等奖	二等奖	三等奖	一等奖	国外刊物SCI	《自然》	《科学》	英文	中文	国外	国内
1	8			18					32	3621	16	6	14	269		117

参评实验室经过多年的不懈努力，在老一辈科学家艰苦奋斗、严谨治学的优良作风的带领下，培养和造就了一支支能在国际学科前沿拼搏、富有朝气和创新活力、以中青年科技人才为主、团结协作、结构合理的科技队伍。中青年科研人员已经成为研究队伍中的主力军。实验室把吸引、凝聚和培养国际一流人才作为队伍建设的重点，采取有效措施，积极为优秀中青年人才提供良好的科研环境和生活条件，并把他们推向国内、国际学术舞台，参与国际竞争。实验室在营造良好的用人环境、吸引和凝聚优秀学者、培养高层次科技人才方面真正起到了重要基地的作用。在积极开展多渠道、多层次的国内外学术交流和科研合作研究、在实验室制度化、规范化管理以及公用平台的建设和资源的优化配置和有效利用上也起到了带动作用。

数理和地球科学领域的实验室与上一评估周期相比，无论在定位的把握、研究成果的水平、队伍的发展和实验室的建设等各个方面，都取得了十分明显的进步，体现了快速发展的态势。但与国际先进水平相比，我国在整体水平上还有一定的差距。尤其是面临当今激烈的国际竞争，人才是科技事业跨越发展的关键。通过评估反映出实验室具有较高学术造诣和影响力的年轻学术带头人、特别是在国际上有重要影响和知名度的将帅人才尚嫌不足，应该采取更加有力的措施吸引和凝聚国内外高层次人才，促进实验室在数理和地球科学领域尽快步入国际先进行列。

2005 年，数理科学实验室评估结果：3 个优秀实验室（见表 4），10 个良好实验室，1 个较差实验室。地球科学实验室评估结果：6 个优秀实验室，20 个良好实验室，1 个较差实验室。

表 4　2005 年度数理和地球科学优秀实验室名单

学科	序号	实验室名称	依托单位
数理	1	固体微结构物理国家重点实验室	南京大学
	2	声场声信息国家重点实验室	中国科学院声学研究所
	3	强场激光物理实验室	中国科学院上海光学精密机械研究所
地球	1	大气科学和地球流体力学数值模拟国家重点实验室	中国科学院大气物理研究所
	2	黄土与第四纪地质国家重点实验室	中国科学院地球环境研究所
	3	岩石圈构造演化实验室	中国科学院地质与地球物理研究所
	4	现代古生物学与地层学国家重点实验室	中国科学院南京地质古生物研究所
	5	测绘遥感信息工程国家重点实验室	武汉大学
	6	空间天气学实验室	中国科学院空间科学与应用研究中心

Evaluations of State Key Laboratories

Sun Xiaoxing

This article introduces the evaluations of the state key laboratories by the National Natural Science Foundation of China as a trustee, and the evaluative results of the state key laboratories of Mathematical and Physical Sciences and Earth Sciences in 2005.

8.7 2004年SCI收录我国论文与被引用情况分析

张利华

（中国科学院自然科学史研究所）

一、我国（内地）作者在SCI的产出及影响

2004年，主要反映基础研究状况的SCI收录的中国内地作者论文为57 377篇，比2003年增加了7589篇，增长15.2%，所占份额从2003年的4.48%增长到5.43%。按论文篇数排序，居世界第5位（2003年中国排在第6位）。排在前4位的国家依次是：美国、英国、日本和德国。表1给出最近10年来SCI收录我国内地作者论文占世界份额的情况。

表1　1995~2004年SCI收录中国内地作者论文情况

年度/年	1995	1996	1997	1998	1999	2000	2001	2002	2003	2004
占世界论文份额/%	1.54	1.62	1.84	2.13	2.50	3.15	3.4	4.18	4.48	5.43
国家和地区排序	15	14	12	12	10	8	8	6	6	5

2004年，SCI收录中国内地作者论文的被引用数由2003年的31 168篇增长到32 536篇；被引用次数由72 131增长到75 234次，分别增长4.4%和4.3%。1995年至2004年10年间，我国作者发表的国际论文中，至少被引用一次的论文占57.9%，其中有129篇论文被引用次数超过100次，排在世界第14位（1994至2003年排在第18位）。

2004年，SCI收录的我国内地论文中，国际合作产生的论文为11 963篇，占我国作者发表论文总数的20.8%，所占比例比2003年减少了2.8个百分点。与我国作者合作最

多的前6个国家依次为：美国、日本、德国、英国、澳大利亚和加拿大。截止到2005年9月，SCI收录我国内地科技期刊78种。

二、国际论文[①]的学科分布

表2 2004年国际论文数量最多的10个学科

排 序	学 科	论文数/篇
1	化学	17 096
2	物理学	11 606
3	电子、通信与自动控制技术	10 227
4	计算机科学技术	7 340
5	材料科学技术	7 041
6	生物学	5 339
7	数学	4 094
8	动力与电气工程	3 819
9	地学	3 425
10	化学工程	3 316

表3 2004年国际论文被引用篇数最多的10个学科

学 科	被引用论文数		被引用次数/次
	论文数/篇	排 序	
化学	12 222	1	29 948
物理学	5 521	2	13 032
材料科学技术	4 000	3	8 824
生物学	2 864	4	6 972
电子、通信与自动控制技术	1 284	5	2 481
数学	1 186	6	2 397
地学	977	7	2 016
基础医学	694	8	1 363
临床医学	554	9	1 456
力学	500	10	921

① “国际论文”指SCI、EI和ISTP三个检索系统收录我国作者论文之和。

三、我国主题学科产出论文的影响力与世界平均水平的比较

表4给出了最近10年我国（内地）各主题学科论文的影响力与世界平均水平的比较。其中A/B表示相对优势：当A/B＜1，低于世界平均水平；当A/B＞1，高于世界平均水平；当A/B=1，相当于世界平均水平。

表4 1995年1月至2004年8月我国主题学科产出论文被引用情况与世界平均水平比较

学 科	论文数/篇	被引次数/次	被引用次数世界排序	我国论文篇均被引用次数*A*/次	所有论文篇均被引用次数*B*/次	相对优势*A/B*
数学	14 175	24 744	7	1.75	2.60	0.67
工程科学技术	35 181	70 854	8	2.01	3.09	0.65
农学	2 278	6 684	24	2.93	4.82	0.61
材料科学技术	38 961	92 352	6	2.37	4.20	0.56
社会科学	2 920	5 478	20	1.88	3.38	0.56
地学	10 909	44 897	12	4.12	7.49	0.55
临床医学	22 569	127 856	20	5.67	10.36	0.55
植物与动物学	11 268	34 302	19	3.04	6.01	0.51
物理学	63 530	223 290	9	3.51	7.09	0.50
综合类	1 798	2 518	6	1.40	2.84	0.49
神经科学与行为学	3 023	22 671	22	7.50	16.10	0.47
精神与心理学	1 391	5 180	23	3.72	8.04	0.46
微生物学	1 925	12 097	26	6.28	13.76	0.46
环境与生态学	5 945	20 368	19	3.43	7.62	0.45
化学	86 992	302 578	9	3.48	7.92	0.44
计算机科学技术	9 472	9 910	13	1.05	2.42	0.43
空间科学	3 691	17 500	21	4.74	11.33	0.42
药理学与毒理学	4 596	15 855	17	3.45	9.21	0.37
分子生物学与遗传学	3 294	27 440	21	8.33	24.21	0.34
免疫学	1 047	6 036	29	5.77	19.18	0.30
生物学与生物化学	13 421	51 832	21	3.86	15.10	0.26

数据源：ISI ESSENTIAL SCIENCE INDICATORS。

1995 年至 2004 年（统计到 2005 年 9 月），我国作者发表论文累计被引用超过 150 次的论文 24 篇，其中最高的引用次数是 656 次。

四、结 束 语

科技论文的产出力和影响力是一个国家（地区）科技创造能力的重要反映，产出力集中表现在论文的产出量、产出论文的系统性、前沿性的分布、国际论文中的第一作者比例等方面；影响力主要表现在主题学科论文的被引用水平（与世界平均水平相比），高影响力论文的产出等方面。近几年来，随着我国R&D投入持续增长和科技事业的持续发展，我国的论文产出力和影响力持续增长，但我国论文的影响力仍处在一个较低水平，主要表现在：①尚没有一个主题学科的被引用水平达到世界平均水平，而且存在较大差距；②高影响力论文产出太少。但这两方面均呈上升趋势，说明我国论文的影响力总体呈上升趋势。

参 考 文 献

1 张利华 . 2004. 藉由 SCI 的中国学术研究能量之国际比较. 科学学研究，增刊:10~17
2 中国科学技术信息研究所. 2004. 2003 年度中国科技论文统计结果

Analysis of SCI Papers Authored by Chinese in 2004

Zhang Lihua

This article describes the situation of research papers authored by Chinese listed in SCI in 2004. SCI publication and citation statistics of 2004 indicated that, compared with 2003, both the quantity of papers of our country and their impact were improved to a certain extent. The growth rate of the number of papers is 15.2%, the growth rate of cited papers is 4.4%, and the growth rate of total citations is 4.3%. Even so, the ten-year result of statistical analysis showed that the impact of papers in all scientific fields of our country is lower than the world average level, and remains at a relatively low level of development, but is on the rise as a whole.

8.8　2005年度中国科学院院士增选情况

刘峰松

（中国科学院院士工作局）

《中国科学院院士章程》规定，中国科学院院士增选工作每两年进行一次，每次增选名额不超过60名。2005年的院士增选工作，受到科技界乃至全社会的广泛关注和高度重视。经国务院有关部委、直属机构，中国人民解放军四总部，各省、自治区、直辖市和中国科协等归口初选部门的推荐和院士推荐，共产生有效候选人295名。院士们按照《中国科学院院士章程》和《中国科学院院士增选工作实施细则》，经过充分讨论和全面评审，最终选举产生了51名新院士，其中数学物理学部8名、化学部9名、生命科学和医学学部12名、地学部7名、信息技术科学部6名、技术科学部9名。

此次新当选的51名院士隶属于6个部委和2个省区，中国科学院21人，教育部21人，国防科工委3人，国土资源部、水利部、总参、北京市各1人，香港特别行政区2人。新院士中最大年龄72岁，最小年龄39岁，平均年龄58.7岁，其中60岁(含)以下的24人，占47.1%；50岁(含)以下的13人，占25.5%。经过此次增选，中国科学院院士总人数为707人，平均年龄72.37岁（不含资深院士则为67.75岁）；其中60岁（含）以下79人，占11.17%；50岁（含）以下29人，占4.1%。

2005年，院士增选工作有以下特点：第一，高度重视院士增选质量问题。学部主席团先后发出了《严格坚持标准，客观公正评审，确保2005年院士增选工作质量》、《关于2005年院士增选工作中反对不正之风、重申选举纪律、保证选举质量的通知》和《对2005年院士增选工作的几点意见》等重要文件，及时提出确保增选工作质量的措施和建议。第二，不断完善院士增选工作程序。认真总结以往院士增选工作经验，修订了《中国科学院院士增选工作实施细则》，制定了《中国科学院院士增选工作中候选人涉密材料的管理和评审工作暂行办法》。第三，更加重视科学道德学风问题。各学部和院士们对涉及候选人科学道德和学风问题的投诉意见，进行了严谨、严肃、认真、客观的调查了解，并在学部评审和选举会议上进行了充分研究。第四，院士队伍年龄结构继续优化。院士们在增选过程中切实注意从我国科技事业的长远发展出发，对候选人中的中青年学者给予更多的关注，继续坚持对正式候选人的年龄结构要求，新当选院士的平均年龄是1991年院士增选工作制度化以来平均年龄最小的一次。第五，院士队伍学科领域更加全面。院士们从国家科技事业发展的全局出发，结合学科特点准确把握评审标准，对基础科学前沿、新兴学科、交叉学科，以及对经济社会发展具有重要作用和涉及国家重大战略需求领域的学科带头人给予准确评价，将符合院士标准的候选人选进院士队伍，保障院士团体的学术活力。

The 2005 Election of CAS Members

Liu Fengsong

An election of CAS members is held every two years, and the total number of newly elected CAS members in each election should not exceed 60. In 2005,a total of 51 prominent Chinese scientists were elected into CAS. Among the new CAS members, eight are mathematicians or physicists, nine chemists,twelve life scientists, seven geologists, six information scientists and nine engineers. The oldest of the newly elected is 72 years old and the youngest 39. Forty-seven percent of the newly elected are under the age of 60.

第九章

科学家建议

Scientists' Suggestions

9.1 必须用科学方法领导科技工作，以实现经济可持续发展

马大猷
（中国科学院声学研究所）

曾几何时，我国几乎成了经济大国，国内生产总值增长较快，只是人均较低。我国产品，从玩具、服装到家用电器、信息产品在国外市场占了重要的位置。这是经济发展的奇迹。但是如果想要持续发展到工业化，在经济上赶上经济大国，则必须加强研究/开发能力。只靠仿制、抄袭或比别人稍微好一点的产品是不行的。研究（或基础研究）是了解自然现象，寻求未见于文献的新的理论、规律、技术、方法等科学知识。不考虑实际应用的是纯粹基础研究，在某一范围有实际应用的是应用基础研究。开发则是把理论成果转化为实物的研究，即新的仪器、设备、产品、设计方法等，这些也不能重复现有技术产品，必须是创新，甚至于发明。研究在新，开发在用。这些是经济持续发展所必需的，是经济发展的后劲。我国的研究/开发能力如何？科技水平如何？需要研究。

一、我国的科学技术水平

判断一个国家科学技术研究的成绩，对于政府和企业如何支持研究工作，非常重要。现在有很多种判断方法。流行的是按科学技术论文数目来衡量，但是论文的多少只是科学工作的产量，也许有用，也许无用。还应该表明科学工作的质量，才能真正反映科学工作的水平。ISI（以前称科学信息研究所）建议用论文发表后被引用的次数表示论文的质量和影响。D. V. King 受英国科技部委托，根据 ISI 搜集了 36 种语言的 8000 多种科技刊物，从中找出科学和技术中最重要的材料，作了近 10 年 31 个国家和地区的科学统计，包括 1993~2002 年内发表的论文（包括研究论文和综述论文）和论文发表后的引用次数

(或每篇论文的引用率，等于总引用次数除以论文总数)。

31个国家和地区包括了所有八大强国和欧盟15国（不包括2004年扩大的10国)，这些国家和地区发表的论文占全世界的98%以上，其余162个国家加起来的贡献还不到2%。

美国最强，5年的论文数（1 248 732篇）和引用率（17.3%）都最高。欧盟（15国）相差不多。加上日本，论文数就接近全世界80%，引用率也最高，都是世界科技大国，也是世界经济大国。我国在原表中列第19位，不算太低，科学技术是有成绩的。但是我国以下的大多数国家都差不多，所以我国的论文数（68 661篇）和引用率（5.7%）几乎是最低的。我国的科技问题第一是产出少，论文数只占全世界的2%，如果把科学家和技术家的人数考虑进去，美国或欧盟一人发表的论文等于中国5人，日本一人则等于中国3人！这说明中国的科学家和技术家工作太少。质量更是悬殊，缺少高水平的工作。现在科学前沿几乎不见中国科学家；新技术产品颇为发达，但其核心技术与研究很少是中国人的贡献。我国现在缺少第一流科学大师和科学领袖人物，这是现实。这样下去还谈什么诺贝尔奖！中国迫切需要的是充分发挥科技人员的力量，大力提高科技研究水平，增加新的研究力量。

二、我国科学技术的基础

科学技术水平就是科学家和技术家的水平，这离不开教育水平。我国教育基本达到国际水平，各级学校的学生是比较努力的，成绩相当好。几年来，中学生参加的数学奥林匹克、物理奥林匹克、化学奥林匹克等国际考试都是名列前茅，比美国的第二十几名高很多。我国大学毕业生申请到外国做研究生基本无困难，入学后比外国学生程度还好，达到国际水平。因此，我国科技人员基础都比较好，特别爱好学习，多数高级科技人员不但基础很好，对专业熟悉，特别很多人对专业发展水平了如指掌，讲起来头头是道，这是高级研究/开发工作的基础，颇有前途。杨振宁、李政道和后来的崔琦都是在国内工作或上大学，到美国做研究生，后来得到诺贝尔奖，更多人成绩也达到优秀水平，后来成了有重要成就的教授和工程师，这就是证明。

在国内则囿于缺乏创新的习惯和环境，因而缺少突出成绩。缺乏独立思考和竞争精神，迷信长者，迷信书本，是所有学生的通病，这都是教育改革的问题，也是科技改革的问题。

三、科学技术的体制问题——以科学领导科学

我国有不少科学技术人员具有良好的研究工作基础，但是科技工作的水平不高。原

因何在？主要是体制问题。

研究/开发是创造性的工作。科学技术研究人员必须具有丰富的基础知识和充分的科学研究经验，而且要在不受任何干扰的情况下，才可能发挥其想像力，创造性地提出新课题，竭尽全部精力取得新的科学知识。科学工作与一般行政工作完全不同，不能用行政领导方法领导科学工作。用科学领导科学工作，这是现代国家的普遍规律。我国曾提倡“百家争鸣、百花齐放”，这就是用科学领导科学研究，就是一切以科学业绩为准。任职、升迁、评级、学位、奖励、惩罚、评价等，都应根据科学的同行评议决定，以科学技术业绩为唯一标准，而无任何其他考虑，科学而平等。许多科学大国和经济大国的科学技术都是经过这样的科学道路发展起来的。美国到19世纪末，还不能算是文明国家，大学生刚开始有实验课，大学提倡学术自由，开始要求大学教授做学术研究工作。用了100年，不但学术和经济达到了世界最高水平，到2003年，诺贝尔奖获得者就达到了274人，占全世界70%。日本科学是从短期应用起家的，第二次世界大战后日本才开始注重科学。大学不许创造收入，要求研究科学。用了50年，到2003年底，诺贝尔奖获得者就达到了12人，科学技术和经济都达到了国际水平。美国在最初50年，诺贝尔奖获得者也不多，只有20多人。科学知识需要有一个积累过程。科学领导是发展科学技术的关键问题。

应实行科学领导、科学工作，鼓励、支持和帮助科技人员独立思考，发挥好奇心、想像力和创造性，提出和解决科学技术新问题，从而营造科学工作者自由发挥的广阔空间。

四、结　　论

本文讨论了提高我国科学技术水平问题，这是非常重要的问题，涉及我国经济问题，甚至国家地位问题，值得认真研讨。我国目前科学技术水平较低，但基础极强。不少科学家和技术家对其本行科学水平非常熟悉，后继有人。有了这个基础，如果善于发挥，我国科技工作不难达到世界水平，并大大发展经济力量。要用世界通行的办法，彻底改革体制，用科学方法领导科学工作，领导和行政人员绝对不加干涉，并鼓励科学家和技术家破除迷信，发挥想像力和创造力及热爱科学的思想感情，走向科学技术的前沿，获得科学技术及经济的重大发展。

我国开发性研究工作特别薄弱，常听到说，研究结果转化为产品的问题解决不了。这是开发工作。要求研究人员去解决不合理，因为他们对生产情况不了解。应该把开发工作队伍建立起来。企业方面应更多支持科学技术工作，在工业国家一般企业支持大于国家支持几倍，我国企业支持还少于国家。开发工作与其直接利益有关，应更多思考。开发工作非常重要，基础研究的结果是没有专利的，任何人都可利用，前途广阔，特别值得企业注意，国家加以促进。

Scientific Methodology is Called for in Guiding Scientific and Technological Work to Achieve Sustainable Economic Development

Ma Dayou

Issues concerning how to boost science and technology level in our country are discussed. The author believes that at present the science and technology level in China is relatively low, but the groundwork is strong, and the talent resource is abundant. China needs to adopt the world's current approach, thoroughly reform the system of organization, guide scientific and technological work with scientific methodology, and eliminate any intervention of leading and administrative personnel, so approach S&T frontiers, and achieve great development of science, technology and economy.

9.2 关于发展我国新固态光源(SSL)的建议

中国科学院数学物理学部“新固态照明”咨询组

自从爱迪生发明第一只白炽灯以来，历经100多年的发展，各种白炽灯、荧光灯不仅满足了社会生产、生活的需要，而且不断丰富了人类文明生活的氛围，但同时，也消耗了大量的资源和能源。新固态光源（SSL）作为继白炽灯荧光灯后的第三代照明技术，具有节能、环保、安全可靠的特点，研究、开发、推广新固态光源对制定我国能源发展战略、建设节约型社会具有重要的意义。发展新固态照明，不仅是照明领域的革命，而且也关系到我国的能源安全。这既是十分重要的研究领域，也是广受瞩目的新兴产业。目前，SSL技术已经形成了激烈的国际竞争态势。美国2000年启动了“国家半导体照明研究计划”，日本1998年启动了“21世纪光计划”，欧盟2000年启动了“彩虹计划”，韩国与我国台湾省也都启动了各自的计划，而且这些计划都已经在国际上占有一定地位。

面对严峻的竞争形势，我国在认识新固态光源可能带来的巨大社会经济效益的同时，更要认识到及时攻克SSL高端技术的紧迫性。近年来，我国半导体发光二极管（LED）及其应用产业发展很快。2004年总产值超过100亿人民币。但从总体上看，目前我国内地产业的规模、技术水平、市场竞争能力等与日本、美国、韩国及我国台湾省相比，还有较大差距。我国内地基本上没有掌握核心技术，专利很少，已有的一些专利也普遍是技术含量较低。目前，对SSL的应用主要有两类，一是以提升人类文明生活氛围为主要目的的特种照明产业已经发展到相当规模，主要应用于诸如显示技术、城市景观照明、交通信号灯、手机和各种液晶屏背光源等，但其节能效果意义并不大。二是作为日常照明，真正进入百姓日常生活的SSL普通照明产业目前还尚未实现，处于研究发展阶段，其节能和价格成为主要考虑因素。明确区分这两类不同的应用目标对促进我国新固态照明产业的发展十分重要。由于国际竞争日趋激烈和全球市场瞬息万变，我国如何抓住机遇，迎接挑战，紧紧跟上国际上的发展，提高市场竞争力，开发SSL的巨大市场，特别是普通照明市场，是摆在我们面前需要认真研究的重要问题。

我们认为，实现新固态光源在普通照明产业上的大规模应用，可以带来巨大的社会经济效益，但必须及时攻克高端SSL技术。实现第三次照明革命的技术目标在科学上是合理的和可能实现的。要实现新固态光源的高转换效率、优质和低价格，需要在核心技术上有原创性突破。对高端SSL技术攻关的投入力度、策略和时点（时间表）都将对新固态照明技术能否替代传统照明技术的商业机会、可实现的经济效益及在世界照明市场中所占的份额等产生直接影响。因此，必须加大科技投入，贯彻统一领导、科学部署、分工协作、滚动调整、与时俱进的方针。特种照明产业的发展不仅有相当的市场机会，而且也为发展普通照明的SSL打下基础和培育良好的产业与市场环境。但单纯依靠特种照明产业的发展以自然带动新固态光源的技术突破是不够的，必须重视实现高端SSL技术突破的基础和应用基础研究，重视创新专利的突破和先进工艺的实施，并从产业政策上确保专利战略的实施。同时，在研究发展的布局上，在科技政策和产业政策上都要有通盘考虑。为了对固态照明的发展做出科学的估价和正确的决策，建议国家建立“国家能源模拟系统”，并将照明能源作为它的一个子系统。为此提出以下建议：

（1）要重视特种照明产业的发展，明确政府与企业的职责。对单色LED和低端白光LED的技术进步主要由企业自身在市场竞争中完成。政府的主导作用主要是营造一个良好的发展环境，制定产业政策、产品标准，鼓励形成LED企业联盟，在企业与研发机构之间就核心技术实现最有效的自主知识产权利用。设立产业化示范项目，支持核心企业，并设立中小企业技术创新基金予以支持。

（2）政府的科技投入应主要放在能实现第三次照明革命的高端SSL技术攻关方面。在一定时期内（现在至2020年）统筹安排、及时调整，不宜采取“一次性”投入方式，简单地按传统科技项目安排。建议将半导体照明列为国家中长期规划或其他重大专项，成立“半导体照明重大专项领导小组”，统一协调全国高端SSL的研发工作。采取研发基地建设与科研项目相结合的方式，组织对重大关键技术的科技攻关，建立全国性的SSL研发网络，同时，建立国家半导体照明研发中心，建设公共技术平台，组织优秀精干队伍，协同全国SSL研发网络，集中攻克高端SSL关键技术。

（3）要组织力量，制订中国SSL技术发展蓝图。要加强相关的物理学研究与材料科学的基础研究和应用基础研究的交叉，关注新的发展动向和机遇。

Recommendations for the Development of Novel Solid-State Luminescence in Our Country

"Novel Solid-State Luminescence" Consultation Group, Academic Division of Mathematics and Physics, CAS

The prospect of developing novel solid-state luminescence (SSL) is set forth. The development of SSL industry and technology, and the strategic orientation for developing SSL in our country are analyzed. Relative issues concerning the development of novel SSL in our country are seriously investigated. Related recommendations are put forward based on the consideration of the Standing Committee of Academic Division of Mathematics and Physics, Chinese Academy of Sciences.

9.3 关于大力加强我国科学仪器自主研发和产业化能力、实施“张衡工程”的建议

中国科学院化学部“我国科学仪器自主研究开发能力”咨询组

当今世界，国家间的竞争焦点已由上世纪的争夺领土和市场明显转移到科技前沿。可以预期，我国在未来发展中可能面临的重大战略遏制将主要来自发达国家对高端科技的垄断，科学技术将成为未来的综合国力竞争中决定成败最具根本性的因素。同时，工业化的历史表明，谁掌握了科学仪器创新的主动权，谁就掌握了科学研究原始创新的关键手段，更重要的是，谁就具备了提升重大装备制造业尤其是其控制及操作系统创新能力的基础。因此，工业化国家早就认识到，在竞争中最能有效地陷对手于被动的遏制手段就是使其丧失仪器设备的创新能力。而我国过去十几年来几乎完全放弃了科学仪器领域的竞争，同时也退出大部分重大先进装备领域的竞争，教训是极其深刻的。今后的15~20年，是我们亡羊补牢、在科学仪器自主研发上尽速扭转颓势的重大战略机遇期。

目前，我国在科学仪器的研究和制造方面与发达国家相比差距十分明显，对外依赖度过高，应对遏制的能力脆弱。我国每年形成固定资产上万亿元的投资中，有60%是用于进口设备，其中很大部分是关键的高端仪器。振兴我国科学仪器科技和产业已经成为

我国科技、经济、军事和社会可持续发展中迫在眉睫、必须加以解决的瓶颈问题，事关国家和民族的发展命运，必须早做决断，迅速从提高认识入手，克服一系列制约因素，制定和建立合理的、适合我国国情的发展战略和运行机制。

我们认为，科学仪器的自主创新在我国小康社会建设中的地位至关重要，对于经济社会发展、国家安全、人民健康等将发挥战略性保障作用。进入21世纪以来，由于生命科学、信息科学和纳米科学的大发展，科学仪器与装备正面临着新的历史性发展机遇。比如与生命科学相关的仪器装备，已成为保障国家安全、人民生活与健康不可或缺的重要基础条件。疾病的早期诊断与临床监测，细胞水平、基因水平和蛋白质水平药靶的研究和确认，新药物的研发，食品安全检测；公共场所和家庭环境监测和控制，海洋、大气、陆地等生存环境的监控和干预；毒品分析和跟踪，反恐中的探测和监控；危害性细菌和病毒的发现和检验，突发公共卫生事件的检测和免疫分析；生物与化学武器的探测；海关和商检中的检验和分析，均需先进的测试技术与装备。而几乎完全不具备这些先进仪器的研发和生产能力，是我国最大的软肋之一。从一定意义上说，谁掌握了与生命科学相关的最先进的科学仪器，谁就有了科技发展的优先权、人民健康的保障权、经济交往中商业标准的制定权，以及控制突发事件的主动权。因此，要充分认识科学仪器对原始创新和振兴装备制造业的源头和基础性作用，特别是从科技发展的规律出发，真正认识科学仪器“四两拨千斤”和对经济社会发展的“倍增器”作用。在高端仪器方面，我们与发达国家的差距虽十分明显，但绝没有妄自菲薄、安于依赖进口仪器的理由。我国独立发展的卫星发射系统，可靠性为世界所公认。这说明只要发展战略对路，中国人民的聪明才智足以在新世纪创造科学仪器事业的新辉煌。为此，提出以下建议：

（1）建议国家尽快启动以“张衡工程”命名的重大科技专项工程，以振兴我国科学仪器事业，为加强我国科技原始创新能力、提升重大装备制造业能力提供强大支撑。

“张衡工程”的目标是：10年内，实现我国使用的关键科学仪器，按购价计算，40%以上由本国生产，并掌握核心知识产权；15年内达到60%。

（2）建议成立国务院领导的“张衡工程”领导小组，加强部际协调。成立相应的专家委员会，负责工程的总体规划、项目协调与确定，以及过程监督和验收。设立“张衡工程”办公室，负责工程的日常工作。

（3）“张衡工程”应在国家中长期科学和技术发展规划纲要的基础上，突出自主创新与国家需求，做出我国中长期和“十一五”科学仪器发展的专项规划。规划要明确分阶段的基础研究、产品开发与产业化的重点目标和任务。加强工程的过程管理。

（4）大幅度增加国家对创新科学仪器与装备从基础到开发的财政经费支持力度。作为增加投入的具体措施之一，建议国家在10年内将每年我国进口仪器税收的全部用于设立“张衡工程”的创新仪器产业化专项基金，支持以企业为主体的、产学研相结合的自主创新仪器与装备的研发和进口仪器的消化、吸收、再创造。

（5）建议国家尽快研究制定配套的优惠政策支持和培育我国科学仪器事业的发展。为促进国产仪器推向国际，可重点培育若干旗舰企业。建议在一定时期内，减免用于仪器自主研发的零部件的进口关税及创新科学仪器的增值税销售税；制定“国家事业单位科学仪器采购细则”，规定不同情况下国产仪器的最低采购比例。

（6）建议优化学科布局，重视科学仪器专门人才的培养。现阶段可选择支持3~5所基础较好的综合性大学创建科学仪器学院，培养复合型科学仪器创新人才。

（7）建议建立若干个有特色的科学仪器国家重点实验室和国家工程技术研究中心，建立科学仪器产业的孵化基地。

（8）加大对报刊、广播、电视等媒体宣传的引导，形成振兴民族科学仪器事业的强大舆论氛围。

Recommendations for Vigorously Strengthening the Capability of Independent R&D and Industrialization of Scientific Instruments and Implementing "Zhang Heng Project" in China

Consultation Panel for "Independent R&D Capability of Scientific Instruments in China", Academic Division of Chemistry, CAS

The history of industrialization indicates that the one who holds the initiative of scientific instrument innovation will control the key means of original scientific innovation and, more importantly, possesses the base of enhancing the innovation capability of powerful equipment manufacture, especially their control and operation systems. To gain this end, it is suggested to start up as soon as possible an important S&T special project called "Zhang Heng Project", including the goal, layout, organizing, funding, establishing preferential policy for forming a complete set, training talent with speciality of scientific instruments, and setting up related state laboratories, research centers as well as incubating bases of scientific instrument industry.

9.4 关于新一代网络的建议

中国科学院信息技术科学部、技术科学部“新一代网络”咨询组

一、新一代网络的产生背景

随着业务和技术发展，100多年来电信网络体系经历了几次重要演变：从单纯电话网到数据通信网，从模拟到数字，从固定到移动，形成了今天以传统电信网络（以及以此为基础的移动通信网络）、计算机互联网络（因特网）和电视广播网（包括CATV）为代表的三大核心网络，构成了当今信息社会最重要的基础设施。

目前，我国通信业持续快速发展，通信与信息服务业成为国民经济各部门中发展最快的行业之一。目前，我国运行着世界最大的固定通信网（接近3亿）、移动通信网（超过3亿）、广播电视网（接近4亿用户，其中CATV用户超过1亿），和世界第二大的计算机互联网（超过8000万用户）。根据信息产业部的预测，到2020年，全国各类通信用户的总数将超过20亿，综合普及率接近达到140%，通信服务总体普及程度将达到发达国家2003年的水平，城镇地区所提供的通信业务应用、服务质量可与发达国家同期水平相当；未来16年，通信网络投资累计规模预计25 000亿元人民币。

如此庞大的网络规模是未来通信网的雄厚基础和保障，但是，单靠简单的扩容和升级是无法很好地过渡到下一代网络的。同时，如此大的网络规模也决定了我们无法再走跟踪世界先进国家技术发展的老路，必须探索出一条适合于我国网络国情的可持续发展的过渡战略。

从技术角度来看，传统的电信网络及以此为基础的移动通信网络，对于电话业务是相当成熟和有效的，但难以适应突发性很强的数据和多媒体业务；而计算机互联网虽能高效地传输数据业务，但相对指数增加的用户数和IP业务量，也暴露出了其始料不及的可扩展性和安全性等问题，而且也不能很好地支持用户的移动性和服务质量要求；广播电视网虽然对传送大量图像信息比较擅长，但由于它一直未能实现数字化，长期以来一直游离在通信网络之外，且其双向改造步伐缓慢。如今广播电视网的数字化和双向改造已经全面铺开，影响电信与广播融合的障碍即将被去除，因此真正的“三网合一”时代应该说离我们已经不远了。当然也可以将电话、数据和图像业务分别承载到不同的网络，发挥各自的所长，但从网络资源共享和用户使用便利性的角度考虑，一个能够同时承载不同业务的多业务平台才是最终的解决方案。这实际上也正是下一代网络(next generation network，NGN)的目标所在。

二、新一代网络的主要特征

NGN 是“下一代网络”或“新一代网络(new generation network)”的缩写。1996 年以来，NGN 一直是业界的热点与焦点，国外的政府、行业团体、运营商、设备厂商等都在进行 NGN 的研究与探索。

具体地讲，NGN 应具备如下几个特征：

(1) 基于承载与控制分离体系，以 IP 协议和分组交换为平台，且有电信级业务质量保证的多业务节点。

(2) 基于 ASON（智能交换光网络）体系、智能 IP 与光技术结合的高速 DWDM 系统。

(3) 基于高频谱利用率的宽带 CDMA 与 WLAN 相结合的下一代宽带移动通信系统。

(4) 基于 IPv6、面向实时多媒体交互业务应用的下一代互联网。

由此我们也可以看出，未来通信网与现有通信网的区别主要体现在以下方面：

(1) 强基础性：国民经济信息化的基础，为政府和各行各业提供支撑服务。

(2) 高渗透性：高度普及、广泛覆盖，从奢侈品逐渐变为生活必需品。

(3) 融合性：多种网络和接入技术的融合。

(4) 业务多样性：话音与数据、固定与移动、点到点与广播的会聚、综合性。

(5) 开放性：控制功能与承载能力分离，业务功能与传送功能分离，用户接入与业务提供分离，各个业务网路可共享核心网路资源。

(6) 移动性：3G 及超 3G 无线技术的广泛应用。

(7) 安全性：高可靠的网络抗攻击性和网络抗毁性。

(8) 兼容性：与现有网的互通。

(9) 可管理性：包括 QOS 的保证。

通俗地讲，NGN 就是一个基于 IP 协议且有电信级服务质量保证（Carrier-grade QoS）的宽带(broadband)可移动(mobile)多媒体(multimedia)网络，要求网络能够提供更高的带宽（如 Gbps 级的接入和 Tbps 级的交换与传输）和更灵活的资源管理，这无疑是一个重大挑战。无论是在网络的高速传输方面，还是在网络的资源管理方面，都需要深入的理论研究和应用研究。

三、发展新一代网络面临的几个核心问题及其对策

1. “三网”如何“合一”

虽然广播电视的数字化扫除了“三网合一”的一大障碍，但毕竟三大核心网络的历

史背景、核心技术、体系结构，以及主营业务存在着很大的差异，靠任何一种技术将这三者完全统一成一个网络都是不现实的，也是不经济的。

“三网合一”完全可以沿用窄带ISDN的理念，网络技术上不求统一，而是追求业务提供层面(service provisioning)和网络接入(access)与管理(management)层面的统一，将网络本身做成一个“黑盒子”，其内部可针对不同的业务形式进行相应的优化。这样不仅可以做到针对用户的“三网合一”，而且也有利于保护现存网络的投资，有效利用现有网络的资源，降低网络建设和管理与运行的成本，并保证了网络的灵活性和可扩展性，最终达到降低网络成本，推动网络高速和可持续发展的目的。这一点对于中国尤其重要，因为中国目前拥有世界上最大规模的网络，这就决定了中国新一代网络的建设绝对不应该“推倒重来”，而应是在现有网络基础上的平稳过渡。

从这个意义上讲，我国的“三网合一”工作首先应该从各种不同网络之间的“互连互通”开始。由此引出本咨询报告的第一、二个建议：一是加强国家对下一代网络规划与建设工作的统一领导，规范相关法律，营造规范化竞争格局，避免重复建设与恶性竞争导致的资源浪费；二是打破电信与广电的行业界限，开放电信业务与广播电视业务的双向准入，促进“三网”的“业务合一”。

2. 信息网络的发展严重不平衡，信息服务业发展缓慢

信息服务业在中国虽然取得了长足的发展，但我们必须看到在其后面的问题。2003年电信收入（仅包括大企业）为4600多亿元，用户数量和平均每个用户电信用量增长很快，但平均每个用户的电信业务收入（ARPU）却在下降，而且信息服务业的发展也出现了放缓的迹象。新的服务业虽在不同程度上均有所开展，但总的来讲还很不发达。另外，信息网络地区发展不平衡还很明显，全国还有相当一部分边缘贫困地区不通电话和电视。广电“村村通工程”虽有较大进展，但在无电地区仍无法解决。

由此引出本咨询报告的第三个建议：规范信息服务业的良性竞争，以应用带动网络建设，尤其是移动多媒体业务和宽带广播业务。

3. 尽力而为的服务模式已经严重制约了网络商业化的进程，并引发了诸多网络安全问题

目前的网络已经基本上满足了用户连通性要求，唯一需要改进的是Internet地址不足和无线网络覆盖问题。其中，前者已通过IPv6得到解决，而后者随着网络建设也会得以解决。这样，网络的好坏将主要取决于网络管理，其中又以性能管理即网络的资源管理和用户服务质量控制为重中之重，因为无论是用户管理，还是收费管理，其实质都是为了提高网络的资源利用率和改善用户服务质量。但考虑到用户的种类、特性和服务需求

迥然各异，网络的资源也各不相同，因此又是相当复杂的。

由此引出本咨询报告的第四个建议：大力开展网络基础研究（服务质量保证、网络安全等），保障新一代网络的可持续发展。

4. 地面移动通信的频谱资源越来越紧张、相互之间的干扰也越来越严重，仅靠地面无线资源难以真正实现宽带移动多媒体通信

平流层定点平台信息系统是在平流层空间，使用准静止的长驻空飞艇作为高空信息平台，与地面控制设备、信息接口设备及各种类型的无线用户终端构成的信息系统。利用平流层稳定的气象条件，可以不受地面气象条件干扰，可在任何时候定点于任意地理位置的上空，为各种信息业务的需要提供服务。由于其机动性和稳定性，可以在平台与卫星、平台与平台及平台与末端用户之间进行通信连接，实现信息传输的全程全网无线化，并真正实现电话、数据和图像业务的三网合 ，以及集广播、通信和探测功能于一体的综合业务网络。

由此引出本咨询报告的第五个建议：大力开拓空间信息资源、构筑天地空信息一体化综合业务网络。

Recommendations for a New-Generation Network

"New-generation network" Consultation Group, Academic Division of Information Technology and Academic Division of Technology, CAS

It is pointed out in the present article that network is one of the most important infrastructures constituting today's information society, but our country cannot follow the old technology development path experienced by the world's advanced countries, instead must seek a transitional strategy for sustainable development of the network that suits to our national situation, and strive to develop the next-generation network (NGN). In addition, several key issues facing the development of NGN are particularly analyzed, and five recommendations are put forward.

9.5 关于保护白云鄂博矿钍和稀土资源，避免黄河和包头受放射性污染的紧急呼吁

徐光宪 师昌绪等16位科学家[①]

一、保护我国钍和稀土资源的重要性和紧迫性

我国稀土资源储量居世界第一位，钍资源居世界第二位。最主要的稀土和钍矿在内蒙古包头的白云鄂博主矿和东矿，现在两矿作为铁矿已开采了40%，但其中的稀土利用率不到10%，钍利用率则为0%。同时，钍对包头地区和黄河造成放射性等三废污染，若再不采取措施，过35年将全部采完，并进一步加剧对黄河的污染，形势十分紧迫。

能源是支撑我国经济高速发展的关键问题。国际上对石油资源的竞争非常激烈，造成的高油价将是长久冲击，因此，采用核能发电是大势所趋。钍是重要的核能资源之一，我国已查明的钍工业储量为28.6万吨（二氧化钍），钍资源储量仅次于居世界第一位的印度（34.3万吨），其中白云鄂博矿22.1万吨，占77.3%。美国国防部和日本防卫厅都把钍、铀、钚和除钷以外的16种稀土元素定为战略元素，法律规定国家要有一定量的储备。

白云鄂博矿是以铁、稀土、钍、铌等为主的多元素共生矿。矿区内有五个矿体，其中主要的有三个：主矿、东矿和西矿。主矿和东矿有探明矿石6亿吨，平均品位含铁约34%，稀土约5%，钍约0.032%。西矿有探明矿石8亿吨，是以铁（33.15%）为主的低稀土、低钍、低磷、低氟的矿床，适宜作为铁矿开采。

稀土是高新技术必需的战略元素，我国已探明稀土工业储量4300万吨，居世界第一位。其中白云鄂博主东矿3000万吨，西矿500万吨，四川、山东、南方五省、台湾等地共800万吨。

二、我国白云鄂博矿钍和稀土资源亟待保护和合理利用

20世纪50年代，我国包钢开始建厂，帮助建设的苏联专家把白云鄂博主东矿设计为

① 其他14位科学家是：王淀佐、赵忠贤、李东英、王大中、何祚庥、王乃彦、方守贤、郭慕孙、欧阳予、费维扬、刘元方、杨应昌、唐孝炎和顾忠茂。

单纯的铁矿，未考虑稀土和钍的综合利用，是一个错误的决策。自1958年包钢投产以来，主东矿已开采2.5亿吨，尚余3.5亿吨。现在开采量达每年1000万吨，照此开采下去，主东矿不到35年就开采完毕，我国将成为稀土和钍的资源小国，重蹈钨矿的覆辙。已开采的2.5亿吨主东矿矿石中稀土和钍的走向如表1所示。

表1　1959～2004年包钢主东矿已开采2.5亿吨矿石中的稀土和钍的状况

	已开采量	利用量，利用率	尾矿坝存量	浪费(流失、飞扬、炉渣)
稀土5%	1250万吨	120万吨，利用率不到10%	约930万吨,75%	约200万吨，损失率15%
钍	9.5万吨	0，利用率0	7万吨，74%	2.5万吨，损失率26%

包钢三废排放含有放射性钍的废气、尾矿飞尘、废水和废渣，不但严重污染包头地区，而且是黄河的主要污染源之一。近期听说，这已引起国家环保总局的高度重视。因此，钍的回收、尾矿坝的保护和三废治理不可再延缓。

至2003年底，全世界共有核电反应堆440座，发电量占世界总发电量的16%。法国的核电占法国总发电量的75%以上。我国台湾省的比例是26%，而内地2003年只占2.2%。近日喜闻中央决策要积极发展核电，在“十一五”规划中将新建8个核电站，使核电比例达到4%，但还远未达到现在16%的全世界平均水平。

核电的发展将加大对核资源的需求。钍是未来重要的核能源，利用钍的核能可采用以下模式：

（1）用3%～5%低浓铀大力发展压水堆，积累所产生的钚。这是成熟的技术，我国已完全掌握。

（2）乏燃料通过后处理分离出钚，用钚作为快中子堆的装料，在发电的同时，用快中子照射钍生产铀-233。

（3）用铀-233作为热中子反应堆核电厂的装料。

（4）在用铀作燃料的高温气冷堆中装载钍，把钍转换成铀-233加以利用。

钍资源储量居世界第一的印度非常重视钍核能的研究开发，据称，最近已有突破。以色列科学家也对钍反应堆做了大量研究工作。希望我国大力加强快中子堆研究，并在研究用快中子堆增殖铀燃料的同时，考虑钍的核能利用，应积极开展以钍为核燃料的反应堆的技术开发研究。

地球上天然存在的易裂变燃料只有铀-235一种，钚-239和铀-233是分别从铀-238和钍-232中转换来的两种易裂变核。由于天然铀只含0.72%的易裂变核素铀-235，假定废弃的贫铀中含0.2%铀-235，那么目前我国工业应用的热堆（压水堆）电站，天然铀作为核燃料的利用率只有0.5%。一个100万千瓦的电站，每年耗煤350万吨，如用核电每年耗天然铀170吨。发展快中子堆核电站，可以使铀资源的利用率提高60倍左右，若再加上钍资源的充分利用，则核裂变能可供使用几千年。

三、建议国家采取紧急措施保护白云鄂博矿钍和稀土资源

第一，为扭转白云鄂博矿目前不合理的开采方式，避免钍和稀土等宝贵资源被进一步大量丢弃和缓解对环境的污染，希望国家有关主管部门限制白云鄂博主矿和东矿的开采量，增加西矿开采量。2004年主东矿实际开采1000万吨，建议2005年起逐年减少，至2007年底减少到500万吨，2009年减少到300万吨，2012年起停止开采，把主东矿封存起来，用尾矿坝提供稀土的需要，并恢复植被，保护环境。

第二，为核实上述措施的可行性，不致影响包钢现在的钢铁生产量和造成白云鄂博矿山20 000名职工下岗失业，徐光宪院士曾于2005年4月在包头与包钢公司包头稀土研究院前院长马鹏起教授和包钢矿山研究院院长等有关同志进行了研究，认为主东矿在三年内减少开采500万吨是可行的。500万吨矿石按目前选矿水平，只能生产190万吨铁精矿粉，回收率只有70%。如果把我国自主创新并已在高纯单一稀土分离工业中发挥重大作用的“串级萃取理论”应用到选矿中，回收率可以提高到90%，铁精矿产量可提高25%，800万吨矿石可顶1000万吨，缩减200万吨，若再增加西矿开采量300万吨，就可缩减主东矿开采量500万吨。目前，西矿已建成选矿厂，开采300万吨是可以做到的，到2009年再增加200万吨开采量，把主东矿开采量减少到300万吨，至2012年就可把宝贵的主东矿封存起来。

为此，需要国家拨款100万~200万元作为提高选矿收率的研发经费。

第三，目前，萃取分离钍和稀土技术已很成熟，成本增加很小，2005年计划生产5万吨稀土，应提取300吨二氧化钍。若国家以每吨1万~2万元成本价收购作为战略能源储备，可同时解决对环境的放射性污染问题，以后钍-铀233反应堆技术成熟时，就可利用储备的二氧化钍制备核燃料。国际上是以每吨13万美元生产成本作为是否值得开采的铀矿评价标准。钍和铀是同样重要的核能资源，用每吨1万~2万元人民币收购作为战略储备，是非常值得的战略投资，以免再造成钍资源的浪费和污染环境。

为此，需要国家拨款300万~600万元作为钍资源战略储备和环境治理费。

第四，由于多年来铁矿的大量开采，尾矿坝存量已达1.5亿吨，其中稀土约930万吨，钍约7万吨。实际上这是我们留给子孙后代的一个新的稀土和钍矿，应设法予以保护。首先，不让它飞散或流失。尾矿坝是一个只有河流进口，没有出口的湖，靠蒸发平衡水量。但湖底高低不平，水面低时，部分尾矿暴露在空气中，因为是200目的细粉，会飞散损失并污染环境。其次，尾矿目前已和湖底泥沙混合，应采取措施不让其稀土和钍的含量

进一步被其他杂质稀释，造成今后提取稀土和钍的困难。

为此，需要国家拨款 100 万 ~200 万元作为保护尾矿坝的研究和采取措施的费用。

以上三项共需国家拨款 500 万 ~1000 万元。

第五，现在包钢公司向国家交纳的矿产资源开采费，是按照矿区每平方公里 500 万元收取的。目前，主矿和东矿占地 3 平方公里，由包钢公司开采，每年向国家缴纳开采费 1500 万元，西矿占地 42 平方公里，若开采每年要交纳 2.1 亿元，现因包钢未交开采费，所以无权管理西矿，造成西矿乱采滥挖现象十分严重，这是我国矿山管理工作中的漏洞。建议国土资源部收取白云鄂博矿开采费时按照开采矿石量计费，如每年开采 1000 万吨，交纳 1500 万元。这样，包钢以开采西矿代替主东矿，可不必增加开采费。因为这也是包钢不愿开采西矿的原因之一。

第六，关于国家加快快堆和钍－铀 233 核反应堆的研究开发，建议组织院士专家深入调查研究，进一步咨询和论证。有关我国核能发展的整体战略，中国科学院学部核能发展战略咨询组正在研究。

以上 6 条建议中，前 3 条最为紧迫。

An Urgent Call for Conservation of Thorite and Rare Earths Resources in Baiyun'ebo and Avoiding Radioactive Pollution to the Huanghe River and Baotou Area

Xu Guangxian, Shi Changxu, et al.

This article first suggests the pressing importance for conservation of thorite and rare earths resources in China, then it emphasizes on the urgency of conservation and rational utilization of thorite and rare earths resources in Baiyunebo, and last offers some concrete suggestions for rapidly reversing the current unfavorable situation in this area.

9.6 关于实施南水北调中线工程水源区水土流失治理工程的建议

孙鸿烈

（中国科学院地理科学与资源研究所）

南水北调工程是解决我国北方水资源严重短缺问题的特大型基础设施项目。丹江口水库作为南水北调中线工程的水源地，其水质和水量状况是关系到调水工程长期发挥效益和工程成败的一个关键问题。虽然南水北调工程已开工建设，但是作为中线工程水源区的水土流失治理尚未列入计划。

2004年11月，应水利部和长江水利委员会的邀请，笔者对南水北调中线工程水源区生态环境进行了考察。一方面看到多年来在地方政府和群众的努力下，不少地区的水土流失防治取得了成就；另一方面也深感水土流失的形势还很严峻，迫切需要加快防治步伐。

南水北调中线工程水源区地处汉江上游山地丘陵区，涉及陕、甘、豫、鄂、渝、川5省1市29个县（市），集流面积9.52万平方公里，总人口1259万人，水源区水土流失面积5.07万平方公里，占土地总面积的53.2%。从丹江口水库周边到汉江、丹江源头，从干流两岸到左右支流，都不同程度地存在水土流失问题。严重的水土流失对水源区水资源已造成了极大的负面影响，如陕西省安康市7座中型和小(一)型水库在12～40年间，泥沙淤积的库容平均占水库有效库容的24.57%，部分水库有效库容已淤积一半以上，一些小支流上的水库甚至已经淤满，说明上游拦截能力是有限度的。

事实上，丹江口水库已开始淤积。丹江口水库1960年滞洪，1967年蓄水，到1990年30年间全库区淤积泥沙14.37亿立方米。此外，尚有大量泥沙沿途淤积在上游河道、水利工程中。尽管在上游陆续兴建了一批控制性工程，但仍有20多个县的泥沙直接入库，危及丹江口水库的安全。尽管目前丹江口水库水质良好，但日益加剧的水土流失携带的上游农田的残留化肥、农药，将导致水库的面源污染。为了保证给中线调水工程提供稳定和清洁的水源，同时促进库区社会经济的发展，加快水源区的水土流失防治是十分必要和非常紧迫的。

目前，水源区水土保持重点防治工程只在11个县（市）实施，初步治理水土流失面积1.13万平方公里，平均治理进度仅为0.5%。按此速度，要将水源区现有水土流失面积治理一遍还需200年左右，这与水源区遏制水土流失、改善生态环境和加快经济社会发展的迫切要求极不适应。

最近，温家宝同志在对长江上游水土保持委员会“关于进一步加强长江流域水土流失重点防治工作的建议”的批示中指出：“长江流域水土流失重点防治工作，要继续予以加强，同时搞好统筹协调和监督。”曾培炎同志批示：“长江流域水土流失防治工作要与现正在进行的各项重大工程结合，统筹协调推进。”根据上述指示，笔者建议：

（1）国家把水土保持作为南水北调中线工程的一项重要配套及基础工程。尽快将水源区49个县（市）划为丹江口水库水源区水土保持重点防治区，抓紧实施水源区水土流失重点防治工程。

（2）提高国家对水源区水土流失治理的补助标准。目前标准是6万元/公里^2，补助偏低，建议提高到20万元/公里^2。

（3）加强水土保持工作。在农村大力推广沼气池、节柴灶，发展小水电、太阳能，消除因生活燃料需求对林草的破坏；严格执行开发建设项目水土保持“三同时”制度，重点做好开矿、修路和丹江口大坝加高移民迁建过程中的水土流失防治工作；建立水源区水土保持监测网。

Suggestions on Harnessing Soil and Water Loss in the Water Source Area of the Middle Route of South-to-North Water Transfer Project

Sun Honglie

Based on investigation on ecological environment of the water source area of the middle route of South-to-North Water Transfer Project, this article brings forward the following suggestions: first, the country should consider soil and water preservation as an important supporting project; second, the government should raise subsidy standard on harnessing soil and water loss in the water source area; and third, we should strengthen promotion and propaganda work on soil and water preservation all over the country, especially in the countryside.

（因篇幅所限，本章部分文章有删节）

附录

Appendix

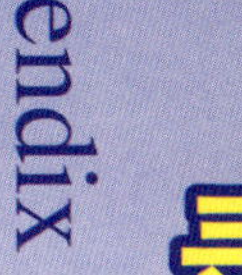

附录一：2005年中国和世界十大科技进展

由中国科学院院士工作局、中国工程院学部工作局和科学时报社共同主办，570名中国科学院院士和中国工程院院士投票评选的“路明杯2005年中国十大科技进展新闻和世界十大科技进展新闻”于2006年1月17日在京揭晓。

（一）2005年中国十大科技进展

1. 神舟6号载人航天飞行圆满成功

2005年北京时间10月17日凌晨4时33分，在经过115小时32分钟的太空飞行，完成我国真正意义上有人参与的空间科学实验后，神舟6号载人飞船返回舱顺利着陆，航天员费俊龙、聂海胜自主出舱。

神舟6号根据两人多天飞行任务的需要及个别技术的发展，做出了四个方面110项技术改进。神舟6号飞船仍为推进舱、返回舱、轨道舱的三舱结构，重量基本保持在8吨左右。飞船入轨后先是在近地点200公里、远地点350公里的椭圆轨道上运行5圈，然后变轨到距地面343公里的圆形轨道，绕地球飞行一圈需要90分钟。

神舟6号载人航天飞行的成功，标志着我国在发展载人航天技术、进行有人参与的空间实验活动方面取得了又一个具有里程碑意义的重大胜利。这对于进一步提升我国的国际地位，增强我国的经济实力、科技实力、国防实力和民族凝聚力具有重大深远的意义。

2. 青藏铁路全线铺通

青藏铁路全线铺通庆祝大会10月15日在拉萨隆重举行。从青海格尔木出发、装载着大批援藏物资的列车15日已陆续抵达拉萨。2006年7月，青藏铁路将进行试运营。

青藏铁路是一项功在当代、利在千秋的世纪工程。青藏铁路工程技术人员和建设者按照建设世界一流高原铁路的目标，在素有“生命禁区”之称的雪域高原上，克服了高寒缺氧等难以想像的困难，努力攻克“多年冻土、高寒缺氧、生态脆弱”三大世界性难题，艰苦奋斗，无私奉献，优质高效地完成了青藏铁路全线铺通任务。这是世界铁路建设史上的辉煌壮举，是中国工程技术树起的一座新的丰碑。

青藏铁路穿越青藏高原腹地，是世界上海拔最高、线路最长的高原铁路，沿线高寒缺氧，地质复杂，冻土广布，技术难度高，工程量巨大。青藏铁路全线铺通，标志着这项世纪工程建设取得了决定性胜利。

3. 我国首款64位高性能通用CPU芯片问世

中国科学院计算所研制成功的龙芯2号计算机高性能通用处理器，并已装备多种现代电子产品，初步形成了产业链，使我国在电子产品的核心技术上开始掌握主动权。

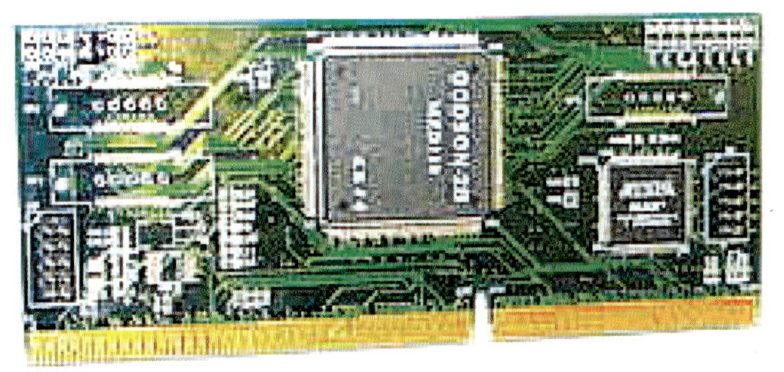

龙芯2号芯片上集成了1350万个晶体管，其单精度峰值浮点运算速度为每秒20亿次，双精度浮点运算速度为每秒10亿次，最高频率为500兆赫，功耗为3～5瓦，远远低于国外同类芯片，其标准测试程序的实测性能是1.3吉赫的威盛处理器的2～3倍，已达到“奔腾Ⅲ”的水平。龙芯2号是国内首款64位的高性能通用CPU芯片，能够流畅地支持视窗系统、桌面办公、网络浏览、DVD播放等应用，这款芯片在低成本信息产品方面，具有较强的性能优势。

信息产业部、科技部、中国科学院和江苏省合作，建立“中科梦龙”龙芯产业化基地，一条以龙芯产业化为目标的高科技产业链已经初步形成。

4. 中国科考队首次登上南极冰盖最高点

北京时间1月18日3时16分，经过一个多星期的详细勘测和对比，在挺进南极内陆冰盖1200多公里后，中国南极内陆冰盖昆仑科考队确认找到了南极内陆冰盖的最高点：南纬80度22分00秒，东经77度21分11秒，海拔4093米。按照计划，中国科考队将在最高点建立科学观测站，开展气候环境监测，进行冰雷达测厚、高精度GPS定位和综合气象观测，并钻取150米到200米的冰芯，进行内陆站选址调查。科学家介绍，冰穹A作为南极冰盖冰芯钻探仅存的最后一个理想地点和世界上雪冰现代气候环境观测、大气与气象观测等独一无二的“科学观测站”，在科学上的意义是地球上其他任何科学观测站无法代替的。冰穹A这一亿万年来寒冷孤独的地球“不可接近之极”，终于有了人类的足迹，中国人为人类认知南极、认知自然做出了自己应有的贡献。我国科考队成功登上冰盖最高点，是人类南极考察历史上的一次壮举，表明我国南极事业发展又上了一个新台阶。

5. 全球记载种类最多的《中国植物志》全部出版

历经数代植物学家辛勤耕耘和通力协作，一部跨越了半个世纪的学术巨著，共计126卷册的《中国植物志》全部出版完成。与世界上同类著作相比，《中国植物志》收载植物种类和所含卷册最多，总体编研水平高，是我国近百年来第一部最全面、最系统的全国植物志。《中国植物志》是关于中国维管束植物（包括蕨类植物与种子植物）的全面、系统、科学的总结，它记载了中国3万多种植物，共5000多万字，9000多幅图版。维管束植物是植物资源宝库中最重要的组成部分，人们日常生活接触到的水稻、小麦、棉花、果蔬、木材、牧草和药材等绝大多数都属于维管束植物。

植物志不仅记载了植物的科学名称，而且详细地考证了历史文献记载、形态特征、地理分布、生态环境、物候期和用途等方面，是了解中国植物资源的最翔实、最权威的科学资料。

6. 我国科学家成功实现首次单分子自旋态控制

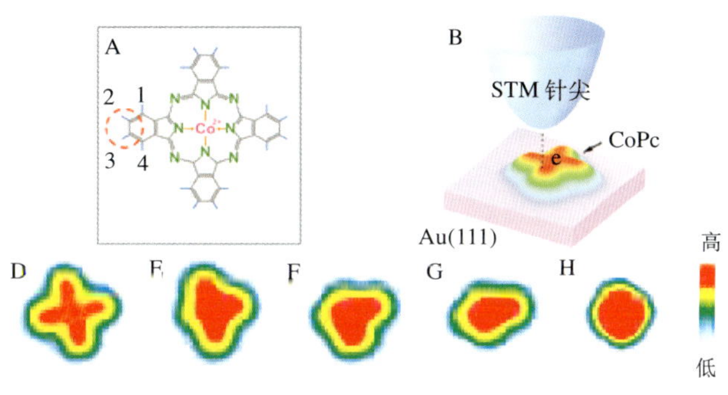

中国科学技术大学微尺度物质科学国家实验室的科研人员，将单分子化学与单个原子和分子的磁性研究结合起来，利用单分子选键化学首次实现了磁性离子自旋态控制。这是世界上首次利用局域的化学反应来改变和控制分子的物理性质，为单分子功能器件的制备提供了一个极为重要的新方法，揭示了单分子科学研究的新的广阔前景。此项研究工作是利用低温超高真空扫描隧道显微镜，对吸附于金表面的单个钴酞菁分子进行单分子选键化学“手术”，成功“剪裁”了分子外围的氢原子，并使其与金属表面形成稳定的化学键。通过这一方法对单分子实现了精确的“手术”操纵，调控单个分子的空间结构和电子结构，由此改变中心钴离子的自旋态，成功实现了对钴酞菁分子磁性的控制。

《科学》杂志发表了他们的论文，并在同期的“透视”栏目中专文对该成果进行了介绍和评价。

7. 我国测定珠峰新“身高”8844.43米

10月9日，国家测绘局宣布了2005年珠峰高程测量获得的新数据：珠穆朗玛峰峰顶岩石面海拔高程8844.43米测量精度为±0.21米；峰顶冰雪深度3.50米。来自中国科学院青藏高原研究所等10个单位的50多名科研人员参加了由中国科学院组织的、以“珠峰地区对全球变化的响应”为主题的珠穆朗玛峰地区综合科学考察活动，国家测绘局也同时组织了对珠峰高程的重新测量。经专家评审认为，这组数据是迄今为止国内乃至国际上历次珠峰高程测量中最为详尽、精确的数据。与1975年所测得的珠峰高度相比，最新公布的珠峰高度降低了约3.7米。珠峰是否变矮现在还不能得出结论。此次精确测定珠峰高程的活动，反映了我国测量珠峰高程的技术水平和权威性。珠峰高程数据作为国家重要地理信息由国家正式公布并公开采用，对于体现国家综合国力和测绘科技水平、促进地球科学研究等具有重要的作用。

8. 中国大陆科学钻探深入地下5158米

经过近4年努力，中国大陆科学钻探工程“科钻一井”胜利竣工，在江苏省东海县毛北村成功深入地下5158米。这标志着我国“入地”计划获得重大突破。我国科研人员在具有全球意义的板块会聚边界——中国东部苏鲁超高压变质带开钻，采用自行研发的技术，首次在坚硬的结晶岩中成功钻进5158米，取得了5118.2米的珍贵岩心和气流体样品。这不仅是我国有史以来最深的科学钻井，也是当前正在实施的国际大陆科学钻探计划20多个项目中最深的科学钻井。通过这次科学深钻，我国科学家获得了一系列创新成果：揭示了板块会聚边界深部连续的物质组成，以及超高压变质区的深部物质组成；证明了地质历史上曾发生的板块携带巨量物质俯冲地幔深处的壮观地质事件，以及发生在700万～800万年前的重大裂解事件；标定了结晶岩地区典型的地球物理场；提出了地壳分层拆离的多重性和穿时性“深俯冲-折返”新模式。

9. 能在血管中通行的“药物分子运输车”研制成功

中国科学院上海硅酸盐研究所研制的纳米“药物分子运输车”，直径只有200纳米，装载的药物在沿途不会泄漏，直到引导到了某一个特定的疾病靶点、在人们需要的时候才释放出来，对疾病产生治疗作用。这种纳米“药物分子运输车”直径只有一根头发的1/300，它不仅对人体无害，而且能在器官和血管中自由通行。它的外形像一个布满规则小孔的球体，药物装在小孔中，平时穿着一层“有机外

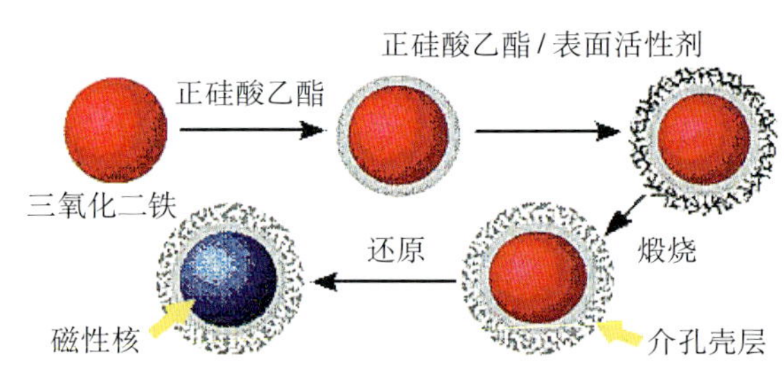

衣”，中间含有四氧化三铁颗粒构成的“磁性导航仪”，在体外磁场效应下，“运输车”会准确地到达患处，遇到酸性或者高离子强度液体时，“外衣”就会被脱去，“小车”上装载的药物就会释放出来。1克“运输车”材料可以装载约1000毫克的药物分子。研究人员已经成功完成用“运输车”装载消炎、无痛、抗癌药物的装载控制释放和定向传输的实验。

这项研究成果发表在国际核心化学期刊《美国化学学会会志》和德国《应用化学》上。

10. 最高分辨率“中国数字人男1号”诞生

“中国数字人男1号”数据集在南方医科大学构建完成，成为目前世界上数据量最大、分辨率最高的“虚拟人”。所谓“数字人”，实际上是在电脑里合成的三维人体详细结构。“中国数字人男1号”是南方医科大学从20位自愿捐献者中筛选出来的“标准中国人”。尸体标本为一名28岁的汉族健康男性。有了尸体标本后，科学家所做的工作就是用精密切削刀将尸体横向切削成薄片。每切下一片，就用高效数码相机和扫描仪拍照，然后转化成数据，输入电脑，最后由电脑合成三维的立体人类生理结构。“中国数字人男1号”高效数码相机像素达2200万，图像分辨率为4040 × 5880，是目前世界上0.2毫米虚拟人切削中分辨率最高的数据集。此外，按60兆一帧释放，该数据集的数据量超过540千兆，为世界之最。我国成为继美国、韩国之后第三个拥有本国“数字人”数据库的国家。“数字人”在医学、航天、航空、军事等领域都有着广泛的应用价值。

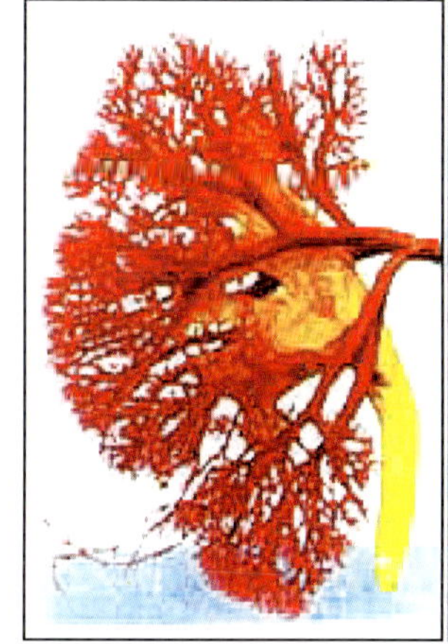
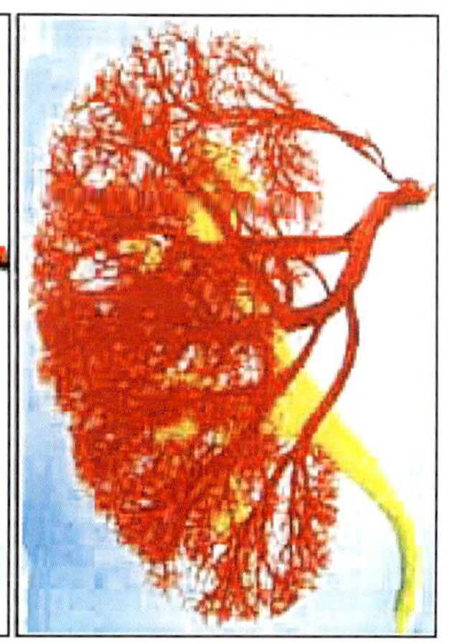

（二）2005年世界十大科技进展

1. “惠更斯”号探测器成功登陆土卫六

欧洲空间局官员北京时间1月15日凌晨宣布，地面控制中心已收到来自“惠更斯”号探测器经由“卡西尼”号飞船传回的信号，表明“惠更斯”号已成功登陆土卫六。这创造了人类探测器登陆其他天体最远距离的新纪录。“惠更斯”号在登陆后向正在环土星轨道上运行的“卡西尼”号飞船发送数据，大约1小时后，地面控制中心收到了首批数

据。欧洲科学家认为，这是空间科学技术领域最了不起的事件之一。

“惠更斯”号重319公斤，直径约2.7米，其前部有一个防热盾，并配备有3个降落伞。同时，它还携带有6台测量仪器，对土卫六的压力、温度、风速、大气成分等进行分析测量。“惠更斯”号探测器是1997年10月由美国“卡西尼”号飞船携带发射升空的，经过7年约35亿公里的飞行后进入土星轨道，并于2004年12月25日分离。

据悉，土卫六的环境与40亿年前的地球非常相似，具有很高的科学探索价值。

2. “深度撞击”计划获得成功

北京时间7月4日，在完成一系列高难度动作之后，美宇航局的“深度撞击”彗星撞击器终于成功击中坦普尔1号彗星的彗核表面，在太空中绽放出美丽的焰火，完成了人造航天器和彗星的“第一次亲密接触”。

这项史无前例的“炮轰”彗星计划始于1999年11月1日。美宇航局于2005年1月12日成功发射“深度撞击”号探测器。在撞击彗星之前，“深度撞击”号走过了4.31亿公里的漫长太空之旅，终于迎来了与坦普尔1号“亲密接触”的激动人心的时刻。撞击的成功，表明项目中的无人控制航天器技术完全达到了预想目标，撞击器在导航控制系统的操纵下，经过80万公里的自主飞行，其间三次发动机点火调整，最终精确地对准目标，这被“深度撞击”项目负责人里克·格兰米尔比喻为“在高速飞行的针上穿线”。

这次撞击带来的信息，可能涉及太阳系的诞生、地球上水的来源，以及地球生命的兴起。

3. 美国研究人员发明取代晶体管的新元件

美国惠普公司研究人员宣布，他们发明了一种可取代电脑基本构件——晶体管的新元件。

这种新元件名为“交换点阵式插锁”，是惠普公司量子科研小组的人员开发的。新元件能够提供普通计算机所需的信号恢复和转换，取代传统的晶体管，并能将计算机的功能提高数千倍。

研究人员说：“我们正在分子水平上对计算机进行彻底改造。‘交换点阵式插锁’为建造应用纳米元件的计算机提供了一项关键元件。晶体管可能不会被马上淘汰，在未来数年中还将继续使用。但‘交换点阵式插锁’终将代替晶体管，就像当初真空管取代电磁继电器，晶体管取代真空管一样。”

4. 天文学家首次拍到太阳系外行星照片

欧洲的天文学家宣称，他们首次拍到一颗太阳系外行星的照片，该行星质量约相当于木星质量的5倍。

天文学家们曾在2004年报告说，他们在一颗年轻的褐矮星附近观测到一个微弱的红色光点，但当时的观测数据难以判定这个光点是否代表了一颗行星。2005年2月和3月，天文学家们又利用位于智利的欧洲南方天文台超大望远镜，拍摄了该褐矮星和其周围天体的照片，结果证实这一天体确实是行星。这颗代号为“2M1207b”的行星位于长蛇星座附近，距离地球约200光年。观测小组成员、法国天文学家拉格朗日指出，现代天体物理学的重要目标之一，是分析巨行星和类地行星的物理结构和化学组成，他们的新发现是朝这一目标“迈出的第一步”。

2005年3月份以来，美国、德国多个研究小组竞相宣布，已成功地对太阳系外行星进行了直接观测。

5. 科学家公布人类基因组“差异图”

“国际人类基因组单体型图计划”于2002年开始启动，由美国、中国、加拿大、英

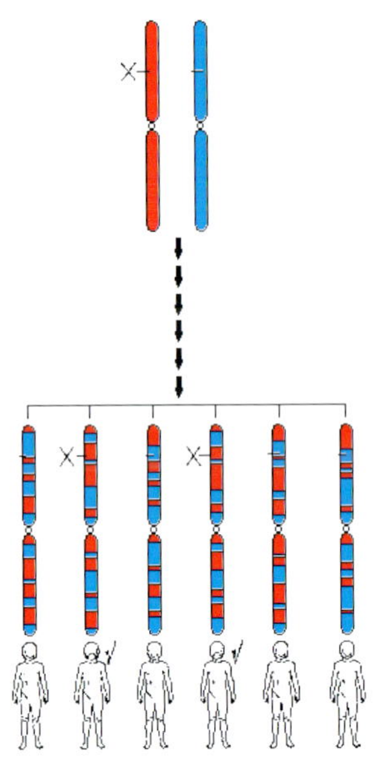

国、日本和尼日利亚六国科学家共同完成。他们在2005年10月27日出版的《自然》杂志上发表的论文，标志着这一工作的第一阶段已完成。

在3年的研究中，科学家们搜集了269名志愿者的全基因组信息，其中包括尼日利亚的约鲁巴人、北京的中国汉族人、美国的西北欧后裔和东京的日本人。从这些基因组数据中，科学家们发现了100多万个常见SNP位点，标定了单体型“模块”在DNA链上的“边界”，并划分了基因组上包含最常见DNA变异的10个区域。

该计划负责人之一、美国布罗德学院教授阿尔茨胡勒说，这是“医学研究上划时代的成就”。人类基因组的差异图谱将成为一种有力工具，帮助寻找不同人易于发生病变的基因，使得基因治疗方法更具针对性。

6. 澳大利亚科学家成功将光束“冻住”1秒钟

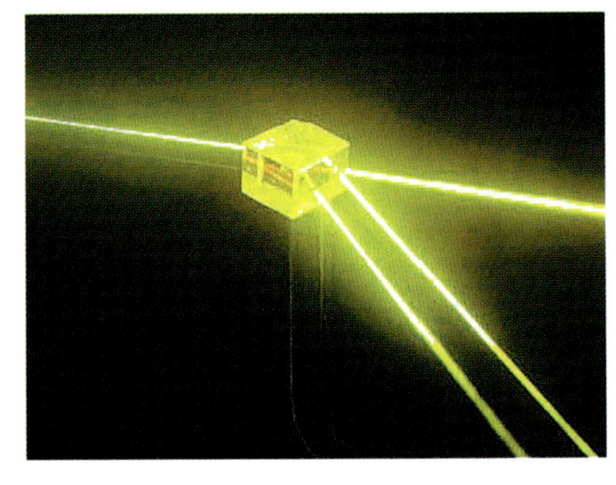

澳大利亚国立大学的物理学家杰文·朗戴尔及其同事利用新型光陷阱，首次成功地将一个光脉冲“冻住”了足足1秒钟的时间，这是以前最好成绩的1000倍。将“冻住”光束的时间大大延长，意味着可能据此找到实用方法，来制造光计算机或量子计算机用的存储设备。

要使光停住脚步，需要一种特殊的陷阱，其中的原子温度极低，几乎静止，以至于每个原子都有着同样的量子态。陷阱的秘密在于它并不像普通陷阱困住物体那样困住光线，而是通过建立“量子冲突”来保存住光脉冲的信息。

以前的光陷阱只能坚持约1毫秒，随后就由于原子的移动而崩溃了。这次科学家利用掺有稀土元素镨的硅酸盐晶体，制造出一种“超级光陷阱”。由于晶体是固态的，而且镨的磁稳定性非常好，因此这种陷阱保存光脉冲信息的时间比气体陷阱或不够稳定的晶体陷阱要长得多。

7. 美国研究人员开发出高效率燃料电池

美国西北大学研究人员开发出了一种新的固体氧化物燃料电池，在用碳氢化合物——

异辛烷作燃料时能源转换效率有望达到50%。这种新型燃料电池在经过更多试验后，能广泛应用于汽车、飞机，甚至众多家庭。

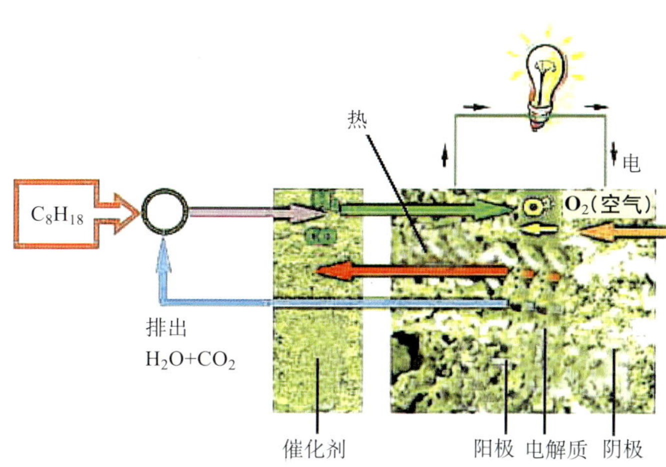

过去电池的燃料一般选用纯氢而很少直接用碳氢化合物（烃类）。这是因为在燃料电池反应环境中有600～800摄氏度的高温，能使碳氢化合物中的碳分解出来覆盖在电极的阳极上，导致电解液无法接触阳极，反应难以为继。研究人员分析发现，用一层以氧化锆为主、含有少量钌和铈的催化重整多孔薄膜，在燃料反应时再稍许增加氧气的量，就能有效消除碳的析出，避免阳极被碳覆盖。此外他们还发现，用镍作阳极的燃料电池，能比用铜作阳极的传统燃料电池获得更高的电能密度。在研究人员开发的一个示范性小型燃料电池上，燃料反应所产生的电能密度达到了0.6瓦/厘米^2。

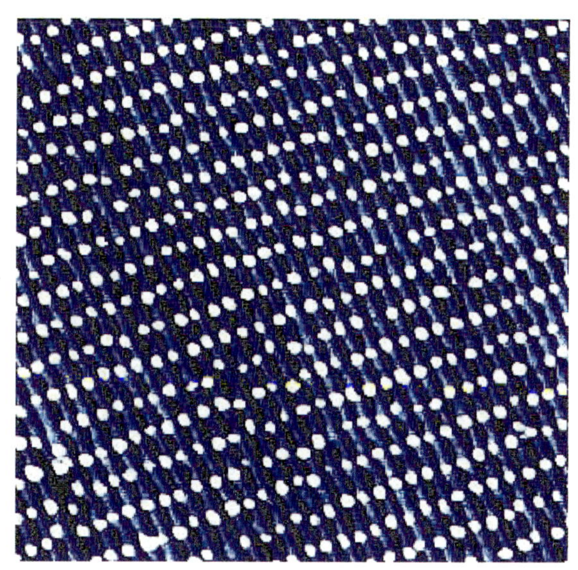

8. 法国和瑞士科学家制造出超大容量纳米级信息存储材料

法国巴黎第七大学和瑞士综合理工大学的科学家，在零下143摄氏度的真空状态下，把钴原子凝聚在金晶体材料上，在这种材料表面的钴原子根据事先安排好的一种结构来排列组合。数百个原子可以形成一个大接点，这些接点又相互组合，自动形成一个有序的结构体系。研究人员由此得到的纳米级材料，其结构可以突破信息存储的不少极限，使硬盘的信息存储密度进一步加大。据介绍，在目前的硬盘中，信息主要被存储在一个很薄的钴合金晶粒片上。1比特的信息需要占1000个晶粒。而法国、瑞士科学家新开发的技术使存储1比特信息仅占用1个晶粒，1平方厘米新材料的信息存储量达到了4万亿比特。

在微电子技术领域实现微小化、单位面积内储能力最大化是重要的研究方向。目前的成熟技术很难满足市场对存储能力的要求。未来，利用纳米技术将能在上述两方面不断获得进展。

9. 美国科学家制造出“夸克胶子等离子体”

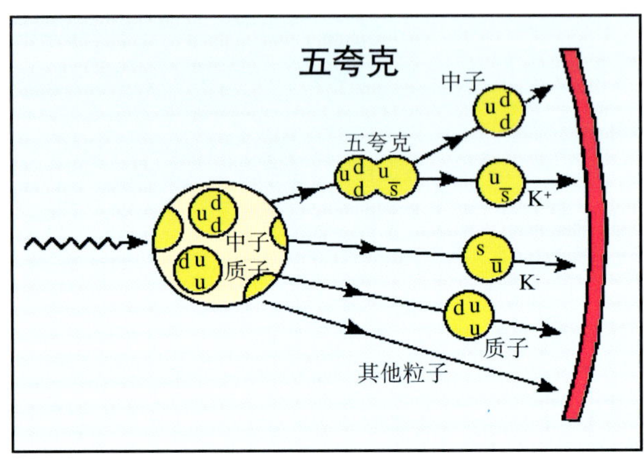

美国布鲁克海文国家实验室的科学家宣布，他们利用相对论重离子对撞机（RHIC）制造出了“夸克胶子等离子体”。这是一种全新的物质形态，曾广泛存在于宇宙诞生后的百万分之几秒内。

在宇宙现有物质中，夸克被约束在质子和中子内，无法独立存在。研究人员让金原子核以接近光速的速度相撞，试图以相撞产生的巨大能量和温度“融解”质子和中子，使夸克以自由形态释放出来。研究结果发现，相撞产生的原始粒子根据金原子核相撞产生的不同压力变化在“集体移动”，好像一个鱼群在游动。这种运动接近一种“完美”状态，可以用流体动力学方程来解释。而对撞机中产生的物质黏性极低，已经达到量子机制的极限状态，符合“完美液体”的特征。

美国能源部长塞缪尔 · 博德曼表示，这项成果是物理学界一次具有历史意义的重大进展。

10. 法国科学家首次找到控制单分子行动的方法

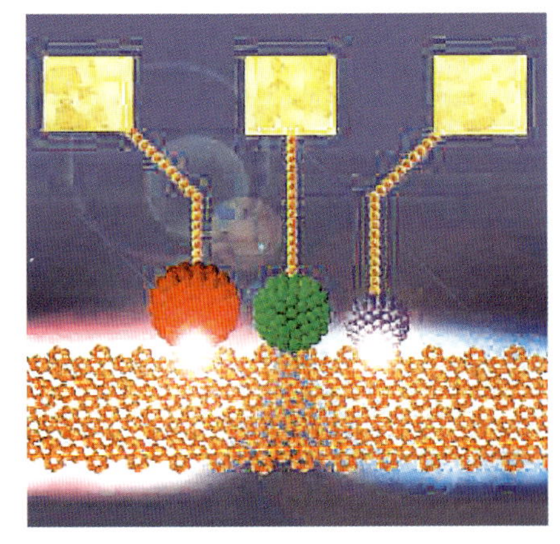

法国科学家在世界上首次成功地利用特种显微镜仪器，让一个分子做出了各种动作。据称，这一成果将对今后人类精确控制单分子级别大小的机械进而开发出纳米机器人产生重要影响。

科学家使用了一种拥有一个金属探针的仪器，可以置于联苯分子的样本上方，联苯分子安置在用硅制成的微小基座上。在金属探针和基座间施加相向压力后，可以激活联苯分子的各种电子效应，从而使其开始震动，即从一个稳定状态走向一个不稳定状态。

科学家使用这个金属探针，刺激联苯分子的不同部位，还可以使其产生不同的电子反应。其精度则达到了10皮米（1皮米＝10^{-12}米），也就是可以精确到大小仅为单个联苯分子百分之一的范围。这一新的研究成果使人们从此可以简单控制单分子，并使它变成一个分子“机器”。人们可以通过刺激其分子产生不同的电子状态，来控制分子做各种动作。

附录二：2005年中国科学院、中国工程院新当选院士名单

2005年中国科学院新当选院士名单（共51人）

数学物理学部（8人）

姓名	年龄	专业	工作单位
王诗宬	52	数学	北京大学
王鼎盛	64	物理	中国科学院物理研究所
张家铝	66	天体物理	中国科学技术大学
张裕恒	67	凝聚态物理	中国科学技术大学
陈和生	58	粒子物理	中国科学院高能物理研究所
龚昌德	72	物理	南京大学
彭实戈	57	数学	山东大学
詹文龙	49	核物理	中国科学院近代物理研究所

化学部（9人）

姓名	年龄	专业	工作单位
冯守华	49	无机化学	吉林大学
田中群	49	物理化学	厦门大学
江　明	66	高分子化学和物理	复旦大学
吴云东	47	理论有机化学	香港科技大学
李洪钟	64	化学工程	中国科学院过程工程研究所
陈　懿	72	物理化学	南京大学
姚建年	51	物理化学	中国科学院化学研究所
麻生明	39	有机化学	中国科学院上海有机化学研究所
颜德岳	68	高分子化学与物理	上海交通大学

生命科学和医学学部（12人）

姓　名	年　龄	专　业	工　作　单　位
方精云	45	生态学	北京大学
王大成	64	分子生物物理学	中国科学院生物物理研究所
王正敏	69	临床医学(耳鼻咽喉科学)	复旦大学附属眼耳鼻喉科医院
王恩多(女)	60	生物化学与分子生物学	中国科学院上海生命科学研究院
邓子新	48	农业微生物学	上海交通大学
汪忠镐	67	临床医学(血管外科)	首都医科大学附属宣武医院
陈晓亚	49	植物生理学	中国科学院上海生命科学研究院
贺　林	51	医学遗传学	上海交通大学
赵国屏	56	分子微生物学	中国科学院上海生命科学研究院
常文瑞	64	结构生物学	中国科学院生物物理研究所
曾益新	42	肿瘤学	中山大学肿瘤防治中心
童坦君	70	老年医学基础	北京大学

地学部（7人）

姓　名	年　龄	专　业	工　作　单　位
丁仲礼	48	第四纪地质与古气候	中国科学院地质与地球物理研究所
王铁冠	67	分子有机地球化学、石油地质学	中国石油大学(北京)
吕达仁	65	大气物理	中国科学院大气物理研究所
杨文采	62	地球物理	中国地质科学院地质研究所
邱占祥	69	地层与古哺乳动物学	中国科学院古脊椎动物与古人类研究所
金振民	63	构造地质学	中国地质大学(武汉)
魏奉思	63	空间物理	中国科学院空间科学与应用研究中心

信息技术科学部(6人)

姓　名	年　龄	专　业	工　作　单　位
王家骐	65	光学精密仪器	中国科学院长春光学精密机械与物理研究所
包为民	45	制导与控制	中国航天科技集团公司第一研究院
何积丰	61	计算机软件与理论	华东师范大学
吴培亨	65	超导电子学	南京大学
黄民强	44	信息通讯	总参谋部第五十八研究所
褚君浩	60	红外光电子材料和器件	中国科学院上海技术物理研究所

技术科学部（9人）

姓　名	年龄	专　业	工作单位
吴硕贤	57	建筑技术科学	华南理工大学
李　天	66	飞机空气动力学	中国航空第一集团公司沈阳飞机设计研究所
李述汤	58	材料科学	香港城市大学
陈祖煜	62	水利水电、土木	中国水利水电科学研究院
赵淳生	66	机械设计及理论	南京航空航天大学
都有为	68	磁性材料	南京大学
陶文铨	66	工程热物理	西安交通大学
顾逸东	58	航空、航天系统工程	中国科学院光电研究院
薛其坤	41	材料物理	中国科学院物理研究所、清华大学

2005年中国工程院新当选院士名单（共50人）

机械与运载工程学部（7人）

姓　名	年　龄	工　作　单　位
尹泽勇	60	中国航空工业第二集团公司六〇八所
卢秉恒	60	西安交通大学
苏哲子	69	中国兵器工业集团哈尔滨北方特种车辆制造有限公司
陈予恕	74	天津大学
范本尧	69	中国航天科技集团公司第五研究院
钟志华	42	湖南大学
徐德民	67	西北工业大学

信息与电子工程学部（5人）

姓　名	年　龄	工　作　单　位
方滨兴	44	国家计算机网络与信息安全管理中心
刘韵洁	62	中国联合通信有限公司
陈　鲸	64	总参谋部第五十七研究所
黄培康	69	中国航天科工集团公司第二研究院
戴　浩	59	总参谋部第六十一研究所

化工、冶金与材料工程学部（6人）

姓　名	年　龄	工　作　单　位
王一德	66	太原钢铁(集团)有限公司
王国栋	62	东北大学
吴以成	58	中国科学院理化技术研究所
陈丙珍(女)	69	清华大学
赵振业	67	中国航空工业第一集团公司北京航空材料研究院
徐南平	44	南京工业大学

能源与矿业工程学部（8人）

姓　名	年　龄	工　作　单　位
安继刚	67	清华大学
余贻鑫	68	天津大学
张信威	67	北京应用物理与计算数学研究所
陈念念	63	中国核工业集团公司理化工程研究院
闻雪友	64	中国船舶重工集团公司第七〇三研究所
袁士义	48	中国石油勘探开发研究院
康玉柱	69	中国石油化工股份有限公司西部新区勘探指挥部
童晓光	70	中国石油天然气勘探开发公司

土木、水利与建筑工程学部（7人）

姓　名	年　龄	工　作　单　位
王　浩	51	中国水利水电科学研究院
许其凤	69	解放军信息工程大学
孙　伟(女)	69	东南大学
沈祖炎	70	同济大学
林元培	69	上海市政工程设计研究院
梁文灏	63	铁道第一勘察设计院
程泰宁	69	中联程泰宁建筑设计研究院

农业、轻纺与环境工程学部（7人）

姓　名	年　龄	工　作　单　位
丁一汇	66	国家气候中心
尹伟伦	59	北京林业大学
朱英国	65	武汉大学
刘秀梵	64	扬州大学
郝吉明	58	清华大学
程顺和	65	江苏省农业科学院里下河地区农科所
雷霁霖	70	中国水产科学研究院黄海水产研究所

医药卫生工程学部（7人）

姓　名	年　龄	工　作　单　位
王红阳(女)	53	第二军医大学
李兰娟(女)	57	浙江大学医学院附属第一医院
张伯礼	57	天津中医学院
陈君石	70	中国疾病预防控制中心营养与食品安全所
范上达	53	香港大学
周宏灏	66	中南大学
曹雪涛	40	第二军医大学

工程管理学部（3人）

姓　名	年　龄	工　作　单　位
王基铭	63	中国石油化工股份有限公司
孙永福	64	铁道部
沈荣骏	68	总装备部

附录三：香山科学会议2005年学术讨论会一览表

序号	会议主题	会议执行主席	会议日期
1/246	高能量密度物理	张　杰、张维岩	3月1日～3日
2/247	海洋环境预测	苏纪兰、张仁和、潘剑翔	3月15日～17日
3/248	癌症的靶向治疗	刘新垣、甄永苏、钱　程	3月22日～24日
4/249	肿瘤热疗学研究与应用中的科学问题	吴祈耀、申文江、董宝玮、牛凤岐	3月29日～31日
5/250	中微子振荡与反应堆中微子实验	戴元本、王乃彦、赵光达、吴岳良、陈和生	4月5日～7日
6/251	室内空气质量和污染物控制	江　亿、白雪涛、张建舜	4月19日～21日
7/252	中国全球环境变化研究	刘燕华、李家洋、李崇银、康　乐	4月26日～28日
8/253	中西医结合发展与现代科技交叉	刘颂豪、邓铁涛、谢楠柱、陈可冀	5月10日～12日
9/254	罗布泊地区环境变迁和西部干旱区未来发展	刘东生、夏训诚、王富葆	5月17日～19日
10/255	生物、医学中的复杂性问题	韩启德、戴汝为、黄　琳、佘振苏	5月25日～27日
11/256	生物质能源利用的潜力与前景	匡廷云、石元春、陈　勇	5月31日～6月2日
12/257	中国的干旱势态和蓄调水问题	刘东生、马宗晋、马俊如、孙　枢	6月30日～7月2日
13/258	数学物理发展前沿	丘成桐、杨　乐、刘克峰、吴岳良、张　杰	8月2日～3日
14/259	工程创新与和谐社会	殷瑞玉、王树国、吴启迪、李伯聪	8月30日～9月1日
15/260	高水平放射性废物地质处置	潘自强、李焯芬、王　驹	9月6日～8日
16/261	同步辐射与纳米科技	冼鼎昌、解思深、陈和生、王　琛	9月13日～15日
17/262	从定性到定量综合集成研讨体系的理论与实践	戴汝为、刘伟伟、吴宏鑫、孙柏林、江敬灼	9月20日～22日

续表

序号	会议主题	会议执行主席	会议日期
18/263	相对论物理学100年的发展与展望	周光召、庄逢甘、陈建生、欧阳钟灿、贺贤土、张元仲	9月26日～28日
19/264	再生医学	王正国、吴祖泽、曹谊林	10月12日～14日
20/265	非生物（无机）油气的形成与资源前景	戴金星、王先彬、吕功煊、董伟良	10月18日～20日
21/266	神经信息学与科学数据共享	唐孝威、郭爱克、尹　岭	10月26日～28日
22/267	生物节水技术及其发展前景	石元春、山　仑、宋纯鹏、张正斌	11月2日～4日
23/268	中国煤层气资源及产业化	王慎言、秦　勇、冯三利、赵庆波、张新民	11月8日～10日
24/269	体系的开发规律与科学途径	于景元、李伯虎、李德毅、张最良、牛新光	11月15日～17日
25/270	太赫兹科学技术的新发展	刘盛纲、姚建铨、张　杰、封松林	11月22日～24日
26/271	可拓学的科学意义和未来发展	李幼平、钟义信、涂序彦	12月6日～7日